HZ BOOKS

华 章 图 书

一本打开的书，一扇开启的门，
通向科学殿堂的阶梯，托起一流人才的基石。

U0378689

计 算 机 科 学 丛 书

计算机科学的
逻辑基础

[美] 雷克斯·佩奇（**Rex Page**）　　　著
鲁本·冈博亚（**Ruben Gamboa**）

汪荣贵　陈朗　汪雄飞　译

Essential Logic for Computer Science

ESSENTIAL LOGIC
FOR COMPUTER SCIENCE

Rex Page and Ruben Gamboa

机械工业出版社
China Machine Press

图书在版编目（CIP）数据

计算机科学的逻辑基础 /（美）雷克斯·佩奇（Rex Page），（美）鲁本·冈博亚（Ruben Gamboa）著；汪荣贵，陈朗，汪雄飞译 . -- 北京：机械工业出版社，2021.5
（计算机科学丛书）
书名原文：Essential Logic for Computer Science
ISBN 978-7-111-68222-6

I. ① 计… II. ① 雷… ② 鲁… ③ 汪… ④ 陈… ⑤ 汪… III. ① 电子计算机 – 逻辑设计 – 高等学校 – 教材 IV. ① TP302.2

中国版本图书馆 CIP 数据核字（2021）第 090532 号

本书以实际问题的求解为导向，对计算机科学的逻辑基础知识进行了介绍、讨论和归纳，实现了逻辑与计算机之间的知识贯通。本书主要内容包括逻辑与等式、计算机算术、算法、计算实践四个部分，采用三种形式化表示法，即传统的逻辑代数公式表示法、数字电路图表示法以及 ACL2 表示法实现逻辑推理。

本书不仅可以作为高等学校计算机、人工智能、大数据及相关专业的逻辑课程教材，也可供广大计算机爱好者、计算机及相关领域的科研人员和工程技术人员自学参考。

出版发行：机械工业出版社（北京市西城区百万庄大街 22 号　邮政编码：100037）

责任编辑：姚　蕾	责任校对：马荣敏
印　　刷：三河市宏达印刷有限公司	版　　次：2021 年 6 月第 1 版第 1 次印刷
开　　本：185mm×260mm　1/16	印　　张：14.75
书　　号：ISBN 978-7-111-68222-6	定　　价：99.00 元

客服电话：(010) 88361066　88379833　68326294　　投稿热线：(010) 88379604
华章网站：www.hzbook.com　　　　　　　　　　　读者信箱：hzjsj@hzbook.com

文艺复兴以来，源远流长的科学精神和逐步形成的学术规范，使西方国家在自然科学的各个领域取得了垄断性的优势；也正是这样的优势，使美国在信息技术发展的六十多年间名家辈出、独领风骚。在商业化的进程中，美国的产业界与教育界越来越紧密地结合，计算机学科中的许多泰山北斗同时身处科研和教学的最前线，由此而产生的经典科学著作，不仅擘划了研究的范畴，还揭示了学术的源变，既遵循学术规范，又自有学者个性，其价值并不会因年月的流逝而减退。

近年，在全球信息化大潮的推动下，我国的计算机产业发展迅猛，对专业人才的需求日益迫切。这对计算机教育界和出版界既是机遇，也是挑战；而专业教材的建设在教育战略上显得举足轻重。在我国信息技术发展时间较短的现状下，美国等发达国家在其计算机科学发展的几十年间积淀和发展的经典教材仍有许多值得借鉴之处。因此，引进一批国外优秀计算机教材将对我国计算机教育事业的发展起到积极的推动作用，也是与世界接轨、建设真正的世界一流大学的必由之路。

机械工业出版社华章公司较早意识到"出版要为教育服务"。自 1998 年开始，我们就将工作重点放在了遴选、移译国外优秀教材上。经过多年的不懈努力，我们与 Pearson、McGraw-Hill、Elsevier、MIT、John Wiley & Sons、Cengage 等世界著名出版公司建立了良好的合作关系，从它们现有的数百种教材中甄选出 Andrew S. Tanenbaum、Bjarne Stroustrup、Brian W. Kernighan、Dennis Ritchie、Jim Gray、Afred V. Aho、John E. Hopcroft、Jeffrey D. Ullman、Abraham Silberschatz、William Stallings、Donald E. Knuth、John L. Hennessy、Larry L. Peterson 等大师名家的一批经典作品，以"计算机科学丛书"为总称出版，供读者学习、研究及珍藏。大理石纹理的封面，也正体现了这套丛书的品位和格调。

"计算机科学丛书"的出版工作得到了国内外学者的鼎力相助，国内的专家不仅提供了中肯的选题指导，还不辞劳苦地担任了翻译和审校的工作；而原书的作者也相当关注其作品在中国的传播，有的还专门为其书的中译本作序。迄今，"计算机科学丛书"已经出版了近500 个品种，这些书籍在读者中树立了良好的口碑，并被许多高校采用为正式教材和参考书籍。其影印版"经典原版书库"作为姊妹篇也被越来越多实施双语教学的学校所采用。

权威的作者、经典的教材、一流的译者、严格的审校、精细的编辑，这些因素使我们的图书有了质量的保证。随着计算机科学与技术专业学科建设的不断完善和教材改革的逐渐深化，教育界对国外计算机教材的需求和应用都将步入一个新的阶段，我们的目标是尽善尽美，而反馈的意见正是我们达到这一终极目标的重要帮助。华章公司欢迎老师和读者对我们的工作提出建议或给予指正，我们的联系方法如下：

华章网站：www.hzbook.com
电子邮件：hzjsj@hzbook.com
联系电话：（010）88379604
联系地址：北京市西城区百万庄南街 1 号
邮政编码：100037

华章科技图书出版中心

作为思维的基本形式和基本规则，逻辑构成了人类思维和机器思维的共同基础，也是计算机科学与信息科学的理论基础。事实上，无论是计算机硬件还是计算机软件，它们都是一组逻辑组件的某种特定表现形式。具备严谨的逻辑思维能力对于计算机系统研发人员的重要性是毋庸置疑的。然而，逻辑思维能力的培养并不是一件很容易的事情，通常需要经历一定的理论学习和实际训练。目前，计算机专业的学生主要是通过离散数学等数学课程进行形式逻辑方面的学习，而不是直接面向计算机专业内容讨论计算机科学的基本逻辑，这使得学生接触到的逻辑知识与计算机科学的关系较为松散，不利于逻辑与计算机之间的知识贯通。本书可以很好地弥补这方面的不足。它以实际问题的求解为导向，对计算机科学的逻辑基础知识进行了比较系统的介绍、讨论和归纳，较好地实现了逻辑与计算机之间的知识贯通，可以有效地培育和提升读者的逻辑思维能力，使其能够在计算机逻辑方面获得比较系统的专业训练，从而能够更加高效地从事计算机软硬件产品的研发工作。本书的基本特点主要表现在如下三个方面：

第一，知识体系的组织结构突破了传统的数学框架，内容主要包括逻辑与等式、计算机算术、算法、计算实践四个部分，直接关注与计算机科学相关的逻辑主题，将逻辑用于解决计算机科学领域的问题，包括硬件组件、软件组件、测试和验证以及算法分析，逻辑知识与计算机知识的联系更加紧密，实现了两者的深度融合，特别适合用来对计算机专业人员进行系统性的逻辑训练。

第二，在可读性方面做了很好的设计，主要通过一些生动有趣的具体应用实例介绍逻辑知识和证明方法，能够有效地激发读者的学习兴趣，培养读者的逻辑思维和数学思维能力。例如，通过石头、剪刀、布这个简单的游戏深入浅出地阐述程序的基本结构和基于等式的程序模型，生动地解释了在基于等式的模型中，程序为何完全由基于操作数的数学函数组成，为何可以使用经典逻辑和传统代数公式来理解基于等式的程序。通过介绍深蓝计算机系统的基本工作原理来介绍归纳定义，使得读者能够清楚地认识到，对于计算机系统和逻辑系统而言，再复杂的行为通常也是从最初简单的行为演变而来，再复杂的理论通常也是建立在一些简单的基本原则基础之上。

第三，采用三种形式化表示法，即传统的逻辑代数公式表示法、数字电路图表示法以及 ACL2 表示法；使得学生可以借助软件工具比较容易地学习机械化逻辑的相关知识。本书使用 ACL2 作为逻辑证明引擎，ACL2 提供了比任何其他工具更容易理解的机械化逻辑证明形式，通过事实生动地说明软件和硬件工程师可以如何从逻辑（包括机械化逻辑）中受益。当读者在检查证据和处理证明细节的很多方面得到 ACL2 软件工具的有效支持时，会非常开心并且更有学习动力。

本书内容丰富，文字表述清晰，实例讲解详细，图例直观形象，适合作为高等学校计算机、人工智能、大数据及相关专业的逻辑课程教材，也可供广大计算机爱好者、计算机及相关领域的科研人员和工程技术人员自学参考。

本书由汪荣贵、陈朗、汪雄飞共同翻译完成。感谢研究生孙旭、尹凯健、王维、张珉、李婧宇、修辉、雷辉、张法正、付炳光、张前进、叶萌、朱正发、汤明空、韩梦雅、邓韬、王静、龚毓秀、李明熹、董博文、麻可可、李懂、刘兵、江丹、王耀、杨尹、陈震、沈俊晖、黄智毅、禚天宇、黄姗姗、黄瀚慧等同学提供的帮助，感谢合肥工业大学、广东外语外贸大学、机械工业出版社的大力支持。

由于时间仓促，译文难免存在不妥之处，敬请读者不吝指正！

译者

2020 年 12 月

计算机是一种行为逻辑。计算机组件归根到底就是公式的逻辑实现方式，当这些组件被布尔信号激活时，就会计算其所表示公式的实际取值。软件也是一种逻辑体现。一个软件组件就是一种具有逻辑支撑的形式语言编写规范，某些软件组件其实就是代数公式。公式系统无论多么庞大复杂，也只是一些公式而已。

因此，学习计算机科学的人们可以从逻辑学习中获益，并且大多数计算机科学专业的学生在接受教育时都会接触到逻辑。这种接触通常以离散数学课程中的若干讲座和问题集的形式出现。学生看到的逻辑应用通常与传统数学的关系更加紧密，与计算机科学的关系则较为松散。即使对于"计算机科学中的离散数学"这样的课程而言，计算机科学部分也通常与编写解决传统数学问题的程序有关，而不是与计算机科学的概念有关。我们认为，如果计算机科学专业的学生对逻辑以及他们所选择的学习领域中的逻辑应用有更广泛、更严谨、更充分的认识，他们将会受益匪浅。因此，本书中的所有例子都来自计算机科学中的问题。

本书直接关注与计算机科学相关的中心主题。本书以逻辑为框架，对这些主题展开讨论，并将逻辑用于解决计算机科学领域的问题，包括硬件组件、软件组件、测试和验证以及算法分析。我们从归纳证明连接列表的软件组件的重要性质开始，然后继续验证许多其他软件和硬件组件的性质，而不是通过证明数列求和公式的方式来阐述数学归纳法。这是同样古老的数学归纳法，但是它呈现在计算机科学专业学生感兴趣的主题背景下。归纳逻辑属于前沿领域，数值代数的诀窍揭示了归纳逻辑的奥秘，许多归纳法的练习则需要以数学家深感兴趣的研究主题为基础进行讨论。

我们希望读者愿意付出大量努力，按顺序学习大学几十个课时的课程内容，理解计算机科学中的一些重要问题，并通过形式推理的方式尝试解决很多这样的问题。形式主义是本书的标语，甚至可以使用基于半自动化证明引擎 ACL2 的机械化逻辑。ACL2 可以检查证明过程中的每个细节，有时可以补充传统数学证明，甚至严格数学证明留下的空白。

本书采用三种形式化表示法：传统的命题和谓词逻辑代数公式（偶尔有一些数值代数）表示法、数字电路图表示法以及在语法上类似于编程语言 Lisp 的 ACL2 表示法（ACL2 被嵌入在可辅助生成一阶逻辑形式证明的机械化逻辑之中）。ACL2 是一种数学符号，所有材料都可以通过传统的手工推理方式来理解，而无须将模型输入计算机系统。对于想要了解形式化操作的读者，本书还介绍了 Proof Pad（简化版 ACL2）环境。ACL2 专家使用 emacs 或 ACL2 Sedan 作为界面，读者可以根据需要使用这些工具。本书还说明了 Proof Pad 框架中的过程，根据我们的经验，这对初学者而言也不是负担。在任何情况下，Proof Pad 都足以支持对本书的学习。

我们选择了 ACL2 作为这本书的证明引擎，因为根据我们的判断，ACL2 提供了比任何其他工具更容易理解的机械化逻辑证明形式。我们不指望每个读者都能成为有经验的 ACL2 用户，更不用说成为 ACL2 专家了。我们将 ACL2 引入讨论中，以显示软件和硬件工程师是如何从逻辑（包括机械化逻辑）中受益的。想要在大型项目中运用 ACL2 优势的读者，则需要在本书介绍的内容之外更为深入地了解 ACL2 或其他机械化逻辑。在前些年，我们在课堂上讲授逻辑时并未介绍机械化逻辑，然而根据经验，我们发现当使用能够检查证明和帮助处理细节的工具来支持这些形式化方法时，大多数学生都会感到更顺利且更有动力。

逻辑是本书的中心主题，但不是唯一的主题。对计算机科学更多主题感兴趣的读者会发现很多有用的资料。本书可以为认真学习计算机科学的学生和其他领域想要了解计算机科学的学生打下坚实的基础。本书的早期版本已被作者和其他讲师多次用作面向计算机科学以及其他专业学生的两门课程"计算机科学逻辑"和"计算机科学导论"的主要教材。本书也被用作计算机科学专业学生的离散数学课程的补充教材。本书在上述三个教学方面都发挥了很好的作用。

学习本书不需要大学预科课程或高中数学课程之外的预备知识。当然，如果了解一些高等代数知识会有所帮助，但不需要有几何、三角学或微积分方面的知识。编程经验也不是必需的，基于等式的方法可以为演示提供信息，让有或没有编程经验的人都可以学习本书内容。目标是证明自己已经知道这些知识的学生会惊讶地发现，其实自己以前并不知道这些知识，而那些背景知识较少的学生则从一开始就应当进行必要的努力。

学习本书的内容绝非易事。学生将需要进行很多艰苦的思考才能完成几十个练习，而且他们还需要再完成几十个练习才能掌握这些概念。仅仅看书是不够的，全书练习（总共超过 180 题）为学生提供了解决问题的机会。幸运的是，如果过往学生的学习体会是一个可靠的衡量标准，那么无论是从即刻满足感，还是从长期收益来看，学习本书都有回报。希望读者能够心情愉悦地阅读本书，并希望他们在后续做其他项目时发现自己所学的内容会对手头上的工作有所启发。

预备知识和章节相关性　在整个演示过程中，公式为严谨、形式化的方法提供了基础。理解等式只需要有高中代数基础，不需要其他预备知识。另外，有等式编程基础对理解本书十分有利。有关计算实践的章节更侧重于描述性，而不是严谨的形式化分析、讨论。读者可以对这些主题进行任意排列，并且可以延缓将挑战性概念引入等式和推理的进程。下图阐明了本书相关章节的关联路径。

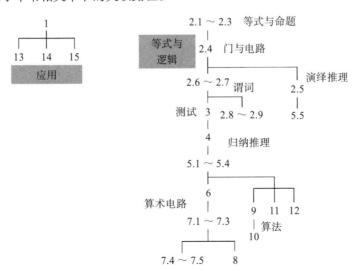

致谢 作者想要感谢 Caleb Eggensperger 开发的 Proof Pad 环境，学生可以通过该环境获得机械化逻辑的早期经验，从而减轻了许多负担。感谢 Carl Eastland、Dale Vaillancourt 和 Matthias Felleisen 建立了 ACL2 环境，其中一位作者在许多课程中都使用该环境，其中包括 DoubleCheck——它是基于谓词的自动测试设备，是 John Hughes 和 Koen Claessen 基于 QuickCheck（此类工具的祖先）中的理念而发明的，该设备后来被合并到 Proof Pad 中。我们感谢他们的开拓性工作。Qi Cheng 在应用逻辑课程中使用了本书的原型版本，并提出了改进建议，使本书更加完善。作者还想要感谢 1000 多名学生，他们投身于本书的早期版本中，并提供了反馈。谢谢大家。

Rex Page 和 Ruben Gamboa

2018 年 1 月

逻辑与等式

计算机系统：原理简单，行为复杂

1.1 硬件与软件

计算机系统，无论是硬件还是软件，都是人类迄今为止创造的最复杂的产品之一。然而，计算机系统是哲学家们几千年来发展起来的逻辑原理的应用。本书的基本主题是，人们从长期哲学研究中得出的逻辑，以及从逻辑框架中诞生的工程学产物。

计算机系统的硬件部件由诸如显示器、键盘、打印机、网络摄像头和 USB 驱动器等设备组成。此外，硬件还包括计算机内部的组件，如芯片、电缆、硬盘驱动器和电路板等。在构建系统时，硬件设备的性能参数基本上就固定好了。例如，硬盘驱动器的容量在生产时就已确定，一个 3 TB 的硬盘至多只能存储 3 TB 的数据；一条特定的电缆可以同时传输 25 种不同的信号，如果你想要同时发送 26 个信号，你就只能换一种电缆或者增加电缆。

组成计算机系统的硬件与电视机或导航设备中的电子部件没有太大的区别，但计算机硬件可以做到大多数消费类电子设备都做不到的事情。它可以响应计算机系统的软件组件，展现出无限的操作空间。软件组件是计算机程序的集合，可以随时在该集合中添加或删除程序。因此，计算机系统是一种用途极其广泛的设备，甚至有能力完成连它的设计者都从未设想过的事情。

你一定听说过各种各样的计算机芯片。也许你的笔记本电脑是由英特尔 i7 或苹果 A10 驱动的。这些芯片的软件由一系列指令组成，这些指令在逐条执行时会依次改变计算机系统的状态，使其执行软件设计者所设想的功能。然而，软件设计者很少会用执行计算的计算机芯片指令来组合程序。相反，他们使用一种编程语言，用这种语言编写的程序往往比用一系列芯片指令编写的程序更加精练，某种意义上来说，也更易于理解。另外一套软件将这些程序翻译成芯片指令并传输到芯片执行。

目前有数百种编程语言可供软件设计师选择。在大多数情况下，用这些语言编写的软件由芯片指令列表组成，并以逐条执行的方式运行这些芯片指令，编程语言中的每条语句会从底层计算机芯片指令集中生成一个至少由几条或更多条芯片指令组成的指令序列。

然而，将软件作为指令列表并不是唯一的选择。另一种选择是使用系统配置图来构建软件。例如，科学家使用一种叫作 LabView 的编程语言来设计程序以控制实验室设备。工程师使用该语言设计数字系统，大学生在项目中使用该语言设计电子设备。LabView 中的计算机程序看起来更像工程图而非指令列表。另一种由麻省理工学院媒体实验室创造的可视化语言 Scratch，是一个供儿童学习编程（开发游戏和其他教育项目）的软件。LabView 和 Scratch 程序看起来一点也不像芯片指令，但它们同样都具有特定的计算能力。

另一种相关的替代方法是将软件指定为一组等式，其中等式的左侧设定为要执行的计算，等式的右侧则将该计算分解为更为基本的计算组件，每个组件都会产生部分结果。然后，将部分结果进行合并由此获得整个结果。基于等式方法的一个优点是，可以用一种类似于普通高中代数的推理形式进行推导，来保证软件产生的结果与设计要求一致。另一个优点是，等式本身通常直接由设计需求的启发而建立，因此如果软件设计师能够想到软件必须要通过的测试，那么软件本身就可以从该测试的规范中产生。

指令列表、可视化编程语言和基于等式的软件是几种完全不同的描述计算机程序的方法，但它们在功能上完全等价。由于本书主要关注计算机系统的硬件和软件组件的逻辑推理，因此将使用基于等式的方法，但是我们所研究的硬件和软件组件规范并不局限于此方法。

软件赋予计算机系统生命力和灵活性。例如，iPhone 的屏幕可以显示数百万像素，然而是软件决定屏幕显示的是唱片封面还是天气预报。软件通过扩展其行为范围使硬件变得有用。虽然 iPhone 的音频硬件可能一次只能产生一个单音，但控制它的软件可以指挥它产生一系列听起来像贝多芬第九交响曲的音调。

信息框 1.1 计算模型

早在计算机发明之前，逻辑学家和数学家就一直在研究计算模型。这部分是因为要回答这样一个深刻的数学问题：数学的哪些部分可以在原则上实现完全自动化处理？有没有可能制造一台能证明所有数学真理的机器？

为了研究这个问题，人们提出了许多不同的计算模型：图灵机、lambda 演算、部分递归函数、无限制文法、后产生式规则和随机存取机等。从历史上看，图灵机为计算提供了一种规范化基础，但是随机存取模型与现代计算机的结合更加紧密，且 lambda 演算模型在计算机科学的理论和实践中均得到了很好的应用。本书的重点是基于等式的计算模型，属于 lambda 演算的范畴。

值得注意的是，所有这些计算模型都是等价的。也就是说，任何可以用其中一个模型描述的计算也可以用其他任何模型进行描述。一个被称为邱奇－图灵论题的猜想就是基于这种等价性。这个猜想提出，所有可实现的计算都可以由图灵机或任何等价的计算模型（如 lambda 演算模型）来完成。许多计算机科学理论都基于这个假设。

另一个显著的事实是有些问题不能用计算机硬件或软件来解决。艾伦·图灵（Alan Turing）是最早的计算机科学家之一，他最先描述了不可计算的问题。不久之后，逻辑学家库尔特·哥德尔（Kurt Gödel）证明，所有计算强度不小于算术运算的

> 数学系统都是不完备的。不存在任何可以用来证明所有数学真理的形式化系统。图灵和哥德尔的定理证明，即使在原则上，也不可能制造出一台能够验证所有数学真理的机器。

你可以把硬件看作你能看到的计算机的一部分，把软件看作告诉计算机该做什么的一种信息。然而，硬件和软件之间的区别并不像上面描述的那么明显。许多硬件组件直接对软件进行编码并控制系统的其他部分，在硬件设计中所采用的许多技术都源于对软件的构建。硬件设计中的主要元素有时候看起来像软件，而且可以使用与软件相同的语言和符号。本书的一个重要主题就是，硬件和软件都是形式逻辑的实现。从这个意义上说，计算机系统的是一种行为逻辑。

1.2　程序的结构

硬件和软件之间的区别给我们留下了许多值得思考的问题：

1. 软件如何控制硬件？例如：指示音频设备发出声音。

2. 软件如何检测硬件的状态？例如：确定是否打开了开关。

3. 软件可以向硬件发出哪些种类的指令？例如：加法，用一个公式代替另一个公式，选择一个公式。

计算模型（信息框 1.1）是软件控制硬件的一种方式，因此第一个问题的答案与计算模型的个数一样多，逻辑学家已经证明存在很多这样的计算模型。由于存在很多等价的计算模型，因此需要根据项目需求对这些模型进行选择。基于任何计算模型的编程语言通常都具有内在的算术运算符和逻辑运算符（加法器、乘法器、反相器等），并且能够将这些内在的运算符与软件中其他地方定义的运算符进行组合，由此定义出新的运算符。

信息框 1.2　运算符、操作数、函数、形参、实参

我们将交替使用术语"运算符"和"函数"。尽管有些论述分别使用这两个术语表示不同的含义，但是我们发现在本书中将这两个术语看作具有相同的含义会更加方便。因此，当我们谈到函数时也代指运算符，反之亦然。要说明的是，无论使用哪个术语，它都表示一个变换，该变换在给定输入的时候产生输出结果。我们将运算符转换出来的结果作为该运算符的值，并将提供给该运算符的输入作为它的操作数。有时我们使用术语"形参"（parameters）或"实参"（arguments）而不是"操作数"（operand），这通常与术语"函数"（function）有关，但它们在任何情况下都具有相同的含义。

总之，运算符（函数）与操作数（形参或实参）一起提供，并输出一个值。像 $x+y$ 这样的公式表示，加法运算符与操作数 x 和 y 一起时提供的变换值。一般而言，已知运算符 f 与操作数 x 和 y，就会产生一个值，通常用 $f(x,y)$ 对该值进行代数表示。

> 如果 f 是算术加法运算符（+），那么 $f(x,y)$ 代表 $x+y$，$f(2,2)$ 表示 4，$f(3,7)$ 表示 10，$f(2x,5)$ 表示 $2x+5$。

一旦将已知运算符和由已知运算符定义新运算符的能力作为计算模型的基本要素，我们就可以讨论哪些是软件能够完成的事情。软件可以使用运算符输出的数值实现对硬件的影响。例如，计算机程序可以通过输出像素矩阵来告诉 iPhone 应该在屏幕上显示什么信息。矩阵中每个元素都是表示颜色的数字，如 16 777 215 表示红色，65 280 表示绿色。类似地，硬件可以通过调用运算符，并将状态作为操作数提供给软件，来通知软件组件的状态。例如，触摸 iPhone 屏幕可能会触发软件运算符，并向运算符提供由触摸所选定像素的坐标，接下来运算符就可以对设备的响应进行控制。例如，轻敲或滑动等其他手势也会触发相应的运算符。

为了进行更加具体的说明，让我们考察一个由程序控制的机器，该机器以人类为对手玩石头剪刀布的游戏。该机器有石头、剪刀和布这三个按钮供玩家选择。此外，它还有一个显示单元。当人类玩家按下某个按钮时，显示单元显示机器的选择（石头、剪刀或布），并显示该回合的获胜者。程序通过调用名为 **emily**⊖的运算符来计算机器的选择。该运算符输出石头、剪刀或布作为其值，我们可以用 0、1、2 来简写这些值。但大多数编程语言都有很多种信息，而不仅仅是数字，因此我们使用较长的名称进行表示，以便在后续的回溯中追踪它们的含义。该软件的另一部分将人类玩家的输入与机器的选择进行比较，从而确定该回合的获胜者。

为公平起见，程序使用不同运算符分别完成计算机器的选择和胜负的判定。这样一来，机器在做出自己的选择之前不会知道人类玩家的选择。运算符 **emily** 将给出每轮游戏中机器的选择。但它需要一些信息，因为没有操作数输入的运算符总会输出相同的值，这样的游戏会非常无聊。游戏中的任何玩家通常都可以看到另一位玩家在之前回合的选择，因此在之后的回合中使用一些之前的信息是公平的。机器玩家（即运算符 **emily**）会将人类玩家在上一轮中的选择作为其操作数，并根据以下方案依次做出选择（这是机器在游戏中"强大"的核心，如果"强大"用词准确的话，但其实并不十分准确）。其中，操作数 u 是人类玩家在上一轮游戏中的选择。

$$\text{emily}(u) = \begin{cases} \text{石头} & \text{如果}u = \text{剪刀} \\ \text{布} & \text{如果}u = \text{石头} \\ \text{剪刀} & \text{其他} \end{cases}$$

另一个运算符，我们称其为 **score**，有两个操作数：(d,u)。其中：d 表示该轮游戏中机器的选择，其值为石头、剪刀或布；u 表示该轮游戏中人类玩家的选择。

score 运算符输出的值包含两个部分：(w,u)。其中：w 表示该轮的获胜者，其值为

⊖ 该操作以其中一个作者女儿的名字命名，她小时候玩过的剪刀–石头–布游戏与这个程序类似。

机器、人类或无（该轮为平局的情形）；u 表示该轮游戏中人类玩家的选择（石头、剪刀或布）。**score** 运算符记录人类玩家的选择，这样在下一轮中软件能够告诉 emily 上一轮中人类玩家的选择，emily 使用这个信息来决定机器在下一轮的选择。

下表指定了 **score** 运算符的输出值 (w,u)，给定的两个操作数 (d,u) 分别表示两个玩家的选择，则有

$$
\text{score}(d,u) = \begin{cases}
(\text{无},u) & \text{如果} d = u \\
(\text{机器},u) & \text{如果}(d,u) = (\text{石头},\text{剪刀}) \\
(\text{人},u) & \text{如果}(d,u) = (\text{石头},\text{布}) \\
(\text{机器},u) & \text{如果}(d,u) = (\text{布},\text{石头}) \\
(\text{人},u) & \text{如果}(d,u) = (\text{布},\text{剪刀}) \\
(\text{机器},u) & \text{如果}(d,u) = (\text{剪刀},\text{布}) \\
(\text{人},u) & \text{如果}(d,u) = (\text{剪刀},\text{石头})
\end{cases}
$$

可以通过更为复杂的软件让机器将这个石头剪刀布游戏玩得更好。例如，**score** 运算符可以追踪人类玩家在前几轮中选择石头、剪刀或布的次数，甚至全部追踪这三种选择。这样控制机器选择的软件就可以考虑更多的信息，从而将游戏玩得更好。也就是说，运算符 **emily** 可以升级。这就是软件的灵活性。

我们通过对运算符 **emily** 和 **score** 的描述说明计算模型的一个要点，即模型中的程序由一组可以定义数学函数的等式组成，这组等式每次都仅根据输入从头开始计算。它们无法"记住"之前的计算结果，这对于那些习惯于其他计算模型（如基于 Java 或 C++ 等编程语言的计算模型）的程序员来说，十分令人惊讶。在这些模型中，程序使用变量来记录数值，并且可以在后续的计算中更新所记录的值。在基于等式的模型中，程序由完全基于操作数的数学函数（运算符）集合组成，除了操作数中提供的数据和等式中的不变量，运算符不会使用其他记录值。这使得我们能够使用经典逻辑和传统的代数公式来理解基于等式的程序。

回到对上述游戏的讨论，在第一轮之后，机器的显示组件将显示 (w_1,u_1) 对中的 w_1 元素，它由公式 **score(emily(none)**,b_1) 计算得到，其中 b_1 表示石头、剪刀或布，具体取值由人类玩家按下的按钮决定。对于下一轮，结果为 $(w_2,u_2) =$ **score(emily(u_1)**,b_2)，其中 b_2 表示该轮中人类玩家按下的按钮，显示屏将显示 w_2 的值。这样，一个 5 轮的游戏就对应一组等式，其中每个等式表示特定回合的结果。由显示硬件显示每轮的优胜者，软件记录前一轮按下的按钮，**score** 运算符将该按钮对应的取值作为 (w,u) 对中第二个元素 u 的取值传给 **emily** 运算符，用于下一轮的计算。

$$(w_1,u_1) = \textbf{score}(\textbf{emily}(\textbf{none}),b_1)$$

$$(w_2,u_2) = \textbf{score}(\textbf{emily}(u_1),b_2)$$

$$(w_3,u_3) = \textbf{score}(\textbf{emily}(u_2),b_3)$$

$$(w_4, u_4) = \textbf{score}(\textbf{emily}(u_3), b_4)$$
$$(w_5, u_5) = \textbf{score}(\textbf{emily}(u_4), b_5)$$

可以在该软件更复杂的版本中定义一个运算符 *play*，用来生成一个 n 次游戏的序列，其中 n 表示提供给 *play* 的操作数。在这种情况下，需要用某种方法向运算符 *play* 提供操作数 n。n 可以是某个固定数字，如 5 或 10，也可以是人类玩家按特定顺序所按下按钮对应的数字。关键在于硬件提供了一组固定的组件，如显示器和按钮，软件则确定了使用该组件的方式。

1.3　深蓝与归纳定义

基于等式的计算模型具有与任何其他已知模型同等的特定计算能力。由于计算机能做各种各样的事情，因此我们有理由认为计算机要比前述的石头剪刀布机器复杂得多。但从根本上说，二者的基本结构是相同的。再复杂的行为也是从最初简单的行为演变而来的。

以计算机"深蓝"（Deep Blue）为例，该计算机于 1997 年 5 月 11 日在国际象棋比赛中击败世界冠军加里·卡斯帕罗夫（Gary Kasparov）。这是计算机首次在挑战人类智力的游戏中表现得如此出色。深蓝国际象棋软件可以被设置为一个操作数为 8×8 矩阵的运算符，该矩阵显示人类棋手（1997 年人机对决中的卡斯帕罗夫）落子后棋盘上棋子的位置。运算符将输出一个结果，显示棋子移动后在棋盘上的位置或用于认输的特殊白旗标志。

从原理上讲，可将一个国际象棋程序描述为一个具有如下特征的软件操作程序。给定一个矩阵来描述游戏中某一时间点的棋盘盘面状态，运算符检查棋子所有可能的合规移动。如果没有合规的棋子移动，则运算符亮起白旗，表明深蓝已经认输。如果有一个合规的棋子移动导致输棋，则运算符输出 8×8 矩阵，指定该棋子移动后的新棋盘盘面状态。否则，对于每一种合规棋子移动，运算符都要考虑人类对手的每一种可能的步数。每一步棋都会生成一个新的盘面，运算符棋手可以根据对盘面价值（即输赢概率）的评估来选择下一步棋。

遵循该策略的运算符可用循环方式进行定义，即该运算符可用新操作数调用其自身⊖。

这种循环定义在数学中很常见，我们称之为归纳定义⊖。归纳定义在数学中有利用价值的关键在于：在循环性方面，被定义运算符调用的操作数更接近定义的非循环部分，

9

⊖　调用（invoke）一个运算符是应用相关的操作数来进行计算。一个调用（invocation）是一个调用运算符的公式。

⊖　有时，我们将具有归纳定义的运算符称为"递归"函数。我们尽量避免使用"递归"这个术语，因为该术语通常与执行计算的专门方法相关联，而将这些运算符称作递归函数时可能会偶尔出错。再说，你应该知道这个词，这样如果别人提到它时你就会知道他们在说些什么。

而非原始操作数。

归纳定义将在整本书中起核心作用，我们后面将详细讨论。为了便于讨论，我们先介绍排序。对于作为非负整数的自然数 0,1,2,3⋯，可将自然数 1 到 5 的倒数之和写成如下代数公式：

$$h5 = \frac{1}{1} + \frac{1}{2} + \frac{1}{3} + \frac{1}{4} + \frac{1}{5}$$

这是 h5 的一个没有操作数的非归纳定义，故其仅表示某个数，即 137/60，约为 2.3。

当然，我们也可以写出前十项甚至任意项倒数之和的公式。这种形式的和包含一个名为调和级数的数学对象。这些倒数和公式是调和级数的部分和特例。如下式所示，我们可以定义一个运算符 h 来计算调和级数中任意前 n 项的部分和：

$$h(n) = \frac{1}{1} + \frac{1}{2} + \frac{1}{3} + \cdots + \frac{1}{n}$$

作为在这个研究方向上的一步，我们注意到对于任意自然数 n，前 n+1 个倒数的和 h(n+1) 等于前 n 个倒数的和，即 h(n)，再加上 1/(n+1)。假设 h(0) 表示 0⊖，则下列等式表示对 h(0) 的指定以及 h(n) 与 h(n+1) 之间关系：

$$h(n+1) = h(n) + \frac{1}{n+1} \qquad \{h1\}$$
$$h(0) = 0 \qquad\qquad\quad \{h0\}$$

为便于讨论，本书经常给等式取一个别名。这里使用 {h1} 和 {h0} 分别代指上述两个等式。等式 {h1} 是循环的，因为等式两边都是由运算符 h 传递值。然而，循环引用中的操作数 n（即等式 {h1} 右侧的公式 h(n)）要比等式左侧的操作数 (n+1) 更接近于零。此外，在等式 {h0} 中，左侧的操作数为零，该等式是非循环的。因此，循环等式 {h1} 右边的操作数比该等式左边的操作数更接近于非循环定义部分 {h0} 中的操作数。

实际上，具有上述两种特征的一组循环等式（循环等式的右边是简化的操作数，非循环等式的左边是一个具体的操作数）可以给出一种关于运算符的有效定义。因此，可以说等式 {h1} 和 {h0} 定义了运算符 h，这些等式由递归定义组成。我们将在后面对此进行详细讨论。

上述定义方法既有数学形式的严谨性，又是可以通过计算验证的。要解释该定义的工作原理，可以首先考察由等式 {h1} 可得 $h(5) = h(4) + \frac{1}{5}$。然后，由 {h1} 更进一步地得到 $h(4) = h(3) + \frac{1}{4}$。将这两个代数式相结合，即可得到 $h(5) = h(3) + \frac{1}{4} + \frac{1}{5}$。继续这种分析，可通过在每一步都使用 {h1} 得出下列等式：

⊖ h(n) 的非正式定义为 h(n) 表示前 n 个倒数之和。当 n 为 0 时，和式中没有项，故等式 h(0)=0 与空集之和为 0 的标准惯例是一致的。

$$h(5) = h(4) + \frac{1}{5}$$

$$h(5) = h(3) + \frac{1}{4} + \frac{1}{5}$$

$$h(5) = h(2) + \frac{1}{3} + \frac{1}{4} + \frac{1}{5}$$

$$h(5) = h(1) + \frac{1}{2} + \frac{1}{3} + \frac{1}{4} + \frac{1}{5}$$

$$h(5) = h(0) + \frac{1}{1} + \frac{1}{2} + \frac{1}{3} + \frac{1}{4} + \frac{1}{5}$$

等式 {h0} 表明 $h(0) = 0$，故最后一个等式等价于下式：

$$h(5) = 0 + \frac{1}{1} + \frac{1}{2} + \frac{1}{3} + \frac{1}{4} + \frac{1}{5}$$

不需要对该等式进行分析，只需要少量计算即可得到 $h(5) = \frac{137}{60}$。这样等式 {h1} 和 {h0} 不仅定义了运算符 h，而且提供了一种对于任意自然数 n 计算 $h(n)$ 的方法。此外，运算符 h 还具有其他性质，例如当 n 是自然数时，$h(n+1)$ 在任何情况下均为正的比值，并且可以从 {h1} 和 {h0} 中推导出来。再如，对于任意给定的数 x，无论它有多大，都存在自然数 n，使得 $h(n) > x$。这是调和级数的另外一个性质，该性质也可从等式 {h0} 和 {h1} 中推导出。还可以由 {h0} 和 {h1} 导出 $h(n)$ 的增长速率与 $\log n$ 相同。总之，调和级数的所有性质都源于这两个等式。初始的简单数据逐步衍生出庞大复杂的结果。

事实上，每个计算函数都有一个由一组等式构成的定义，这些构成定义的等式决定了函数的基本性质，并且该函数所有的性质都可以由这些等式推导出来。这个概念为本书所讨论的大多数推理提供了基础。归纳等式的含义远比初见时广泛。 11

回到对国际象棋计算机的讨论，我们原先使用的方法存在一个问题，即需要考虑太多的步骤。尽管从原理上讲，该函数可以根据棋盘上棋子的特定排列选择最佳的移动位置，但实际计算会花费大量的时间，等它走出第一步，我们太阳系中的太阳早就燃尽了。

虽然深蓝或多或少地采用了这种方式，但它并没有一直考虑比赛结束时的盘面。它在大多数时候只关注往后的 6 ～ 7 步。即便是这样，计算量也非常大，但对深蓝来说是可行的，因为它有数千个处理单元，可以满足同时考虑多个步骤的计算需求。因此它能够每秒分析出大约 2 亿个棋盘盘面。强大的计算能力和有限步的预测赋予了深蓝战胜当时最杰出人类棋手的可能性。在那场人机大战结束 20 年后，如今的笔记本电脑上的国际象棋软件为那些出色的玩家提供了赚钱的机会，他们将下棋软件用作一种练习工具，向电脑游戏学习下棋的方式。简单的开始带来惊人的结果。

深蓝是一台复杂计算机和一个冗长复杂的计算机程序的结合体。它的软件符合传统计算模型而非我们用来描述它的基于等式的模型，但是该程序可以使用等式来设计，其方式类似于用等式定义运算符 h。当然，实际情况要比这个复杂得多。但是，再复杂的东西通常也是建立在一些简单的原则基础之上的。

习题

1. 等式 {h0} 和 {h1} 可以计算 $h(-1)$ 和 $h\left(\dfrac{1}{2}\right)$ 吗？如果不行，请说明理由。

2. 定义一个运算符 factor(k,n)：当 k 为 n 的因子时其值为真，否则为假。

注：（1）仅考虑自然数的情况。当存在自然数 m，使得 $n=km$ 时，k 为 n 的因子。

（2）mod(k,n) 表示 $k \div n$ 的余数，例如 $\mathrm{mod}(17,5)=2, \mathrm{mod}(9,2)=1, \mathrm{mod}(12,4)=0$。

提示：只需一个等式即可。使用 mod。

3. 定义一个运算符 lf(n) 计算 n 的非 n 最大因子，例如 $\mathrm{lf}(30)=15, \mathrm{lf}(15)=5$。

注：（1）利用 lft(n,k)，其值为 n 的不超过 k 的最大因子。例如 $\mathrm{lf}(30,7)=6, \mathrm{lf}(120,10)=10$。

（2）利用 $\lfloor n \div k \rfloor = n \div k$ 向下取整为整数。

4. 定义一个运算符计算 $p(n)$，当 n 为质数时其值为真，否则为假。利用习题 3 中定义的运算符 lf。

注：大于等于 2 的自然数 p 为质数的条件是，p 有且仅有 p 和 1 两个因子。

5. 定义一个运算符来计算 rp(n)，即小于等于自然数 n 的所有质数的倒数之和。利用定义运算符 h 的等式作为定义 rpn(n) 的模型$^{\ominus}$。

提示：利用 3 个等式，一个表示 n 为质数的情况，第二个表示 n 为不是质数的非 0 数的情况，第 3 个表示 $n=0$ 的情况。参考习题 4 中的运算符 p。

$\ominus$　调和级数 $h(n)$ 随着 n 变大而无限增长，但增长速度非常缓慢，与 $\log n$ 的增长速度大致相同。当然，数字 rp(n) 增长更慢，但它也无限制地增长。然而，其倒数平方和的界限是 $\pi^2/6$，约为 1.64。300 年前牛顿和莱布尼茨用他们发明的微积分掀起了一场寒武纪数学大爆炸，欧拉在 200 多年前证明了这些事实。在牛顿和莱布尼茨对微积分的发展过程中，他们创造了被称为无穷小量的数学实体来证明他们在 17 世纪引入的新数学是正确的。但直到 20 世纪 60 年代，亚伯拉罕·鲁滨逊（Abraham Robinson）才发明了一种用于无穷小量推理的形式逻辑。证明引擎 ACL2r 是本书中广泛使用的机械化逻辑 ACL2 的扩展，它利用鲁滨逊的非标准分析来支持对具有无限精度数值操作数的函数进行半自动形式化推理。

布尔公式和等式

2.1 利用等式推理

与数学的其他部分一样，符号逻辑从一个小型公理集合开始，利用推理规则推导出与这些公理相容的派生命题。本章将定义逻辑公式的语法，首先假定一些等式，说明某些公式具有与其他公式相同的含义，然后使用推理的等价代换规则推导出新的等式。

你可能会根据以往有关数值代数方面的经验，觉得这种做法非常熟悉，但是，本章的论述会更加注重细节，这种形式化可能会延伸到你不熟悉的领域，即机械化。所谓的机械化，就是逻辑公式和关于它们的推理相当于进行一种机械化的计算，使得计算机可以事无巨细地检查我们的推导是否遵循了所有的规则。这种检查使得我们有理由更加相信结论的正确性。

我们将在符号逻辑的范畴内开展所有这些工作，如"逻辑或"和"逻辑非"等操作，而不是加法或乘法之类的算术运算。虽然我们要做的是布尔代数而非数值代数，但推理的基本规则，如等价代换，同样适用于布尔公式和数值公式。为了说明我们要力争达到的形式化程度，让我们看看符号逻辑是如何处理数值代数中常见问题的。

你肯定很熟悉等式 $(-1) \times (-1) = 1$，但你可能不知道它是一个关于算术的若干基本事实所派生出来的结果。也就是说，两个负数的乘积为正数这一事实并不独立于其他有关数的事实，而且这种观点并不武断。相反，这是一个可以通过其他已知等式得出的推论。我们将从你长期以来接受的认知中推导出等式 $(-1) \times (-1) = 1$。

图 2.1 中的等式展现了数值计算中的一些标准规则。在这些等式中，使用字母代表具体的数，也可以代表其他公式。因此，变量 x 表示一个语法正确的公式，既可以是 2 这样简单的数，也可以是如 $3 \times (y+1)$ 般复杂的公式（有些处理方法将此处的 x 称为元变量）。

我们将这样的字母称为变量，即使在一个特定的等式中，它们仍然代表一个固定的数字或一个特定的公式。每次变量出现在等式中时，尽管变量尚未指定，与变量相关的公式仍然是相同的。也就是说，如果 x 在等式中的某处表示 $3 \times (y+1)$，则 x 在该等式的其他任何地方都表示 $3 \times (y+1)$。这是代数的惯例。

$x + 0 = x$	{+ 同一律}
$(-x) + x = 0$	{+ 逆元律}
$x \times 1 = x$	{× 同一律}
$x \times 0 = 0$	{× 零律}
$x + y = y + x$	{+ 交换律}
$x \times y = y \times x$	{× 交换律}
$x + (y + z) = (x + y) + z$	{+ 结合律}
$x \times (y \times z) = (x \times y) \times z$	{× 结合律}
$x \times (y + z) = (x \times y) + (x \times z)$	{分配律}

图 2.1 数值代数等式

信息框 2.1　*沉住气*

　　数学公式使用一种具有特定含义的形式语法来传递信息。语法决定了哪些短语的格式是合法的，哪些不是。例如，公式表达式 $x+3\times(y+1)$ 符合数值公式的语法，它在语法上是正确的，代表一种特定的、精心设计的计算方法。非公式表达式 $x+3\times(y+)\times z$ 则不符合语法，故该表达式没有意义。计算机硬件和软件的推理需要高度的形式化，以确保其实用性所必需的一致化水平。

　　如此严谨的形式会令许多读者感到意外，需要一些时间去适应这种形式。有些事情可能在一开始看起来特别简单，然后你就会在突然之间陷入了困境。深呼吸，然后再慢慢整理材料。这种形式化推理为接下来的所有内容提供了基础。这些思想和方法需要认真研究并经常温习。当你开始无法理解时，放慢学习速度，甚至回顾一些内容，然后再试一次，你就会逐渐开始理解，然而你可能还会在学习过程中遇到其他坎坷。请沉住气。

　　如果我们认可图 2.1 中的等式，那么就可以用其中的一个等式将公式 $(-1)\times(-1)$ 转换成一个具有等价含义的新公式。接下来还可以用另一个等式将新公式再转换成另一个新公式，以此类推。我们寻求一种方法来不断地使用被接受的公式，最终得出公式 1。由于我们在每一步都知道新公式和旧公式表示相同的数，因此可以得出结论 $(-1)\times(-1)=1$。

　　图 2.2 表示从 $(-1)\times(-1)$ 逐项推导出公式 1 的具体过程。为了理解图 2.2，你必须牢记每个变量都可以表示任何语法正确的公式。例如，在 {+ 同一律}，即等式 $x+0=x$ 中，变量 x 既可以表示某个数，如 3；也可以表示某个更为复杂的公式，如 $(1+3)$；甚至还可以表示某个含有变量的公式，例如 $(a+(b\times c))$ 或者 $(((-1)\times(x+3))+(x+y))$。

　　另外一个要点是，每一步都只引用图 2.1 中的一个等式，以确保上一步公式转换是正确的。我们习惯于使用数值公式进行计算，因此经常把许多基本步骤合并成一步。但是，在这里的形式化推导过程中，我们必须小心谨慎，每次只做一步转换。通过引用已知等式列表中的某个等式以确保每一步转换是正确的。在对 $(-1)\times(-1)=1$ 的证明过程中，我们通过引用图 2.1 中而非其他来源的等式，这样可以来确保每一步是正确的，而且不会省略步骤。切记，一步一步进行证明。

　　证明的第一步（图 2.2）利用了 {+ 同一律} 的一个变体，其中变量 x 表示公式 $(-1)\times(-1)$，由此可得到一个新公式 $((-1)\times(-1))+0$。

　　第二步是反向读取 {+ 逆元律}（等式中的相等是双向的），并用变量 x 表示数字 1。当 $x=1$ 时，{+ 逆元律} 等式为 $(-1)+1=0$。可以通过反向读取该等式将 $(-1)+1$ 代入 0，得到 $((-1)\times(-1))+((-1)+1)$。

$(-1)\times(-1)$	
$=((-1)\times(-1))+0$	{+ 同一律}
$=((-1)\times(-1))+((-1)+1)$	{+ 逆元律}
$=(((-1)\times(-1))+(-1))+1$	{+ 结合律}
$=(((-1)\times(-1))+((-1)\times1))+1$	{× 同一律}
$=((-1)\times((-1)+1))+1$	{分配律}
$=((-1)\times0)+1$	{+ 逆元律}
$=0+1$	{× 零律}
$=1+0$	{+ 交换律}
$=1$	{+ 同一律}

图 2.2　$(-1)\times(-1)=1$ 的推导过程

16

由此可得 $(-1) \times (-1) = ((-1) \times (-1)) + ((-1) + 1)$。

看起来没有什么进展，对吧？但是我们每一步都在推进。我们经过逐步转换，最终可以确认 $(-1) \times (-1)$ 和 1 这两个公式表示的是相同的数。

请特别注意证明过程的最后 3 行，大部分人倾向于从公式 $0+1$ 一步跳到 1，但是跳步骤的前提是已知等式 $0+1=1$ 成立。然而，该等式并不在图 2.1 所示的等式列表中。由于我们希望在不引用图 2.1 以外任何等式的情况下进行证明，因此我们需要用两步完成从 $(0+1)$ 到 1 的证明，即证明过程中的最后两步。

我们希望你能够从这个推导过程中学到这样的一个事实，即等式 $(-1) \times (-1) = 1$ 并不依赖于诸如"负负得正"之类的模糊的哲学论断。相反，等式 $(-1) \times (-1) = 1$ 是使用某些基本数学等式进行推导的结果。如果你接受了这些基本等式以及等价代换⊖的思想，那么你就必须接受等式 $(-1) \times (-1) = 1$，将其视为一种理性的推论。

使用同样的推理方法，我们可以从几个基本的等式中推导出新的布尔等式作为公理。布尔公理是一个我们假设为真，但不能对其进行证明的布尔等式。我们还可以了解到数字电路是逻辑公式的具体物理表现，并可以利用这个思想推导出计算机组件的行为特性。

类似地，计算机程序其实就是公式，因此我们可以直接从程序本身推导出软件的性质，这使得我们能够完全确定软件以及构成硬件组件的数字电路的某些行为特征。这种确定性来源于我们一开始就坚持的机械化形式主义，这种机械化形式可以通过自动计算检查到推理过程的每一个细节。

习题

1. 利用图 2.1 中的等式以及 $(1+1) = 2$ 推导出等式 $(x+x) = (2 \times x)$。

2. 利用图 2.1 中的等式推导出以下等式：

$$((-1) \times x) + x = 0 \ \{\times \text{否定}\}$$

3. 利用图 2.1 中的等式推导出 $(x + (((-1) \times (x+y)) + z)) + y = z$，如有需要可使用习题 2 中的 $\{\times$ 否定$\}$。

2.2 布尔等式

让我们从图 2.3 所示的布尔等式开始。我们将这些等式称为布尔公理，它们是推理系统的起点，也是推导其他等式的基础。如果你从未见过这些作为公理的等式，或者觉得它们有些奇怪，那么就试着将它们看作由不同运算符集合组成的普通代数等式。数值代数公式具有加法（ $+$ ）和乘法（ $\times$ ）等运算，布尔公式中使用的是逻辑运算：逻辑与（ $\wedge$ ）、逻辑或（ $\wedge$ ）、逻辑非（ $\neg$ ）和蕴含（ $\rightarrow$ ）。此外，布尔公式代表的是逻辑值（真或假），而非数字（ $\cdots -2, -1, 0, 1, 2 \cdots$ ）。

⊖ 等价替换应用了欧几里德第一公理：与同一事物相等的事物彼此之间亦是相等的。人们从很久以前就开始在逻辑推理中使用等式了。

$$
\begin{array}{ll}
x \lor 假 = x & \{\lor\,同一律\} \\
x \lor 真 = 真 & \{\lor\,零律\} \\
x \lor y = y \lor x & \{\lor\,交换律\} \\
x \lor (y \lor z) = (x \lor y) \lor z & \{\lor\,结合律\} \\
x \lor (y \land z) = (x \lor y) \land (x \lor z) & \{\lor\,分配律\} \\
x \to y = (\neg x) \lor y & \{蕴含\} \\
\neg(x \lor y) = (\neg x) \land (\neg y) & \{\lor\,德摩根律\} \\
x \lor x = x & \{\lor\,幂等律\} \\
x \to x = 真 & \{自蕴含\} \\
\neg(\neg x) = x & \{双重否定\}
\end{array}
$$

图 2.3　布尔公理（基本等式）

当我们引用一个自己推导出的等式，而不是引用图 2.3 中的公理性等式来推导一个新的等式时，我们将被引用的等式称为定理（theorem），以此区别于公理（axiom）。新推导出的等式也是一个定理，可用于推导出其他等式。我们将这种等式的推导过程称为等式的证明。

定理 {∨真值表} 中第一个等式（图 2.4）是 {∨同一律} 的一个特例（图 2.3），并且只需要对其进行稍加观察，便可以得出该等式的证明过程。只需用假替换 {∨同一律} 公理中的 x，即可得到对该等式的证明。第二个等式的证明过程同样很简短，但该证明引用了另一条公理。请尝试用同样方法通过对公理的引用来证明定理 {∨真值表} 中其余两个等式。

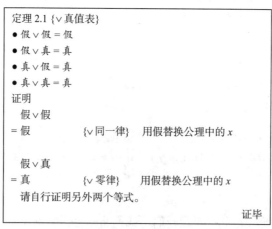

图 2.4　定理 {∨真值表} 的证明

我们是认真的。你已经证明了另外两个等式吗？还没有？那就回头完成证明再继续吧。正所谓实践出真知……我们在这里等你。

19

完成了吗？真不错。你引用了 {∨同一律} 公理来证明定理中第三个等式，引用了 {∨零律} 公理来证明第四个等式，对吗？我们就知道你能做到。

信息框 2.2　真值表

某个公式的真值表就是该公式所能表示的值的列表。对于公式中变量取值的每个可能的组合，真值表中都有一个等式与之对应。如果公式中只有一个变量，那么该公式的真值表中将有两个等式，一个对应于变量取值为真的情况，另一个对应于变量取值为假的情况。如果某个公式含有两个变量，则该公式的真值表中就有四个等式，因为对于第一个变量的每种选择，另一个变量都有两种选择。同理，对于含有三个变量的公式，其真值表中会有八个等式。公式中变量的个数每增加一个，真值表中等式的个数就会翻倍。

逻辑运算符的真值表和公式的真值表比较类似，公式中的变量替换为逻辑中的操作符。例如，逻辑或 (∨) 的真值表即为公式 $(x \lor y)$ 的真值表。由于该公式含有两个变量，因此它对应的真值表有四个等式。

当然推导通常不止一步。{∨ 补} 定理（图 2.5）的证明过程有两步，分别引用了 {蕴含} 公理和 {自蕴含} 公理。{∨ 补} 定理常被称为"排中律"，因为该定理说明了对于任何逻辑公式，该公式及其否定形式涵盖了所有的可能性。逻辑公式非真即假，没有中间立场。

20

定理 2.2 {∨ 补}: $(\neg x) \lor x = $ 真
证明
  $(\neg x) \lor x$
= $x \to x$ {蕴含}
= 真   {自蕴含}
                                    证毕

图 2.5   定理 {∨ 补} 的证明

所有的逻辑运算都具有与其对应的真值表，我们可以使用公理推导出真值表中的等式。图 2.6 表示的是逻辑非 (¬) 运算的真值表。图中包括真值表中第一个等式的四步证明过程。为了加强你对这些思想的理解，请证明定理中的第二个等式。

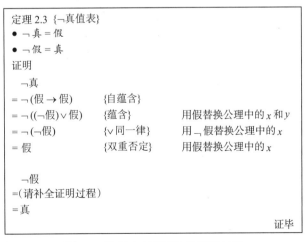

定理 2.3 {¬真值表}
● ¬真 = 假
● ¬假 = 真
证明
  ¬真
= ¬(假 → 假)   {自蕴含}
= ¬((¬假) ∨ 假)   {蕴含}   用假替换公理中的 x 和 y
= ¬(¬假)   {∨ 同一律}   用 ¬假替换公理中的 x
= 假   {双重否定}   用假替换公理中的 x

  ¬假
= (请补全证明过程)
= 真
                                    证毕

图 2.6   定理 {¬真值表} 的证明过程

这些证明的一个重要特点是完全句法化。也就是说，可以通过将证明过程中的公式 f（或 f 的子公式）与公理中等式某一侧的公式 g 进行匹配来应用公理。将 g 中的变量与 f 中相应的子公式进行匹配，然后改写公理等式另一侧的公式 h。将 h 中每个变量替换为匹配过程所得的 f 的子公式，重写后的 h 即为推导出的新公式。由于我们假设公理是正确的，作为公理的等式又具有等价性，因此我们知道推导出的新公式与原始公式的值相同。

现在我们来证明另一个真值表定理。一是为了练习使用等式进行推理，二是为了讨论逻辑中一个容易混淆的地方。蕴含运算 ($\rightarrow$) 是解决现实问题的逻辑基石，但我们经常会在使用蕴含运算进行推理时出错。

{$\rightarrow$ 真值表} 定理（图 2.7）给出了蕴含运算的真值表。图中证明过程的一个重要方面是，它不仅引用了图 2.3 中的公理，还引用了 {$\neg$ 真值表} 定理中的等式。数学就是如此，一旦我们通过公理推导出某个新的等式，就可以通过引用这个新等式来推导出更多的等式。

[21]

定理 2.4 {$\rightarrow$ 真值表}
● 假$\rightarrow$假 = 真
● 假$\rightarrow$真 = 真
● 真$\rightarrow$假 = 假
● 真$\rightarrow$真 = 真
证明
　　假 $\rightarrow$ 假
= 　($\neg$假)$\vee$假　　　{蕴含}　　　　令公理中的 x 和 y 均为假
= 　$\neg$假　　　　　　　{$\vee$ 同一律}
= 　真　　　　　　　　　{$\neg$ 真值表}
　　请自行证明另一个等式。
　　　　　　　　　　　　　　　　　　　　　　　证毕

图 2.7　定理 {$\rightarrow$ 真值表} 的证明

信息框 2.3　真值表和可行性

　　使用等式进行推理是证明两个公式等价的方法之一。另一种方法是分别为这两个公式构建一个真值表。如果这两个公式的真值表相同，则可以认定这两个公式为等价。如果真值表中只有少量变量，则可以对真值表进行快速且准确的比较。不幸的是，当变量个数较多时，这种方法就难以奏效了。对于两个变量，例如逻辑或的真值表，变量的取值有四种组合（每个变量都有真或假两种取值方式，所以取值状态总数是这两种取值的两倍）。对于 3 个变量，有 8 种 (2^3) 组合，真值表就会变得冗长而难以使用。

　　对于 10 个变量，则有 1024 种 (2^{10}) 组合；对于 20 个变量，则有超过一百万种组合。人类无法处理这些庞大的数据，但这对计算机来说轻而易举。然而，决定计算组件（硬件或软件）的公式有数百个变量，如果试图对有关计算组件进行推理，那么使用真值表法是无法实现的。因为 100 个变量有 2^{100} 种组合，这个数字太大了，以至于没有一台计算机能够在太阳燃尽之前检查完毕所有情况，所以真值表方法在这个领域是不可行的。

　　构成本书核心部分的证明方法并不是处理大公式唯一有效的方法。硬件和软件设计师有时使用 SMT 求解器（satisfiability modulo theories，可满足性模理论）、BDD 工具（binary decision diagrams，二进制决策图）或其他类似方法来验证电路和计算机程序的性质，但这些工具并不适用于所有公式。基于语法形式的推理可以处理任何逻辑公式，无论公式中有多少个变量都可以处理。因为我们可以将公式分解成多个足够小的部件进行运算，并且可以根据这些部件之间的语法关系对它们进行重新组合，从而得到一个完整的分析过程。但可行并不意味着易行，大公式的推理通常需要付出很多的努力，但这是值得的。

　　在符号逻辑领域之外的日常生活中，人们对逻辑蕴含 $x \to y$ 比较通俗的解释是，只要 x 为真，就可以得出 y 为真的结论。然而，当 x 为假的时候，蕴含运算对 y 毫无意义。尤其是当 x 不为真的时候，它并不能说明 y 也不为真。定理 {→真值表} 表明，无论当 y 为真还是为假时，公式假 $\to y$ 的值均为真。换言之，在公式 $x \to y$ 在箭头左侧的操作数（即蕴含的假设）x 为假的情况下，不能给右侧的操作数 y（即蕴含的结论）提供任何信息。

22
～
23

　　日常生活中一个常见的错误是，由 $x \to y$ 为真推断出 $(\neg x) \to (\neg y)$ 也为真。这有时甚至会在日常生活导致错误的结果⊖。在符号逻辑中，这种结论会给数学系统带来不一致，使系统失效。

　　图 2.3 所示的布尔公理中有超过半数的公理名称与逻辑或 (∨) 有关。{∨ 德摩根律} 等式是其中之一，该等式在逻辑或和逻辑与之间建立了桥梁，可以将逻辑或的逻辑非等价地转换为两个逻辑非的逻辑与：$\neg (x \vee y) = (\neg x) \wedge (\neg y)$。我们可以用这种等价关系来证明一些和逻辑或公理相似的逻辑与等式。逻辑与的零律就是一个例子（图 2.8）。

定理 2.5 {∧零律}：$x \wedge 假 = 假$
证明

　　$x \wedge 假$
$= x \wedge (\neg 真)$　　　　{∧ 真值表}
$= (\neg(\neg x)) \wedge (\neg 真)$　　{双重否定}
$= \neg((\neg x) \vee 真)$　　　{∨ 德摩根律}　　分别用 $\neg x$ 和真替换公理中的 x 和 y
$= \neg 真$　　　　　　　{∨ 零律}
$= 假$　　　　　　　　{∧ 真值表}
　　　　　　　　　　　　　　　　　　　　　　证毕

图 2.8　定理 {∧零律} 的证明过程

⊖　如果报告称公园里有海龟，则可以断定公园里有爬行动物，但是如果未报告有海龟，就不能断定公园里有爬行动物。或许公园里有响尾蛇。在逻辑符号里，海龟→爬行动物为真，但 (¬ 海龟) → (¬ 爬行动物) 不为真。

这种接连不断的定理及其证明过程很乏味，不是吗？尽管如此，我们还是要继续往前推进。接下来，你可以在开始下一个主题开始之前独立解决一些问题。这将依然是接连不断的证明过程，直到证明完毕。

在一个方向上使用有些等式时可以简化目标公式，而在另一个方向使用时则会使得目标公式更加复杂。例如，从左到右地使用逻辑或的零律（{∨零律}：$x \vee$ 真 = 真）可以将逻辑或公式化简为真。然而，从另一个方向使用该等式，就会将简单的公式真转换为更加复杂的公式（$x \vee$ 真）。在从右到左使用公式时，左侧的变量 x 可以表示有数百个变量和数千个运算符的任何公式（只要在语法上正确即可）。这似乎有悖常理，但在证明过程中是允许的。

逻辑与的零律（{∧零律}：$x \wedge$ 假 = 假）同样是一种不对称等式。它在一个方向上将公式从复杂变得简单，在另一个方向上则将公式从简单变得复杂。一个特别重要的不对称等式是吸收律（图 2.9）。该等式的一边有两个变量和两个运算，另一边则只有一个变量且没有运算。

图 2.9   定理 {∧吸收律} 的证明过程

信息框 2.4   抽象化

引用已经证明的定理来证明新定理的方法有点类似于工程设计中的抽象化思想。在新定理的证明过程中，我们完全可以不引用旧定理，而是重复一遍旧定理的证明过程。然而，这会让新定理的证明过程变得冗长难懂，也会增加出错的几率。

计算机程序由组件构成，这些组件本身也是计算机程序。我们可以使用简单的组件构建更加复杂的组件。有时，一个组件在一个新程序中的使用看似是正确的，事实上却并不完全正确。例如，现有组件中某个变量的倍数是 2，但在新的使用环境下需要将这个变量的倍数改为 3。我们往往会偷懒，简单地复制旧组件的代码，然后将其中的 $2 \times x$ 更改为 $3 \times x$，并将修改后的组件粘贴到程序中。

根据经验，复制和粘贴代码是软件中常见的错误来源，特别是在需要长期维护的程序中。当维护人员发现在从其他地方复制的组件中的错误时，维护人员完全不知道该如何修好原始组件中的相同错误。在大多数情况下，用一个变量 m 来代替倍

数 2 会是更好的修改方法。这就所谓的组件抽象化（"抽象"是相对于"特定"和 | 25 |
"具体"而言的）。

抽象化的新组件同时适用于两倍和三倍的情况，我们只需在一种情况下将 m 指
定为 2，在另一种情况下将 m 指定为 3。如果在后期项目的组件中发现了错误，只需
要修改一处错误，而不需要修改两处，甚至几十或几百处错误，错误数量取决于有
多少工程师复制和更改了原始组件。抽象化是一种重要的工程化方法。引用已知定
理来证明新定理也具有相似的优点。

我们希望到目前为止，这些定理和证明的挑战能够很好帮助你理解如何由已知等式
推导出新的等式。这种推导方法需要将公式与已知等式的一边进行匹配，然后进行替
换。"匹配"是推导中至关重要的一个步骤。该步骤使用被匹配公式的相关成分替换已
知等式中的变量，这是以语法机制为基础的。

不幸的是，在运用这种方法尝试替换等价交换的时候，十分容易出错。幸运的是，
计算机能够轻松验证匹配的正确性，并指出错误的匹配。完成这种任务的计算机系统称
为"机械化逻辑"。在你具备足够的实践经验来理解这个过程之后，我们将开始用机械
化逻辑来确保推理的正确性。

习题

1. 利用布尔公理和本节中的定理推导公式 $(x \lor ((\neg y) \land (\neg z)))$ 的真值表。 | 26 |
   注：由于公式中有 3 个变量，真值表将有 8 种情况，这意味着你需要证明 8 个等式。每个等式
   的左边将有变量 x、y 和 z 的不同值的组合（真或假），而在右边，每个等式将有该组合的公式值
   （真或假）。
2. 用布尔公理（图 2.3）和 {∧ 吸收律} 定理（图 2.9）推导出 {∨ 吸收律} 等式：$\{x \land y\} \lor y = y$。
3. 由布尔公理推导出等式：$((x \lor y) \land (\neg(x \land y))) = (((\neg x) \land y) \lor (x \land (\neg y)))$。
   注：这些公式定义了异或运算符。

2.3 布尔公式

我们一直在公式中的语法元素基础上进行证明，却从未对这种语法做出全面的精确
定义，只是依赖于数值代数方面的经验。然而，我们确实有必要准确定义这种语法。我
们首先从最基本的元素开始，然后再讨论更加复杂的元素。

最简单的布尔公式是基本常量（真和假）和变量 $(x, y, \cdots)$。我们通常使用普通的小写
字母表示变量，有时也用带下标的字母表示变量，例如 x_3、y_i 或 z_n。这种标记方式赋予
我们足够的多样性以表达任何公式，不需要限制自己只用小写罗马字母，我们也可以使
用希腊字母，甚至可以像 Dr.Seuss 那样，使用可辨认的花体字。

因此，如果你写的是真、假，或者是字母表中的某个字母，那么你就得到了一个语
法正确的布尔公式。这是布尔语法的第一条规则。符合这个规则的公式没有子结构，所

以称为原子（atomic）公式。

使用布尔运算符可以构造更加复杂的公式。通常把需要使用两个操作数的运算符称为二元运算符（binary operators）（$\land$，$\lor$ 和 $\to$）。我们可由这些运算符引出布尔语法的第二条规则：如果 a 和 b 是语法正确的布尔公式，并且 $\circ$ 是某个二元运算符（例如符号 $\land$，$\lor$ 和 $\to$），那么 $(a \circ b)$ 也是语法正确的布尔公式。

第一条规则确定了 x 和真是语法正确的布尔公式。由于 $\land$ 是一个二元运算符，因此 $(x \land 真)$ 是一个语法正确的布尔公式。此外，由于 $\to$ 是一个二元运算符，y 是语法正确的布尔公式（依据第一条规则），因此 $((x \land 真) \to y)$ 也是一个语法正确的布尔公式（依据第二条规则）。

布尔语法的第三条规则说明了如何将逻辑非运算符加入到公式中。若 x 是语法上正确的公式，那么 $(\neg x)$ 也是语法正确的公式。

这 3 条语法规则足以涵盖所有语法正确的布尔公式，可以使用它们推导出各种语法正确的布尔公式。不过，我们还需要讨论一下括号。括号很重要，因为它能够简化语法的定义和对公式的解读。这三条规则包含的公式都要用圆括号括起来，当涉及运算符时，就用最外层圆括号包含整个公式。在非正式表达的情况下，一般会省略最外层的圆括号，我们通常也会省略它们。

例如，我们一直在编写类似于 $x \lor y$ 的公式，该公式中并没有语法所要求的最外层括号。为了符合语法，我们给公式加上括号，即 $(x \lor y)$。因为我们通常省略了最外层括号，所以加上它们可能会让人感到意外。但是，如果允许非原子式的最外层不加括号，那么就需要添加额外的语法规则。我们认为，省略最外层括号带来的便利性并不能补偿添加额外的语法规则所带来的复杂性。

这里有一个更加复杂的语法不正确的公式：$x \land y \lor z$。这个公式省略了两层括号。更糟糕的是，公式内部的括号有两种可能：$x \land y \lor z$ 是指 $((x \land y) \lor z)$ 还是 $(x \land (y \lor z))$？尽管我们可以使用一些方法来处理省略括号后的公式，但是为了避免混淆，我们不允许存在这样的公式存在。数值代数中的公式也会出现同样的问题。$x \times y + z$ 表示 $((x \times y) + z)$ 而不是 $(x \times (y + z))$，这是因为我们知道乘法运算符比加法运算符具有更高的优先级这一惯例。但这一惯例需要一些时间来适应，我们希望尽量减少误解，尤其是因为布尔公式对你来说可能是全新的知识。

我们的表述方式有时可能会很不正式，例如省略整个公式的外部括号，但我们不会省略公式的内部括号。不过从语法上看，确实允许使用多余的圆括号。例如，公式 $(x \lor ((x \land y)))$ 在语法上是正确的，其含义与公式 $(x \lor (x \land y))$ 相同。第一个公式有多余的圆括号，第二个公式则没有多余的圆括号。允许多余圆括号需要语法的第四条规则，即如果 a 语法正确，那么 (a) 也语法正确。

使用图 2.10 所示的 4 条规则，我们可以确定任何给定的符号序列在语法上是否正确的布尔公式。语法的定义是可以循环的，这种循环以一种有效的方式展示了如何从简单的公式构建更加复杂的公式。如果我们需要验证一个公式在语法上是否正确，就需要找到能够与之匹配的语法规则，然后验证与语法规则中变量相匹配的公式的每个部分在语法上是否正确。因为原子公式没有子结构，所以在检查语法正确性时不需要对其做进一步的分析。

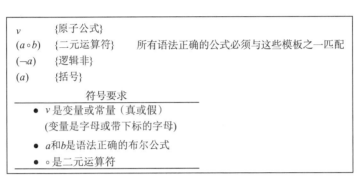

图 2.10　布尔公式的语法规则

例如，公式 $((x \vee (\neg y)) \wedge (x \to z))$ 符合 {二元运算符} 规则。该规则中的变量与公式元素的匹配方式如下：

二元运算符规则中的符号	$((x\vee(\neg y))\wedge(x\to z))$ 中匹配的元素
a	$(x\vee(\neg y))$
$\circ$	$\wedge$
b	$(x\to z)$

规则的最外层括号与目标公式中的外括号相匹配。因此，若公式 $((x\vee(\neg y))$ 和 $(x\to z)$ 在语法上正确，则目标公式在语法上也是正确的。可以使用同样的方法来验证这些公式的语法正确性。

29
~
30

首先，$(x\vee(\neg y))$ 再次与二元运算符规则匹配，下表给出了具体的分析过程：

二元运算符中的符号	$(x\vee(\neg y))$ 中匹配的元素
a	x
$\circ$	$\vee$
b	$(\neg y)$

这样就把对 $(x\vee(\neg y))$ 的语法正确性验证简化为对两个公式 x 和 $(\neg y)$ 的验证。由于 x 与 {原子公式} 规则相匹配，因此它在语法上一定是正确的。$(\neg y)$ 元素与 {逻辑非} 规则相匹配，公式中的 y 与规则中的 a 相匹配。由于 y 符合 {原子公式} 规则，因此 y 是语法正确的，那么 $\{\neg y\}$ 在语法上也是正确的。综上所述，我们完成了对公式 $(x\vee(\neg y))$ 的语法正确性检验。

原始公式中的第二个元素 $(x\to z)$ 更容易验证。该元素中的 x 与 {二元运算符} 规则中的 a 匹配，y 与 b 匹配，$\to$ 与 $\circ$ 匹配。由于 x 和 z 与 {原子公式} 规则匹配，所以它们的语法正确。最终，我们完成了对公式 $((x\vee(\neg y))\wedge(x\to z))$ 语法正确性的验证。

再看另一个例子：$(x \lor (\land y))$。这个符号序列可以与 {二元运算符} 规则相匹配，其中 x 对应于规则中的 a ，$\lor$ 对应于规则中的 $\circ$ ，$(\land y)$ 对应于规则中的 b 。因此，如果 x 和 $(\land y)$ 是语法正确的，则该公式在语法上也是正确的。然而，没有规则与 $(\land y)$ 相匹配。符号 $\land$ 唯一能与表中规则相匹配的是 {二元运算符} 规则。在 {二元运算符} 规则中，左括号和运算符之间必须有一个公式。由于目标公式中左括号和 $\land$ 运算符之间没有任何内容，因此该公式在语法上是不正确的。

上述内容涵盖了布尔公式的语法规则。那么含义呢？任何语法正确的布尔公式表示，当其变量的值已指定时，公式值不是真就是假。任何给定操作数（真或假）的二元运算符都会传达特定结果（真或假）。真值表定理（图 2.4）给出了运算符在操作数为真或假时所传递的值。我们可以使用同样的方法推导出任何语法正确公式的含义，如果公式中没有任何变量，则可以直接认定其为真或假。

然而，为了以一种完全机械化的方式处理括号，我们需要在图 2.3 的等式中添加两个等式。图 2.11 的公理提供了确定任何语法正确公式的取值所需的所有信息。事实上，图 2.11 中的等式具有更广泛的适用性。这些等式提供了所有必要的信息，不仅可用于验证给定公式为真或为假时是否具有相同的含义，还可用于验证任意给定两个语法正确的公式是否具有相同的含义。

31

习题

1. 根据语法规则判断下列哪一个是布尔公式（图 2.10 ）。

$$((x \land y) \lor y)$$
$$((x \to y) \land (x \to (\neg y)))$$
$$((假 \to (\neg y)) \neg (x \lor 真))$$

2. 推导出习题 1 中的布尔公式的真值表（参见 2.2 节）。

3. 使用布尔代数公理（图 2.11 ）证明图 2.12 中的等式。
注：证明了一个等式后，你就可以在之后的证明过程中引用它。

4. 证明下列等式：

$$((x \to y) \land (y \to x)) = ((x \to y) \land ((\neg x) \to (\neg y)))$$

5. 证明下列等式：

$$((x \to y) \land (y \to x)) = (((\neg x) \lor y) \land (x \lor (\neg y)))$$

6. 证明下列等式：

$$((x \to y) \land (y \to x)) = (\neg((x \land (\neg y)) \lor ((\neg x) \land y)))$$

7. 证明下列等式：

$$((x \to y) \land (y \to x)) = (\neg((x \lor y) \land (\neg(x \land y))))$$

8. 证明下列等式：

$$((x \rightarrow y) \wedge (y \rightarrow x)) = ((x \wedge y) \vee ((\neg x) \wedge (\neg y)))$$

$(x \vee \text{假}) = x$	$\{\vee \text{同一律}\}$
$(x \vee \text{真}) = \text{真}$	$\{\vee \text{零律}\}$
$(x \vee y) = (y \vee x)$	$\{\vee \text{交换律}\}$
$(x \vee (y \vee z)) = ((x \vee y) \vee z)$	$\{\vee \text{结合律}\}$
$(x \vee (y \vee z)) = ((x \vee y) \wedge (x \vee z))$	$\{\vee \text{分配律}\}$
$(x \rightarrow y) = ((\neg x) \vee y)$	$\{\text{蕴含}\}$
$(\neg (x \vee y)) = ((\neg x) \wedge (\neg y))$	$\{\vee \text{德摩根律}\}$
$(x \vee x) = x$	$\{\vee \text{幂等律}\}$
$(x \rightarrow x) = \text{真}$	$\{\text{自蕴含}\}$
$(\neg (\neg x)) = x$	$\{\text{双重否定}\}$
$((x)) = (x)$	$\{\text{括号冗余}\}$
$(v) = v$	$\{\text{原子式释放}\}$

符号要求
- x、y 和 z 是语法正确的布尔公式
- v 是一个变量或常量（真或假）
  （变量是字母或带下标的字母）

图 2.11 布尔代数公理

$(x \rightarrow \text{假}) = (\neg x)$	$\{\neg \text{用作} \rightarrow\}$
$(\neg (x \wedge y)) = ((\neg x) \vee (\neg y))$	$\{\wedge \text{德摩根律}\}$
$(x \vee (\neg x)) = \text{真}$	$\{\vee \text{补律}\}$
$(x \wedge (\neg x)) = \text{假}$	$\{\wedge \text{补律}\}$
$(\neg \text{真}) = \text{假}$	$\{\neg \text{真}\}$
$(\neg \text{假}) = \text{真}$	$\{\neg \text{假}\}$
$(\text{真} \rightarrow x) = x$	$\{\rightarrow \text{同一律}\}$
$(x \wedge \text{真}) = x$	$\{\wedge \text{同一律}\}$
$(x \wedge y) = (y \wedge x)$	$\{\wedge \text{交换律}\}$
$(x \wedge (y \wedge z)) = ((x \wedge y) \wedge z)$	$\{\wedge \text{结合律}\}$
$(x \wedge (y \wedge z)) = ((x \wedge y) \vee (x \wedge z))$	$\{\wedge \text{分配律}\}$
$(x \wedge x) = x$	$\{\wedge \text{幂等律}\}$
$(x \rightarrow y) = ((\neg y) \rightarrow (\neg x))$	$\{\text{对换律}\}$
$(x \rightarrow (y \rightarrow z)) = ((x \wedge y) \rightarrow z)$	$\{\text{柯里化}\}$
$((x \wedge y) \vee y) = y$	$\{\vee \text{吸收律}\}$
$((x \rightarrow y) \wedge (x \rightarrow z)) = (x \rightarrow (y \wedge z))$	$\{\wedge \text{蕴含}\}$
$((x \rightarrow y) \wedge (x \rightarrow (\neg y))) = (\neg x)$	$\{\text{归谬法}\}$
$(x \rightarrow (\neg x)) = (\neg x)$	$\{\text{矛盾律}\}$

图 2.12 若干布尔定理

信息框 2.5 布尔等价 ($\leftrightarrow$)

下列等式定义了布尔等价运算符 ($\leftrightarrow$)：

$$(x \leftrightarrow y) = ((x \rightarrow y) \wedge (y \rightarrow x)) \qquad \{\text{等价律}\}$$

当蕴含运算具有双向的运算效果 ($x \leftrightarrow y$) 时，其两个操作数具有相同的取值 ($x = y$)。这是对异或运算（2.2 节习题 3）的求反运算。当且仅当操作数具有不同取值时，异或运算的结果为真。习题 7 证明了布尔等价运算与异或运算之间的关系。与习题 4～8 一并给出了 6 个用于表示布尔等价运算符取值的公式。换句话说，这些习题提供了六个与布尔等价相同的公式。

32

2.4 数字电路

逻辑公式为符号逻辑的运算提供了数学表达的符号。可以将这些逻辑运算实体化为等价的电子器件。以电子器件形式表示的基本逻辑操作符称为逻辑门（logic gates）。逻辑门包括逻辑与、逻辑或和逻辑非，以及其他几个尚未讨论的运算符。

信息框 2.6 蕴含门是通用的

我们一般不将蕴含运算符 ($\rightarrow$) 这个已经详细讨论过的运算视为一种特定的逻辑

门电路。但这并不会限制电子元器件可以执行的运算类型，因为由 {蕴含} 的布尔代数公理 $(x \rightarrow y) = ((\neg x) \vee y)$（图 2.11）可知，我们可用逻辑非和逻辑或来替代蕴含。

对于蕴含运算符来说，不存在与之对应的逻辑门是一件具有讽刺意味的事情。布尔代数的发明者乔治·布尔（George Boole）将蕴含誉为逻辑运算符中的皇后。它是具有完备功能（或者说通用）的少数几个基本运算符之一。对于任意一个给定的具有正确语法的逻辑公式，都存在着一个含义相同的等价公式，该等价公式中只有蕴含运算符（没有逻辑与、逻辑或、逻辑非或任何其他运算符）。逻辑与和逻辑或都不是功能完备的运算，而它们的否运算，即与非和或非运算，则都是功能完备的运算。图 2.14 展示了如何只用与非门编写逻辑公式。

如果允许电路进行广泛的三维堆叠，则有可能构造出蕴含门，但这对大多数门电路来说并不可行。如果能够据此构造出蕴含门，就有可能在更小的空间里使用更多的元件构建出更快的电路。R. Stanley Williams 在一个关于记忆芯片的有趣视频中讨论了这个问题，请自行查阅 YouTube。

逻辑门接收与其逻辑运算符的操作数相对应的输入信号，并给出与其运算符所得运算值相对应的输出信号。具有两个输入的逻辑门即为二元运算符的物理实体。逻辑非运算符对应只有一个输入的逻辑门。

逻辑操作数和运算符的值总是要么为真、要么为假。同样地，逻辑门的输入电路只能区分两种不同的信号，并且也只能输出两种不同的信号。通常用 1（表示真）和 0（表示假）表示这些信号。当然，逻辑门是电子设备，所以 1 和 0 只是信号的标识。实际上我们可以使用任何两个不同的符号来表示它们，选择 1 和 0 或多或少带些武断的成分。

有很多用于处理电路问题的方法，但我们把具体的物理问题留给电气工程师。如果在电路中的某点存在电压则代表信号 1（真），没有电压则代表信号 0（假），但其物理实现依赖于所采用的技术。我们只关心逻辑方面，并且认定电子硬件能够正确地处理用某个表示真的信号，以及另一个表示假的不同信号。

我们可以将电路描绘成电路图，电路图使用线条表示在门之间传输信号的电线，使用不同形状的图标分别表示不同的逻辑门。我们可以使用公式或者电路图这两种方式表示电路。我们一直在使用的逻辑公式可以实现这个目的，但传统的电路代数表示法却采用了另外一种不同的形式。对于数字电路的代数公式，电路设计者通常将输入信号名称进行并列来表示逻辑与（就像在数值代数中将变量进行并列来表示乘法一样）。电路设计者用加号 (+) 表示表示逻辑或，并由公式上的一条横线表示逻辑非。例如，公式 $\overline{ab}$ 表示信号 a 和 b 的逻辑与的逻辑非。

图 2.13 给出了在电路图中用于表示逻辑门的符号，并用电路设计者使用的代数符号和我们一直使用的逻辑公式进行注释。我们需要记住这个重要事实：这三个符号在逻辑上表示的概念完全相同。电路图、逻辑公式和电路设计者使用的代数符号是对相同数学

对象的三种不同的表示方法。从这个意义上说，数字电路乃至计算机，就是一种实体化的逻辑公式。计算机就是运行的逻辑。

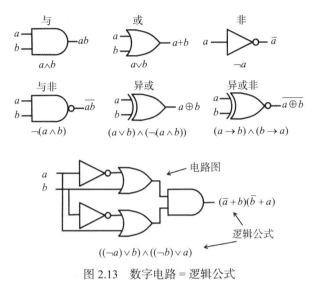

图 2.13 数字电路 = 逻辑公式

使用 $(\wedge, \vee, \neg, \rightarrow)$ 的逻辑运算符实现了书写一个能够准确传递任意给定公式的真值表取值的公式。我们可以使用逻辑或和逻辑非来表示 {蕴含} 公理（图 2.11），这表明即使逻辑运算集合中没有蕴含，也不会损失任何逻辑表达能力。

令人惊讶的是，反之亦然。也就是说，对于任意给定的输入和输出关系，如果它可以用逻辑与、逻辑或和逻辑非来表示，那么必然存在一个与该关系等价的逻辑公式，并且该公式只使用蕴含作为唯一的运算符。这个等价公式仅使用蕴含运算，却能够产生与原公式相同的效果。{¬用作 →} 等式（图 2.12）表示了如何使用蕴含运算来表示逻辑非，该等式为这个研究方向提供了起点。更进一步，蕴含其实并不是唯一具有这种通用性的逻辑运算符。另一种是逻辑与的否定，称为与非。如果与非门是由特定泛用技术构建的，那么它可以比其他门运行得更快、更可靠，因此许多集成电路经常使用与非门。

有趣的是，我们可以尝试仅仅使用与非门来表示其他基本运算符 $(\wedge, \vee$ 和 $\neg)$。例如，对于逻辑非而言，该运算只有一个输入信号，而与非运算有两个输入信号。如果我们将相同的信号输入到与非门的两个输入端，会就产生如下式所示的逻辑非运算效果：

$$(\neg a) = (\neg(a \wedge a)) \quad \{\neg \text{用作与非}\}$$

通过这种方式，与非门可以代替非门（也称为反相器）。这个等式的证明过程引用了 {∧幂等} 定理。

我们可以将两个与非门按顺序组合构成只有逻辑与运算的电路，即将来自第一个与非门的信号输入到第二个与非门的两个输入端，来反转来自第一个与非门的信号。在代数上，这个电路对应下列 {∧用作与非} 等式。验证这个等式需要两步证明。第一步使用

34

{¬用作与非} 等式将外部的与非转换为逻辑非，第二步引用图 2.11 中的 {双重否定} 公理。

$$(a \wedge b) = (\neg((\neg(a \wedge b)) \wedge (\neg(a \wedge b)))) \quad \{\wedge \text{ 用作与非}\}$$

逻辑非取了一个与非门，逻辑与取了两个。如下式所示，可以使用三个与非门来实现逻辑或运算，可以使用 {∨用作与非} 等式、德摩根律和双重否定对此进行验证：

$$(a \vee b) = (\neg((\neg(a \wedge a)) \wedge (\neg(b \wedge b)))) \quad \{\vee \text{ 用作与非}\}$$

图 2.14 给出了相应的数字电路图，这些数字电路对应使用与非运算符表示逻辑与、逻辑或和逻辑非的公式。

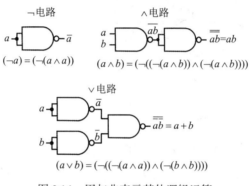

图 2.14   用与非表示其他逻辑运算

习题

1. 使用一个非门和一个或门，为"蕴含电路"绘制一个电路图，该"蕴含电路"具有与蕴含运算符相同的输入 / 输出行为。

提示：可以参照 {蕴含} 公理的例子（图 2.11）。其中一个输入是常量，而不是变量。

2. 对于下列每个逻辑公式，绘制一个等价的电路图。由于我们没有表示蕴含门的符号，所以你可以使用习题 1 中的电路图。

$$((a \vee (b \wedge (\neg a))) \vee (\neg(a \vee b)))$$
$$(((\neg a) \wedge (\neg b)) \wedge (b \wedge (\neg c)))$$
$$(a \rightarrow (b \rightarrow c))$$
$$((a \wedge b) \rightarrow c)$$

3. 用电气工程师使用的代数表示法重写上一个习题中的每个公式：并列表示 ∧，+ 表示 ∨，$\bar{a}$ 表示 (¬a)。使用 {蕴含} 公理来表示使用逻辑非和逻辑或的蕴含。

4. 仅使用蕴含运算符绘制带有与门、或门和非门的电路图。

信息框 2.7   若有困难不要紧，继续努力一定行

我们需要花费大量时间进行钻研才能掌握布尔等式进行推理。绝大多数人在学习这些概念并将其用于解决问题时都会遇到挫折。因此，如果你在学习过程中遇到困难，甚至气馁到绝望的地步，都很正常。每个成功解决的方案都会使得问题的解决变得更加容易，但解决方案并不容易。你现在学习的是真正的数学，它与真正的工程问题一样非常考验你的智力。工程是数学和科学原理在产品设计方面的实际应用，因此真正的工程问题和真正的数学原理之间有着很多共同的基础。

如果你到目前为止还没有对这些问题产生兴趣，而只是一个又一个地重复解决问题的过程，还不断经历失败，那么你可能会认为工程并不愉快，只会让人感到沮丧、沮丧、沮丧，甚至恶心。感到沮丧甚至恶心之后才能解决一个问题，然后再解决下一个问题。但是在重重迷雾中找到问题的解决方案会带来很多满足感，对于工程师和数学家来说，这种满足感就是所有努力的回报。

无论如何，请振作起来继续努力。数以百计的学生通过努力阅读本书并进行练习，几乎所有学生都成功地掌握了这些知识。为了做到这一点，他们投入了大量的精力来解决问题，他们一次又一次地阅读、思考并应用这些知识，有时他们甚至会为了解决一个问题花费好几个小时。总而言之，不要放弃！

2.5 演绎推理

我们一直在使用等式进行推理，这意味着我们是同时在两个方向上进行推理的。等式是双向的，演绎推理则是单向的。演绎推理使用单向推理规则从假设中推导出结论。当证明能够确定假设为真时，结论就为真。但是，当一个或多个假设的真假值未知时，证明就不能提供有关结论的任何信息。

在接下来关于演绎证明的讨论中，我们将使用推导符号 (⊢) 来将假设与结论分开的方式进行对定理的表述。我们通常将假设放在推导符号的左边，结论放在推导符号的右边。所有的假设都是逻辑公式，结论也是逻辑公式。推导断言使用推理规则能够从假设中得出结论。例如，可以将逻辑与的交换律表示为

$$\text{定理}\{\wedge \text{ 交换律}\}: \quad a \wedge b \vdash b \wedge a$$

[37]

稍后，我们将会使用名为自然演绎的形式化演绎推理体系来证明 {∧ 交换律} 定理[⊖]。由自然演绎证明的定理在推导符的左侧具有零个或多个逻辑公式，并且在右侧有且只有一个公式。左边的公式是定理的假设，右边的公式是定理的结论。证明从左边的公式开始，并假设这些公式是正确的。在每一步中，证明都引用推理规则或先前已经证明的定理来推导出新公式。规则或定理可以确保当假设为真时，推导出的公式也为真。而且推导出的公式可以在后续的证明步骤中充当假设的作用，并同样可以推导出新的公式。最后推导出的公式为定理的结论。用假设 h 和结论 c 对定理进行演绎证明，证明了该推论 $(h \rightarrow c)$ 是正确的。

⊖ 自然演绎是一种形式逻辑系统，由数学家 Gerhard Gentzen 在 20 世纪 30 年代开创，并且由逻辑学家 Dag Prawitz 在 60 年代对其进行改进。

$$h \vdash c \text{ 确定了 } (h \to c) = \text{真}$$

当然，蕴含公式为真的取值与蕴含运算符左边操作数的值无关。左边操作数的值可以为真，也可以为假。这个蕴含公式只是表明，可以使 $(h \to c)$ 值为假的唯一组合（即 $h = $ 真，$c = $ 假，如定理 $\{\to$ 真值表$\}$ 所验证的）是不可能发生的。同样，定理的演绎证明不能提供有关假设的任何信息。只有当所有假设都为真时，结论才为真。

有时一个定理有好几个假设。对于定理 $h_1, h_2 \vdash c$ 的演绎推理证明，其中就使用两个假设来保证 $((h_1 \wedge h_2) \to c) = $ 真成立。对于没有任何假设的定理，其推导符的左边就不会有公式：$\vdash c$。对这样这种定理的证明其实就是验证等式 $c = $ 真。

布尔代数的所有公理（图 2.11）都可以通过演绎推理推导出来。许多关于经典逻辑的代表都是从演绎推理开始的，但我们从布尔代数开始，这是因为我们将使用逻辑来对以特定等式形式出现的数字电路和软件进行推理。因此，等式在整个讨论中发挥着核心作用⊖。

图 2.15 给出了自然演绎推理规则的示意图。通过对推理规则的引用，可以从假设（假设为真）或先前已推得的公式中得到新公式。每个规则引用包括 3 个部分：

1. 横线上方的一个证明（或多个证明，取决于规则）；
2. 标有引用规则名称的横线；
3. 横线下方唯一的一个逻辑公式。

演绎证明是一个由推理规则组成的引证序列，其中最后一个引用在横线下方有一个公式，该公式就是所需证明定理的结论。推理规则可以在公式上施加特定的限制，这种公式可以是推理规则的结论，也可以是推理规则所需的横线上方的证明结论。例如，$\{\wedge$ 消除1$\}$ 推理规则（图 2.15）需要横线上方有一个证明，并将该证明的结论限制为逻辑和公式 $(a \wedge b)$。另一方面，$\{\wedge$ 引入$\}$ 规则要求在线上有两个证明，并将该推理规则的结论（横线下方）限制为逻辑和公式 $(a \wedge b)$。有些规则对横线以上的公式（已在前面的证明中推导出来）和横线以下的公式都有限制。例如，$\{\neg$ 引入$\}$ 规则要求横线上方的公式为蕴含，其结论为逻辑常数假 $(a \to$ 假$)$，并将横线下方的公式限制为否定公式 $(\neg a)$。此外，横线上方的蕴含假设必须与横线下方的否定公式相同。

演绎证明在引用某个规则时，该规则的名称写在横线的右边，横线将该规则所要求的证明与引证推导出的结论分隔开来，结论就是横线下方的公式。当一个推理规则要求横线以上有多个证明的时候，可以用虚线将这些证明隔开。推理规则所要求的在横线以上的每一个证明，本身就是一个（演绎）论证。也就是说，它也是一个以结论公式为结尾的引用序列。

⊖ 在 O'Donnell，Hall 和 Page 的 *Discrete Mathematics Using a Computer, Second Edition* 中，可以找到一个有关自然演绎的更广泛的讨论。

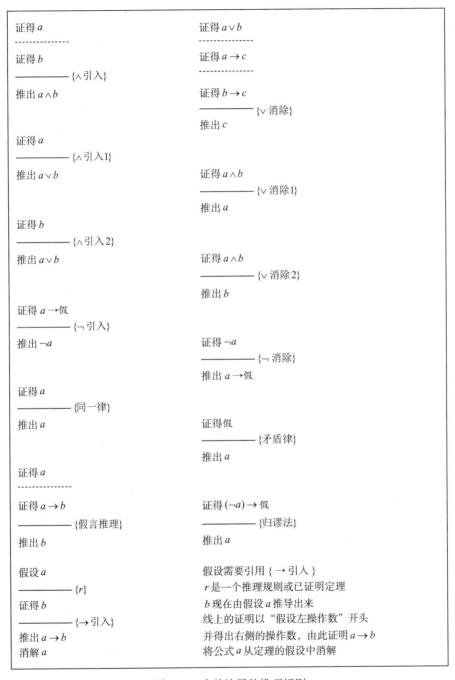

图 2.15 自然演绎的推理规则

推理规则的引用范围向上延伸到该规则所要求的横线之上第一个证明的开头。证明中的引用范围可能会重叠，此时，某些证明会嵌套在其他证明之中。事实上，证明规则最后一次引用的范围总是向上延伸到证明的开始。因此，所有其他引用的范围都会嵌套

39
～
40

在最后一次引用范围之内⊖。

只要推理规则需要横线之上的证明，就可以使用假设代替该证明。也就是说，假设始终可以代替证明。被标记为假设的逻辑公式是被证明的定理的假设（除非该假设在后来被消解了，该假设的特殊情形将在后文中讨论）。所以，任何证明都可以从一个被标记为假设的公式开始。但是，在证明中第一次引用规则之后，任何证明都不能将公式标记为假设。假设只能出现在构成证明的引用序列中第一个引用行上方，但是由于引用（以及证明）是可以嵌套的，因此假设不一定是整个证明的第一行。相反，它可能是嵌套在另一个证明中的某个证明中的第一行。

众所周知的"苏格拉底终有一死"三段论（图 2.16）使得 {假言推理} 规则（图 2.15）是目前被广泛认可的推理规则。该规则规定，如果能够证明公式 a 成立，且能够证明公式 $(a \rightarrow b)$ 成立，则通过引用 {假言推理} 规则将这两个证明合在一起，可以得出 b 成立的结论⊖。

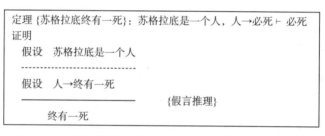

图 2.16   定理 {苏格拉底终有一死}：假言推理规则的引用

自然演绎法的证明遵循一种严格规定的格式，我们有必要使用一些稍微不同的术语再次讨论这种格式。对于具有 n 个设定的定理的证明，需要使用 n 个不同的公式将这些设定标记为论证中推理规则所需一个或多个证明开端的假设。也就是说，每个设定都会在它被引入论证地方，将该设定标记为一个假设。如此标记的设定代替了当时所引用的推理规则所要求的证明。我们可以在证明中的多个地方将某个特定公式标记为假设，但是无论作为假设的该公式出现在多少个地方，它仍然只是被证明定理的一个假设。一个具有 n 个设定的定理证明，至少有 n 个公式被标记为假设。如果有两个或两个以上的假设指定同一个的公式（或者某个公式已被消解），那么就将有 n 个以上的公式被标记为假设。

假设必须出现在证明的开始，即在证明引用任何推理规则之前。在证明中引用推理规则后，假设不能出现。当然，由于存在由虚线表示的不同的证明，因此

⊖ 由于范围是嵌套的，自然演绎法的证明有时用括号写成（如代数公式），或以"树图"的形式呈现。在树图中，定理的结论在底部，引用部分在分支结构中向上展开，这样范围的重叠（和不重叠）十分清晰。我们选择了一种具有隐式重叠的垂直格式，因为这种表示方法比树图更紧凑，而且根据我们的判断，还比用括号括起来的证明公式可读性更高。

⊖ 演绎证明是单向的，因此关于苏格拉底的定理也是单向的。我们可以从关于生命规律的两个假设中得出死亡的结论，但我们不能从苏格拉底的死亡中逆推出生命规律。例如，兔子有寿命，但兔子不是人类。

假设不必位于整个证明的开始，也可以位于某个用虚线隔开的另一个证明的开始。{苏格拉底终有一死} 定理（图 2.16）有两个假设，其中一个被标记为代替引用 {假言推理} 所需第一个证明的假设，另一个被标记为代替 {演绎推理} 所需第二个证明的假设。

自然演绎的三个推理规则（图 2.15）涉及 ∧ 运算符的有：{∧引入}、{∧消除1}、{∧消除2}。我们可以使用这些规则构造 ∧ 交换性定理的演绎证明，并将该证明作为开始学习自然演绎的一个合理的直接示例。

图 2.17 中的证明使用了 {∧引入} 推理规则，该规则要求在横线上方具有两个证明。在这个例子中，第一个证明是横线上方定理的设定，它被标记为一个假设。然后，该假设引用 {∧消除2} 规则，该规则要求横线上方 ∧ 的右操作数 b 位于直线下方充当结论。然后是分隔 {∧引入} 所需的两种证明的虚线。接下来是第二个证明。它与第一个证明的形式相同，只是它引用的是 {∧消除1} 而非 {∧消除2}。{∧消除1} 规则使得 ∧ 的左操作数 a 位于该直线下方。{∧引入} 规则要求该直线上第一个证明的结论成为该规则所引入的 ∧ 操作的左操作数，并且要求第二个证明的结论成为右操作数。带有这两个操作数的 ∧ 公式就是该直线下方引用 {∧引入} 推理规则的结论。最后的引用完成了 {∧交换律} 定理的证明。

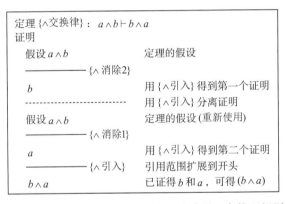

图 2.17　{∧交换律}：引用包括 ∧ 在内的三条推理规则

总结一下，{∧交换律} 定理的证明由三个证明构成，从某种意义上说，一个是以 {∧引入} 规则引用结尾的完整证明，另外两个则是需要引用 {∧引入} 规则的证明。本例中的三个证明都分别只包含一个规则引用。有时在某个证明中包含几个规则引用，有时只有一个规则引用，有时当证明是一个假设时，一个规则引用也没有。42

> **信息框 2.8　使用变量代表公式**
>
> 　　与布尔代数一样，可以使用演绎推理中的变量代表公式。任何语法正确的公式都可以加入变量（有时在这种场合称为元变量），只要将该公式替换成变量的所有实例即可。例如，定理 {∧交换律}$(a \wedge b \vdash b \wedge a)$ 有两个变量 a 和 b。由于 $(x \vee y)$ 和 $(y \rightarrow z)$ 是公式，因此这个定理可以用以下更具体的说法来证明：

$$(x \lor y) \land (y \to z) \vdash (y \to z) \land (x \lor y)$$

该定理还证明了下列对用公式 b 代替 a 和用公式 a 代替 b 的定理的重述也是正确的。

$$b \land a \vdash a \land b$$

本书中的变量都是这样使用的，没有什么新知识。我们再次提到它，只是因为在引用推理规则或定理时，记住这一点很重要。

在 {∧ 交换律} 定理的证明中，有两个公式被标注为假设。这表明该定理有两个假设，但此处的两个假设是相同的公式。某个特定公式可以作为证明中的假设任意多次使用，但在定理中只能算作一个假设。该定理的假设数量是在证明中作为假设注释的不同公式的数目减去通过引用 {→ 引入} 推理规则而引出的那些假设的数目，我们将在后面对此进行简短的讨论。

对于给定的某个证明，我们很容易得到该证明所论证的定理。除了那些已经被消解的公式，将证明中所有标注为假设的不同公式都放在推导符 (⊢) 的左侧。在推导 (⊢) 完成之后，将公式写在证明末尾的结论处。

现在我们讨论关于证明中假设公式的消解。推理规则 {→ 引入} 具有一些独特的特点。该规则仅需在横线上方提供一个证明，但该证明必须以一个标记为假设的公式（称为 a）开始。也就是说，在 {→ 引入} 的引用中，在横线上方的证明必须以"假设 a"开头，然后根据该假设导出公式 b，由此得到横线下方作为结论的公式 $(a \to b)$。我们可将 {→ 引入} 的引用范围向上扩展到所需的假设。

在通常情况下，证明开始时作为假设的任何公式都会成为被证明定理的假设。但是，被消解的假设不会添加到该定理的设定中。对于 {→ 引入} 规则的引用将会触发对一个假设公式的消解，这个被消解的公式就是该规则引用在横线上方证明开始处所需的假设公式。（没有这个假设公式，引用和证明都是无效的。）该假设公式能够被消解的原因是，蕴含公式的真值对其左操作数的值没有任何限制。蕴含公式只是表明，如果左边的操作数的值为真，那么右边的操作数也为真，这个证明正是证实了这种关系。由于 {→ 引入} 规则的引用只是确认横线以下蕴含的公式为真，因此引用对左侧操作数的值没有限制。该假设仅在 {→ 引入} 推理规则的引用范围内适用，因此不会成为被证明定理的假设（除非该公式在定理证明其他地方作为假设，且未被消解）。

图 2.18 展示了 {自蕴含} 定理的一个证明，该证明表明形式为 $(a \to a)$ 的公式真值总是为真。该证明引用了 {同一律} 规则，该规则被包含在推理规则中，使得自然演绎的证明过程能够严格遵守系统所要求的形式主义。{同一律} 规则表示，有关公式 a 的证明后面可以通过 {同一律} 规则引用与公式 a 相同的公式，并可以将该公式放在横线下方作为该引用的结论。

任何规则的应用都必须与规则规范中的模板相匹配，有时我们需要使用 {同一律}

规则来匹配模板。自蕴含的证明（图 2.18）过程中就出现了这种情况。这个证明引用了
{→引入} 规则来推导公式 $(a \to a)$，并且这个引用需要一个始于假设 a 且刚好在横线上
方得到结论公式 a 的横线上方的证明。{同一律} 规则可以满足这个需求。在自蕴含的证
明过程中，{→引入} 规则的引用遵循了从 a 派生出 a 的过程，并在证明开始时触发了对
假设 a 的消解。在证明中没有其他的假设公式，因此定理的证明没有假设。也就是说，
无论公式 a 代表什么，结论公式 $(a \to a)$ 的值均被证明为真。

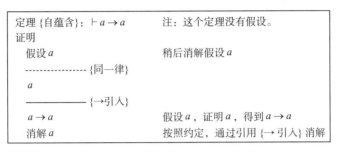

图 2.18　{自蕴含}：引用 {同一律} 和 {→引入} 推理规则

　　现在考察一个定理，该定理的证明过程要比到目前讨论过的证明要复杂得多。先前
证明的 {∨交换律} 定理与我们在此讨论的 {∨交换律} 定理比较类似，但是两者在证明方
面却有很大的不同。图 2.19 给出了 {∨交换律} 定理的证明过程，该证明引用了关于 ∨ 运
算符的所有 3 个推理规则，并且给出了一个关于 {∨消除} 规则如何执行的具体示例。

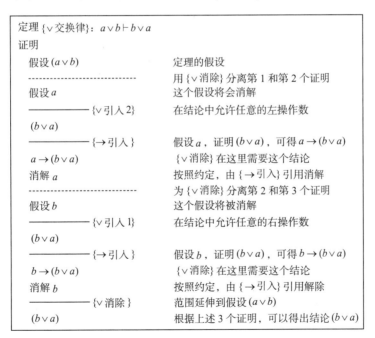

图 2.19　{∨交换律}：引用 {∨消除}

{∨消除} 规则要求在横线上方有 3 个证明。其中第一个证明必须得出一个关于逻辑

或的结论公式 $a \vee b$ ，a 和 b 可以是任何语法正确的逻辑公式。第二个证明必须得出一个关于蕴含的结论公式 $a \to c$ 。在这个蕴含公式中，a 是公式 $\vee$ 的左操作数，公式 $\vee$ 为横线上方第一个证明的结论，c（可以是公式，而不只是一个变量）是 $\{\vee$ 消除$\}$ 规则引用横线下方的结论。第三个证明必须得出一个关于蕴含的结论公式 $b \to c$ ，其右操作数与第二个证明的结论相同，其左操作数与作为第一个证明结论的逻辑或的右操作数相同。$\{\vee$ 消除$\}$ 规则虽然比较复杂，但是非常易于引用，因为这个规则对其自身的很多部分进行了多个限制。

图 2.19 中的证明对 $\{\vee$ 引入1$\}$ 和 $\{\vee$ 引入2$\}$ 这两个"或引入"规则都进行了引用。这些规则允许在证明中引入任意公式。也就是说，在引用这个规则时，我们可以在结论中构造一个公式（即选择 $\{\vee$ 引入1$\}$ 中的右操作数和 $\{\vee$ 引入2$\}$ 中的左操作数构成一个逻辑或公式）。你选择的公式可以很复杂，也可以很简单。在这里的证明中，我们选用的公式很简单（一个是 b ，另一个是 a ），但它们正是证明所需要的。

除了引用有关 $\vee$ 运算符的三个推理规则之外，该证明还两次引用了 $\{\to$ 引入$\}$ 规则。这两次引用都需要进行消解，所以证明中有很多操作。图 2.19 用注释阐明了细节，旨在帮助你通过对证明的遍历来理解这些引用如何组合，并构成一个关于 $\{\vee$ 交换律$\}$ 定理的证明。

演绎证明是单向的，因此有点讽刺的是，到目前为止我们使用自然演绎证明的大多数定理都是双向的。证明只能在一个方向上进行，但定理也可以从另一个方向进行证明。

我们现在讨论名为蕴含运算传递法则（图 2.20）的定理，该定理只朝一个方向推演。该定理可以从两个设定中得出结论，但不能从结论得出两个设定。同样，证明的注释是为了帮助你逐步理解证明。特别注意要对位于证明顶部的所引入的假设进行消解。

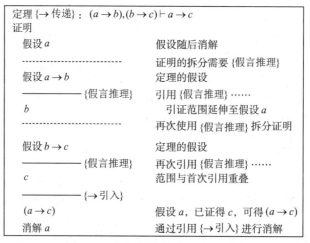

图 2.20   蕴含运算传递法则的证明

在演绎证明过程中，以前已经得到证明的定理可以当作推理规则进行引用。当然，我们可以通过复制引用定理的证明过程来代替对该定理的引用，以便仅使用基本的推理规则进行证明，但这会导致证明特别冗长，就像不定义和调用封装通用操作过程的编程会使得计算机程序特别冗长一样。冗长的证明（如同冗长的程序）往往是不可靠的，可能因为我们通常很难做到正确地分析如此大量的细节而不会产生混淆。但即使这种证明过程是可靠的，也会使人眼花缭乱，更不用说发现和修复错误了。这就是在演绎证明中引用已证明定理这一能力十分重要的原因。这种能力能够缩短简化证明过程，每一步的证明过程都很简短，且更容易理解。

46
~
47

　　证明中，对某个定理的引用必须首先在该引用的横线上方给出关于该定理每个假设的证明，就像每个推理规则的引用必须在引用横线之上有一定数量的证明一样。与推理规则引用在横线上方有多个证明的情形类似，在引用具有多个设定的定理时，我们使用虚线来分隔所需的多个关于定理设定的证明。图 2.21 给出了关于否定后件推理定理的证明⊖。该证明过程引用了蕴含链式法则定理。因为该定理有两个设定，所以引用该定理的横线上有两个证明。由这两个证明可以得出若干蕴含公式，这些蕴含公式可以作为蕴含链式法则的假设。最后，我们通过引用 {¬引入} 规则完成整个证明。

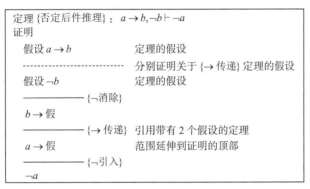

图 2.21　{否定后件推理}：引用一个定理来证明一个推论

　　{归谬法} 规则支持"反证法"。该法则的含义是，如果能够证明公式 $(¬a) →$ 假为真，那么就能够得出公式 a 为真。图 2.22 中引用了归谬法规则证明了一个关于双重否定的定理。

　　到目前为止，在给出的证明样例中，还有一条推理规则没有得到引用。这个规则就是 {矛盾律} 规则⊖。图 2.23 所示的 {析取三段论} 定理的证明展示了对该规则的引用。这个定理的含义是，如果已知某个逻辑或为真，并且它的左操作数为假，那么它的右操作数就一定为真。证明策略采用了 {∨消除} 规则，该规则的引用要求横线上方有三个证明。其中第一个证明只是作为定理设定的逻辑或公式的假设。第二个证明是从定理的其他假设和逻辑或左操作数的假设中得出结论假。当证明引用 {→引入} 规则时，这个假设

48

⊖　推理规则 {假言推理} 表示，蕴含的结论可以从其假设的证明中得出。{假言推理} 定理认为蕴含的假设可以从否定其结论的证明中导出。

⊖　具有讽刺意味的是，引用 {归谬法} 规则的证明称为矛盾证明，而引用 {矛盾律} 规则的证明没有特殊的名称。然而，这就是使用习惯，也许是因为 {矛盾律} 规则和 {同一律} 规则一样，主要是为了方便自然演绎证明过程。

就被消解了。第三个证明与第二个证明类似，只是第二个证明中引用了与 {矛盾律} 规则相对应的 {同一律} 规则。

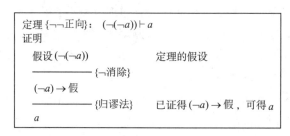

图 2.22   定理 {¬¬正向}：引用归谬法

使用自然演绎方法构造证明的难度通常比较大，一般需要大量的练习才能牢牢地掌握相关的证明思想。下面的习题提供了一个练习的机会。根据经验，从证明的底部开始进行自然演绎通常是很有帮助的。请把结论公式写在引用的底部（这也是证明所必需的），然后在上面画条横线。选择一个在该行可能要引用的推理规则，并想一想该如何引用该规则，可能还要考虑所证明定理的设定或其他可能推导出结论的公式。以这种执果索因的方式进行证明可能是一种有效的策略，由此我们可以获得构造证明所需的洞察力。

习题

1. 使用自然演绎法来证明定理 {∧补}： $a, \neg a \vdash$ 假。

2. 用自然演绎法证明下列定理： $a, a \to b, b \to c \vdash c$。

3. 推导公式 $((a \wedge ((a \to b) \wedge (b \to c))) \to c) =$ 真，使用布尔代数公理（图 2.11）。

4. 解释习题 2 和习题 3 之间的联系。

5. 利用自然演绎法证明下列定理： $\vdash (a \wedge b) \to a$。

6. 用自然演绎法证明定理 {或非交换律}： $\neg(a \vee b) \vdash \neg(b \vee a)$。

   注：{∨交换律} 定理可能会有所帮助，但不是直接有用，因为 $\neg(a \vee b)$ 是一个否定公式，而不是逻辑或公式。它具有逻辑或子公式，但自然演绎需要匹配整个公式，而非子公式。

7. 使用自然演绎法证明定理 {与非交换律}： $\neg(a \wedge b) \vdash \neg(b \wedge a)$。

   注：{∨交换律} 定理在这个证明中没有用，就像 {∨交换律} 在习题 6 中没有用一样。

8. 用自然演绎法证明定理 {或非消除1}： $\neg(a \vee b) \vdash \neg a$。

9. 用自然演绎法证明 {德摩根律∨正向}： $\neg(a \vee b) \vdash (\neg a) \wedge (\neg b)$。

10. 用自然演绎法证明 {德摩根律∨反向}： $(\neg a) \wedge (\neg b) \vdash \neg(a \vee b)$。

11. 解释练习题 9 和练习题 10 之间的联系。

   提示：复习信息框 2.5。

12. 使用自然演绎法来证明定理 {∧补}： $\vdash a \vee (\neg a)$。

   提示：使用 {归谬法} 推理规则，从习题 8 引用 {或非消除1} 定理。牢记，一个特定的假设可以在证明中的多个点上发生。

13. 图 2.23 中 {析取三段论} 定理的证明如果使用 {自蕴含} 定理（图 2.18）来推导公式 $(b \to b)$，而不是使用 {同一律} 和 {→引入} 推理规则来推导公式，证明过程将会更简短。请用这种方法简化证明过程。

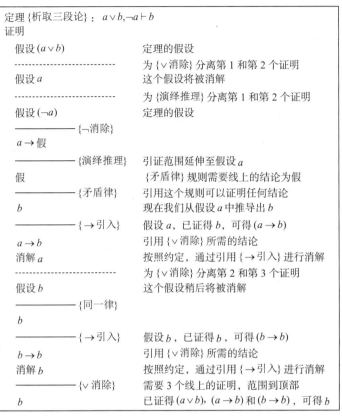

图 2.23 {析取三段论}：引用 {矛盾律}

49
~
50

2.6 谓词和量词

我们一直使用命题这个术语来表示一个非真即假的公式。当我们把任何一个由命题组成的集合⊖看成是一个整体时，则可将这个命题集合称为谓词。我们将谓词定义成一个以论域为变量或变量取值范围的命题集合。如果 P 是某个谓词，x 是论域中的某个元素，那么 $P(x)$ 就是由变量 x 从谓词中选出的命题⊖。

⊖ "集合" 这个术语在数学上有一段曲折的历史。避免在定义中出现罗素悖论之类的矛盾十分困难，你可以在线上文章或教科书中了解。我们将不再讨论这些问题，而是假设对于我们讨论的任何集合，我们都有一种方法来弄清楚是否任何给定的项目都是集合的元素。在通常情况下，我们的集合是比较常见的，比如自然数集合，它是用数学归纳法证明命题的论域索引，或者是用 ACL2 程序构造的列表集合。有时，论域将是所有程序的集合，这些程序可以用给定的编程语言表达。在这种情况下，该语言的任何解释器都可以确定给定项是否属于集合。

⊖ 您可以将谓词视为一个运算符，当提供该命题的索引作为输入时，该运算符将相关的命题作为输出传递，例如 ACL2 运算符 natp: (natp x)，如果 x 是自然数，则为真，否则为假。无论你将它看作一组被论域索引的命题，还是一个给定论域元素的真 / 假值的运算符，谓词都是相同的数学实体。索引集方法有时称为 "扩展" 视图，因为它侧重于谓词的外部可观察特征；而运算符的视角被称为 "内涵" 视图，因为它涉及生成给定其索引的命题的真 / 假值。有时，谓词将不与计算相对应，在这种情况下，运算符（内涵）视图无效，因为不存在与谓词相关联的计算。可扩展视角是思考此类谓词的方式。

我们可以用公式表示由一些逻辑与连接起来的有关谓词 P 的命题，$(P(x_1) \wedge P(x_2) \wedge P(x_3) \wedge P(x_4))$，即当公式 $(P(x_1), P(x_2), P(x_3), P(x_4))$ 中所有命题都为真时，这个公式的值为真。如果用公式将关于谓词 P 的所有命题表示成逻辑与的连接形式，则当论域具有较多元素时，这种公式表示就比较笨重，当论域中有无限多个元素时，这种公式表示是不可行的。

我们通常使用一种看起来像颠倒字母 A 的符号表示谓词中所有命题的逻辑与运算，这个符号名为全称量词 ($\forall$)。公式 $(\forall x.P(x))$ 表示谓词 P 中所有命题的逻辑与⊖。如果存在来自论域的元素 x 使得命题 $P(x)$ 为假，则公式 $(\forall x.P(x))$ 的值为假，否则 $(\forall x.P(x))$ 的值为真。

例如，令 n 表示自然数，用 $E(n)$ 表示命题 "$2n$ 是非负偶数"，则 $\{E(0), E(1), E(2), \cdots\}$ 是一组以自然数为索引的命题集合。对于每个自然数 n，都有一个与其相对应的命题 $E(n)$，因此 E 是一个以自然数为论域的谓词。

如果使用 $\wedge$ 将这些命题连接起来构成一个公式，例如 $(E(5) \wedge E(3) \wedge E(7) \wedge E(1))$，则这个公式在当且仅当这 4 个命题均为真时才为真。事实上，谓词 E 中的所有命题都为真。无论 n 代表哪个自然数，$E(n)$ 都为真，因为当 n 是自然数时，$2n$ 形式中的任何数均为非负偶数。因此，谓词 E 的论域没有使得命题 $E(n)$ 为假的元素 n，这意味着量化公式 $\forall n.E(n)$ 的值为真。

这种量词将一组命题（即谓词）转换为单个的真值，即为真或为假。也就是说，量词可以将谓词转换为命题。从句法上讲，一个量化的公式以一个后面带有变量的量词符号为起始，后面接一个句号，最后是一个表示命题的逻辑公式。公式中这种带有量词限制的变量称为约束变量，代表论域中任意某个元素，量词的量化范围覆盖整个论域。尽管在公式中没有直接指明论域，但是如果不知道论域，那么公式就没有意义。

信息框 2.9   带有空论域的量词

设 P 为谓词。当论域中至少有一个变量 x，使得 $P(x)$ 为假时，则公式 $\forall x.P(x)$ 为假，否则，量词 $\forall$ 为真。如果论域是空集，那么根本没有任何变量，更不用说存在谓词为假的变量。因此，当论域为空时，$\forall x.P(x)$ 为真。

同理，当论域为空时，量词 $\exists$ 为假。否则，在论域中至少存在某个元素 x，使得 $P(x)$ 为真。

任何没有约束的变量都被称为自由变量。在公式 $(\forall x.P(x)) \vee Q(y)$ 中，x 是一个约束变量，且 y 是一个自由变量。这可能有点棘手，但是你必须直截了当地理解量词是如何工作的。一个特别棘手的情况是公式 $(\forall x.P(x)) \vee Q(x)$。在这个公式中，在 $\vee$ 左侧操作数中的 x 是约束变量，在 $\vee$ 右侧的 x 是自由变量。

剩下的另一个量词是存在量词。该量词构成某个谓词中所有命题的逻辑或运算，并

⊖ $(\forall x. P(x))$ 读作 "对于所有的 x，$P(x)$ 均为真。"

由一个看起来像反写的字母 E 的符号进行表示。如果论域中存在某个元素 x 使得命题 [52] $P(x)$ 为真，则公式 $(\exists x.P(x))$ 的值为真⊖。

考察方程 $(n+7)=12$，对于任何给定的 n，该方程都表示一个命题，因为此时该方程非真即假。我们称这个命题为 $Q(n)$。由于对于每一个自然数 n，$Q(n)$ 都代表一个命题，因此我们可以将 Q 看成是一个以自然数为论域的谓词。由代数知识可知，存在某个自然数 n，使得方程 $(n+7)=12$ 成立。也就是说，论域中存在一个使得命题 $Q(n)$ 为真的 n 值（即 $n=5$）。因此，根据存在量词的定义，公式 $(\exists n.Q(n))$ 为真。

然而，公式 $(\forall n.Q(n))$ 为假。因为存在自然数 n 使得命题 $Q(n)$ 为假。事实上，存在很多这样的自然数，但谓词中假命题的数量在全称量词中并不重要，只要有一个就足够了。根据全称量词的定义，如果命题 $Q(n)$ 为假，哪怕论域中只有一个这样的元素，则公式 $(\forall n.Q(n))$ 为假。

信息框 2.10　定义等号：$\equiv$

由三条横线组成的等号表示左边的项在定义上等于右边的式子。

项　$\equiv$…某些式子…　　　　项的定义

$Q(n) \equiv ((n+7)=12)$　　　　　　　　$Q(n)$ 表示 $((n+7)=12)$

谓词可以具有多个变量。例如，如下定义的谓词 R 有两个变量：

$$R(m,n) \equiv ((n+7)=m)$$

这里讨论的关于谓词的两个变量都是指自然数⊖。对于每一对自然数 (n,m)，$R(n,m)$ 表示一个命题（即方程 $((n+7)=m)$，它为真或假）。对于每个不同的自然数 m，公式 $(\exists n.R(n,m))$ 都是一个不同的命题，这使得该公式成为一组以自然数为变量的命题，因此它是一个以自然数为论域的谓词。为了进行更加清晰的表达，我们给这个谓词起名为 [53]

$$S(m) \equiv (\exists n.R(n,m))$$

让我们通过量词将该谓词转换为一个命题：$(\forall m.S(m))$。这是一个命题，它真值非真即假，但究竟是真还是假？根据谓词 R 的定义，如果不存在某个自然数 m，使得量词 $(\exists n.((n+7)=m))$ 为假，则 $S(m)$ 为真。假设 m 是自然数 0，可将命题 $S(0)$ 表示为 $(\exists n.((n+7)=0))$。事实上，不存在自然数 n 使得 $((n+7)=0)$，否则 n 必须是负数，而所有自然数均为零或更大的数。因此，$S(0)$ 为假，由此可得 $(\forall m.S(m))=$ 假。

根据定义，$S(m)$ 表示公式 $(\exists n.R(n,m))$，故可以在 $S(\forall m.S(m))$ 中用该公式代替 $S(m)$，将公式变为 $(\forall m.(\exists n.R(n,m)))$，其中存在量词嵌套在全称量词之内。量词的组合也可以有

⊖　$(\exists x.P(x))$ 读作"存在元素 x，使得 $P(x)$ 为真。"

⊖　具有多个索引的谓词对于不同的索引可以有不同的论域。例如，一个索引可能来自一组数字，另一个来自一组单词，但是这里讨论的特定谓词 R 的第一个和第二个索引都是自然数。

其他的形式。下面所有的公式都是命题，你可以根据 $R(n,m)$ 的具体含义来确定哪些公式的值为真，哪些公式的值为假：

$$(\exists m.(\forall n.R(n,m)))$$
$$(\exists m.(\exists n.R(n,m)))$$
$$(\forall m.(\forall n.R(n,m)))$$

当一个谓词公式含有多个变量时，像这种量词的嵌套形式是很常见的。

习题

1. 计算以下公式的值，其中 $R(m,\ n) \equiv ((n+7) = m)$。

   a) $(\exists m.(\forall n.R(n,m)))$

   b) $(\exists m.(\exists n.R(n,m)))$

   c) $(\forall m.(\forall n.R(n,m)))$

2. 在以下公式中标记自由变量，并说出每个公式有多少约束变量。

   a) $(P(x) \vee (P(y) \rightarrow P(z)))$

   b) $(\forall x.(P(x) \wedge (\forall y.Q(y))))$

   c) $(P(x) \rightarrow (\exists y.Q(y)))$

   d) $(\exists x.(P(x) \wedge (\forall y.Q(y))))$

   e) $((\forall x.(P(x) \rightarrow Q(y))) \vee (\forall x.W(x)))$

   f) $(\forall x.(\forall z.R(x,y,z)))$

54

2.7　量化谓词的推理

量词提供了一种将谓词公式转换为命题的方法，基于前面介绍的由命题和运算符构成的布尔公式推理知识，本节将介绍并讨论一些新的推理方法及等式，由此实现对含有量词的公式进行类似的逻辑推理。

从含有两个变量的谓词 P 开始。$P(x,y)$ 表示谓词 P 由数对 (x,y) 作为变量后构成的命题，其中 x 取自第一个变量的论域，y 取自第二个变量的论域。

在下面的讨论中，我们将给出变量得到论域中的具体取值后形成的一些示例。虽然我们可以编造一些特殊符号来表示这些具体值，但为了描述方便，我们假定这两个变量的论域是自然数域。因此我们可以使用比较熟悉的符号作为具体的数对。$P(5,2)$，$P(0,6)$ 和 $P(3,7)$ 是谓词 P 的具体命题。$P(x,y)$ 也是谓词 P 中的一个命题，但除非我们知道 x 和 y 分别具体代表哪个自然数，否则 $P(x,y)$ 就不是一个具体命题。同样，选择自然数域作为论域仅仅是为了方便指定域中的特定元素。这里给出的量化谓词的推理方法同样适用于其他论域。

如果已经证明了谓词公式 $(\forall x.(P(5,x)))$ 的值为真，那么如何在另一个证明中引用这个谓词公式？一种方法是鉴于 $(\forall x.(P(5,x)))$ 表示的所有公式 $P(5,0)$，$P(5,1)$，$P(5,2)\cdots$ 均为真，所以可以得出诸如 $P(5,0) =$ 真。我们还可以断言 $P(5,1)$ 为真，$P(5,2)$ 也为真，以此类推。

也就是说，一旦证明了某个全称量化谓词公式的值为真，那么就可以使用该谓词公式论述域中的任意特定值替换相应的约束变量，由此消除量词并获得一个更为具体的定理。

不仅如此，我们还可以使用表示论域中某个值的任何公式实现对约束变量的替换。例如，我们可以断言，如果 x 和 y 表示自然数，则 $P(5, 2x + y + 4)$ 为真。

考察关于存在量化的另一个量化谓词公式 $(\exists x.(P(5, x)))$。我们假设已知该公式的值为真，并试图在其他某个证明中引用这个结论。公式 $(\exists x.(P(5, x)))$ 表达的含义是，在论域中至少有一个元素 x 使得公式的取值为真，但并没有具体说明是哪一个元素。$P(5, 9)$ 可能为真，$P(5, 3)$ 也可能为真，或 P 中其他任何以第一个元素为 5 的某个数对构成的命题为真。该谓词公式可能只对论域中某一个数对为真，也可能是对论域中两三个数对为真，甚至可能对论域中所有数对都为真，但一定对论域中至少一个数对为真。这就是我们从 $(\exists x.(P(5, x)))$ 为真的结论中能够提取到的所有信息。

引用这个结论的方法是使用约定的符号来表示那些看起来像变量（可以表示整个论域中的任何值，甚至可以表示在论域中取值的某个公式）的特殊量。事实上，这种约定符号表示的并不是变量，而是论域中某个特定值。也就是说，这些约定符号表示的是常量，而不是变量。一种具体的实现方法是，指定比如 C 之类的特殊符号来表示这种看起来像变量的常量。如果在讨论中需要使用几个不同的常量，则可以对该符号补充相应的下标，如 C_x, C_y, C_{197}, C_ξ 等。另一种实现方法是在普通变量下方添加下标，将表示变量的符号转变成表示常量的符号，例如 $(x_0, y_8, \cdots)$。要点在于：（1）在证明的表述过程中，新符号代表的是论域中某个特定的取值，而不是变量；（2）要确保每个不同的常数都使用不同的符号，在证明中要避免将这种常量符号用于其他目的。在任何情况下，我们都能够将存在量词中的约束变量改写成表示某个特定的自由常数，将谓词公式转变为某个特定的命题，并使得该命题的取值为真。

那么该如何证明？如何对一个带有量词的语句进行证明？一种方法是系统地消除量词，由此得到不含量词的公式。也就是说，得到某个没有变量的公式，例如 $P(5, 3)$ 或 $P(5, x_0)$，其中 x_0 表示论域中某个特定的元素。虽然我们可能不知道 x_0 的具体取值，但是它在任何情况下都只代表那个特定的值，且不能被其他变量或公式所替代。由于没有变量，此时的公式其实就是一个关于普通命题的布尔表达式，因此可以使用与布尔命题相同的方法对其进行证明。

这种对量化公式进行推理的方法包括 4 个基本步骤（图 2.24）。最后一步是我们熟悉的关于命题的布尔公式推理，但是前 3 个步骤均涉及新的思想。

步骤 1. 重命名约束变量
步骤 2. 量词前移变形
步骤 3. 消除量词（留下命题）
步骤 4. 证明关于命题的定理

图 2.24　量词推理的 4 个步骤

第一步是对约束变量进行重命名，有时必须通过这个步骤防止在量词的引用过程中使用相同的符号表示不同的约束变量。例如，对于谓词公式 $(\forall x.\mathrm{Odd}(x))\vee(\forall x.\mathrm{Even}(x))$，其中两个量词的论域均为整数⊖。该谓词公式的值为假，因为存在某个整数 x 使 $\mathrm{Odd}(x)$ 为假（例如数字 2），所以 $\forall x.\mathrm{Odd}(x)$ 为假。同理可知，$(\forall x.\mathrm{Even}(x))$ 也为假。由于 $(\forall x.\mathrm{Odd}(x))\vee(\forall x.\mathrm{Even}(x))$ 中 $\vee$ 的两个操作数均为假，因此整个表达式为假（见图 2.4 所示的 {∨真值表}）。该谓词公式中有两个约束变量，它们尽管具有相同的名称 x，却是两个不同的变量。另一方面，谓词公式 $(\forall x.(\mathrm{Odd}(x)\vee\mathrm{Even}(x))$ 仅有一个约束变量，并且该谓词公式的值为真。因此，我们必须认真仔细地观察表达式，才能正确判断表达式的值。这两个谓词公式虽然看起来非常相似，但它们分别表达完全不同的含义。

量化谓词公式的另一个重要性质是约束变量的名称不影响公式的值：$(\forall x.\mathrm{Even}(x))$ 和 $(\forall y.\mathrm{Even}(y))$ 含义完全相同。因此，为了避免混淆两个不同的约束变量，应该对约束变量进行适当的命名，使得每个使用约束变量的量化名称各不相同。例如，对于公式 $(\forall x.\mathrm{Odd}(x))\vee(\forall x.\mathrm{Even}(x))$，我们可以将第二个量词中的约束变量进行重命名，将该公式改写为 $(\forall x.\mathrm{Odd}(x))\vee(\forall y.\mathrm{Even}(y))$。此时，该公式所表达的含义并没有发生改变，但我们通过重命名其中一个约束变量避免了两个不同约束变量之间的混淆。

对于某个包含多个变量的量化谓词公式 $(\forall x.(P(\cdots x\cdots)))$，我们应该如何对其约束变量 x 进行重命名？首先，我们要保证所用的新名称不能出现在公式中的其他位置。原因与前述相同：避免变量 x 碰巧与另一个具有相同名称的变量产生混淆。如果我们为变量 x 选择与公式中其他变量名称相同的新名称，那就无法达到重命名的效果。

其次，我们必须确保在将约束变量 x 的名称更改为 y 时，能够将该量词所辖的所有约束变量 x 都替换为 y。但是，我们必须仔细小心，不要更改任何名称恰巧也是 x 的却不归该量词所约束的其他变量。例如，对于前述公式 $(\forall x.\mathrm{Odd}(x))\vee(\forall x.\mathrm{Even}(x))$，其中有两个含义不同，但名称相同的约束变量。将公式中一个约束变量进行重命名，例如改名为 y，可以得到公式 $(\forall x.\mathrm{Odd}(x))\vee(\forall y.\mathrm{Even}(y))$ 或公式 $(\forall y.\mathrm{Odd}(y))\vee(\forall x.\mathrm{Even}(x))$。

例如，假设 P 是具有两个变量的谓词，证明下列等式成立：

$$((\exists y.(\forall x.P(x,y)))\rightarrow(\forall x.(\exists y.P(x,y))))=\text{真}$$

上述等式具有 4 个不同的约束变量，但只有两个不同的名称。我们需要对其中两个约束变量进行重命名以避免混淆。这就是使用量化谓词公式进行推理的四个步骤中的第一步。我们可以使用图 2.25 所示的等式 {R3} 来证明，对上式左侧操作数中 $\exists y$ 的约束变量 y 进行重命名是合理的。所用的新名称只要从未在公式中出现过就可以。根据等式 {R3}，我们选用 v 作为约束变量 y 的新名称，由此得到一个与原公式取值相同的新公式，即有

⊖ $\mathrm{Odd}(x)\equiv(\exists y(x=2y+1))$, $\mathrm{Even}(x)\equiv(\exists y(x=2y))$。这些公式定义了谓词奇和偶。对于谓词（变量 x）和量词（约束变量 y），整数是论域。

$$((\exists y.(\forall x.P(x;\ y))) \to (\forall x.(\exists y.P(x, y)))) = ((\exists v.(\forall x.P(x, v))) \to (\forall x,(\exists y.P(x, y)))) \quad \{R\exists\}$$

接下来，我们对等式左侧 $\forall x$ 中约束变量 x 进行重命名，将 x 更名为 u，再次选用一个与公式中现有变量不同的名称，即有

$$((\exists v.(\forall x.P(x, v))) \to (\forall x.(\exists y.P(x, y)))) = (\exists v.(\forall u.P(u, v))) \to (\forall x.(\exists y.P(x, y))) \quad \{R\forall\}$$

现在，上述量化谓词公式具有 u, v, x 和 y 4个变量，其中不同的量词分别与具有不同名称的约束变量相关联，因此我们不会混淆变量的名称。下一步是要将量词迁移到公式的前端，然后将蕴含运算符置于所有量词的管辖范围之内，即有 $(\forall x.(\forall v.(\exists u.(\exists y.(\cdots \to \cdots)))))$。图 2.25 所示的公式为量词前移提供了一系列相关的基本等式。在具体的证明过程中，我们需要仔细检查公式中括号的位置，以确保所引用的图 2.25 所示的基本公式与所证公式具有一致的表达形式。量词前移是一个比较烦琐的过程，我们需要认真仔细地检查。

$$
\begin{array}{ll}
((\forall x.P(\cdots x\cdots)) \wedge Q) = (\forall x.(P(\cdots x\cdots) \wedge Q)) & \{\forall \wedge\} \\
((\exists x.P(\cdots x\cdots)) \wedge Q) = (\exists x.(P(\cdots x\cdots) \wedge Q)) & \{\exists \wedge\} \\
((\forall x.P(\cdots x\cdots)) \vee Q) = (\forall x.(P(\cdots x\cdots) \vee Q)) & \{\forall \wedge\} \\
((\exists x.P(\cdots x\cdots)) \vee Q) = (\exists x.(P(\cdots x\cdots) \vee Q)) & \{\exists \vee\} \\
((\forall x.P(\cdots x\cdots)) \to Q) = (\exists x.(P(\cdots x\cdots) \to Q)) & \{\forall \to\} \\
((\exists x.P(\cdots x\cdots)) \to Q) = (\forall x.(P(\cdots x\cdots) \to Q)) & \{\exists \to\} \\
(Q \to (\forall x.P(\cdots x\cdots))) = (\forall x.(Q \to P(\cdots x\cdots))) & \{\to \forall\} \\
(Q \to (\exists x.P(\cdots x\cdots))) = (\exists x.(Q \to P(\cdots x\cdots))) & \{\to \exists\} \\
(\neg(\forall x.P(\cdots x\cdots))) = (\exists x.(\neg P(\cdots x\cdots))) & \{\neg \forall\} \\
(\neg(\exists x.P(\cdots x\cdots))) = (\forall x.(\neg P(\cdots x\cdots))) & \{\neg \exists\} \\
(\forall x.P(\cdots x\cdots)) = (\forall y.P(\cdots y\cdots)) & \{R\forall\} \\
(\exists x.P(\cdots x\cdots)) = (\exists y.P(\cdots y\cdots)) & \{R\exists\} \\
x \text{ 不能是 } Q \text{ 或 } P(\cdots y\cdots) \text{ 中的自由变量} & \\
y \text{ 不能是 } P(\cdots y\cdots) \text{ 中的自由变量} & \\
\end{array}
$$

图 2.25　量词谓词推理等式

在给出量词前移的具体示例之前，我们首先讨论图 2.25 所示的基本等式。这些等式表示量词如何与特定的逻辑运算符进行相互作用。图中等式对变量名称做了一定的约束。在含有二元运算符 $(\wedge, \vee, \to)$ 的等式中，其中一个操作数是命题 Q。在该等式的左边，Q 在量词的辖域之外；在该等式右边，Q 则在量词的辖域之内。量词辖域中的约束变量 x 不应以自由变量的形式出现在关于 Q 的公式中。否则该等式右侧的量化过程将会捕获这种自由变量，此时 Q 也会移入量词辖域之内。这种捕获会使得自由变量 x 成为约束变量，并且改变该公式的含义。这就解释了为什么要在图 2.25 中注释禁止将 x 作为 Q 中的自由变量。

基于相同的原因，类似的约束也适用于对等式（$\{R\forall\}$ 和 $\{R\exists\}$）的重命名，以避免变量被某个量词所捕获。在变量的名称上添加这种约束并不会影响等式的可用性，因为约束变量总可以通过重命名的方式来避免混淆。将约束变量重命名为公式中未曾出现的

新名称，并不会改变该公式的含义。

量化规则 {¬∀} 和 {¬∃} 类似于德摩根律等式（如图 2.11 和图 2.12 所示）。我们仅以 {¬∀} 等式为例给出证明，而将对其余的等式 ({¬∃}，{∃∧}，{∃∧}，{∃∧} 和 {∃∨}) 的证明留作练习。

假设 ¬(∀x.P(⋯x⋯)) = 真，则由 {双重否定} 等式和非运算符的真值表（如图 2.6 所示）可知，(∀x.P(⋯x⋯)) = 假。因此，根据全称量词 ∀ 的定义，论域中必然至少存在某个 x_0 使得 P(⋯x_0⋯) = 假，这表明 ¬P(⋯x_0⋯) = 真。由此根据存在量词 ∃ 的定义，可以得出结论 (∃x.(P¬(⋯x_0⋯))) = 真。

图 2.25 中的 4 个等式 {∀→}，{∃→}，{→∀}，{→∃} 给出了量词是如何与蕴含运算进行相互作用的。在这些等式中，等式左侧的蕴含运算符在量词的量化范围之外，等式右侧的蕴含运算符则在量词的量化范围之内。对于其中的两个等式 {∀→} 和 {∃→}，量化谓词公式是蕴含运算符（→）的左操作数。由这些等式可知，在将蕴含运算符移入量词的量化范围之内的同时，量词本身会进行翻转变化，即将当前量词 ∀ 翻转为量词 ∃，并将当前量词 ∃ 翻转为 ∀。将等式 {¬∀}，{¬∃} 和 {蕴含} 结合起来可以证明这种量词的翻转变化是正确的。图 2.26 给出了关于等式 {∀→} 的详细证明。等式 {∃→} 的证明与此类似。另外两个等式 {→∀} 和 {→∃} 的证明方法也与此类似，但由于这两个等式中的量化谓词公式是蕴含运算符的右操作数，因此不会进行量词翻转变化。

$$
\begin{aligned}
&(\forall x.P(\cdots x \cdots)) \to Q \\
&= (\neg(\forall x.P(\cdots x \cdots))) \vee Q \qquad \{\text{蕴含}\} \\
&= (\exists x.(\neg P(\cdots x \cdots))) \vee Q \qquad \{\neg \forall\} \\
&= \exists x.((\neg P(\cdots x \cdots)) \vee Q) \qquad \{\exists \vee\} \\
&= \exists x.(P(\cdots x \cdots) \to Q) \qquad \{\text{蕴含}\}
\end{aligned}
$$

图 2.26 等式 {∀→} 的证明过程

现在继续讨论量词的前移。我们已经考察过了蕴含运算符 (→) 两侧都是量化谓词公式等式，并且对其中的一些变量进行了重命名以避免混淆，即有

$$((\exists y.(\forall x.P(x, y))) \to (\forall x.(\exists y.P(x, y))) = ((\exists v.(\forall u.P(u, v))) \to (\forall x.(\exists y.P(x, y))))$$

现在，我们进一步考察上述等式右侧的量化谓词公式，该公式中每个不同的约束变量都有相应的不同名称。目前，该公式的蕴含运算符不在这所有的 4 个量词的管辖范围之内。下面我们要将所有量词全部前移到量化谓词公式的左前端，使得蕴含运算符处于所有量词的管辖范围之内。因此，需要前移全部 4 个量词并确定一个出发点。我们将在稍后介绍如何选择出发点，这里只是随便选择一个出发点，那首先前移量词 ∀x。根据等式 {→∀}（如图 2.25 所示），可以得到下列等式：

$$((\cdots) \to (\forall x.(\cdots))) = (\forall x.((\exists v.(\forall u.P(u, v))) \to (\exists y.P(x, y)))) \qquad \{\to \forall\}$$

同样，我们可以再选择一个量词进行前移变形。这次选择 ∃v，可根据等式 {∃→}

59

得到下列等式：

$$(\cdots((\exists v.(\cdots)) \to (\cdots))\cdots) = (\forall x.(\forall v.((\forall u.P(u,v)) \to (\exists y.P(x,y))))) \qquad \{\exists \to\}$$

此时，蕴含运算符仍然在 $\forall u$ 和 $\exists y$ 这两个量词范围外，首先前移 $\forall u$，则有

$$(\cdots((\forall u.(\cdots)) \to (\cdots))\cdots) = (\forall x.(\forall v.(\exists u.(P(u,v) \to (\exists y.P(x,y)))))) \qquad \{\forall \to\}$$

最后，我们前移 $\exists y$，则有

$$(\cdots((\cdots) \to (\exists y.(\cdots)))\cdots) = (\forall x.(\forall v.(\exists u.(\exists y.(P(u,v) \to P(x,y)))))) \qquad \{\to \exists\}$$

这就完成了量词的前移变形。这是使用量化谓词公式进行推理的 4 个步骤中的第二步。图 2.27 将变量重命名和量词前移变形结合在一起，以方便对每个步骤进行检查，并可了解这些重命名和变形是如何使用图 2.25 所示的公式的。

$$
\begin{aligned}
&((\exists y.(\forall x.P(x,y)))) \to (\forall x.(\exists y.P(x;y)))) \\
&= ((\exists v.(\forall x.P(x,v))) \to (\forall x.(\exists y.P(x,y)))) \qquad \{R\ \exists\} \\
&= ((\exists v.(\forall u.P(u,v))) \to (\forall x.(\exists y.P(x,y)))) \qquad \{R\ \forall\} \\
&= (\forall x.((\exists v.(\forall u.P(u,v))) \to (\exists y.P(x,y)))) \qquad \{\to \forall\} \\
&= (\forall x.(\forall v.((\forall u.P(u,v)) \to (\exists y.P(x,y))))) \qquad \{\exists \to\} \\
&= (\forall x.(\forall v.(\exists u.(P(u,v) \to (\exists y.P(x,y)))))) \qquad \{\forall \to\} \\
&= (\forall x.(\forall v.(\exists u.(\exists y.(P(u,v) \to P(x,y)))))) \qquad \{\to \exists\}
\end{aligned}
$$

图 2.27　量词前移变形示例

现在，得到了所有量词都放在左边首部的量化谓词公式。下面的第三步是移除量词，我们从移除第一个量词 $\forall x$ 开始。如果约束变量无论选取量词论域中的哪个值，谓词公式的值始终为真，那么全称量词为真。我们要证明的是公式为真，所以如果从公式中删除了 $\forall x$，我们则需要证明公式中的 x 无论取谓词论域中的哪个值，公式的值仍然为真。我们移除量词 $\forall$，并用符号 x_0 替换对应的约束变量。接下来，证明该公式对 x_0 在论域中的任何取值均为真。

可以对第二个量词 $\forall v$ 进行相同的处理，将其管辖的约束变量 v 替换为符号 v_0。注意，符号 x_0 和 v_0 与公式 $(P(u,v) \to P(x,y))$ 中的其他每个符号都互不相同。正如我们之前所述，这一点至关重要。移除前两个量词，可以得到如下公式：

$$(\exists u.(\exists y.(P(u,v_0) \to P(x_0,y))))$$

如果可以证明无论 x_0 和 v_0 取什么值，公式的值都为真，那么就可以确定原来的公式值为真。根据定义，如果论域中存在某个值，当约束变量取这个值时可以使得公式的值为真，那么存在量词就为真。因此，我们想要找到论域中的某个 u 和 y 使得 $(P(u,v_0) \to P(x_0,y)) = $ 真。存在量词 $\exists$ 对约束变量的取值并没有特别的要求，我们只需要找到至少一个使得公式为真的值即可。

由于 u 是谓词 P 的第一个变量，x_0 也是，因此 u 和 x_0 来自相同的论域。于是，我们

不妨取 $u = x_0$，以及 $y = v_0$。我们之所以可以这样做，是因为 v_0 在 y 的论域中。我们可以通过这种取值，移去存在量词，得到下列表达式：

$$P(x_0, v_0) \rightarrow P(x_0, v_0)$$

该表达式是布尔代数中的一个常见命题，可以引用 {自蕴含} 公理（如图 2.11 所示），得到 $(P(x_0, v_0) \rightarrow P(x_0, v_0)) = $ 真。定理得证。

该示例阐明了前移 $\forall x$，然后前移 $\exists v$，最后前移 $\forall u$ 和 $\exists y$ 的基本原理。由此可知，应该在选定约束变量的取值之前尽可能多地进行量词前移操作。也就是说，在每次选择的时候，我们都应尽可能先前移形成全称量词 $\forall$ 的量词，使得全称量词 $\forall$ 排在存在量词 $\exists$ 的前面。例如，在前移下列公式的量词时，既可选择先前移 $\exists v$，也可以选择先前移 $\forall x$：

$$((\exists v.(\forall u.P(u, v))) \rightarrow (\forall x.(\exists y.P(x, y))))$$

由于两种量词前移都能够使得一个排在前面的 $\forall$ 量词形成，因此这两种前移具有同样的优势。可以选择前移 $\forall x$，但先尝试一下前移 $\exists v$（引用 {$\exists \rightarrow$}），看看会产生什么效果，得到下列公式：

61

$$(\forall v.((\forall u.(P(u, v))) \rightarrow (\forall x.(\exists y.(P(x, y))))))$$

现在需要选择是前移 $\forall u$ 还是 $\forall x$，这个选择很重要。如果先前移 $\forall x$（引用 {$\rightarrow \forall$}），则得到 $\forall x$ 在前面，但是如果先前移 $\forall u$（引用 {$\forall \rightarrow$}），则得到 $\exists u$ 在前面。我们希望在公式的开头使用全称量词，因为消除存在量词需要从论域中选择特定的值，使得量化谓词公式为真。这样的值可能只有一个，我们可能需要花很长时间去寻找。由此可知，应该尽可能地使用开放性的选择，以便在后面的阶段选出合适的约束变量取值。因此，应该先前移 $\forall x$（引用 {$\rightarrow \forall$}），得到如下公式：

$$(\forall v.((\forall x.((\forall u.P(u, v)) \rightarrow (\exists y.P(x, y))))))$$

为了理解全称量词位于公式首部的好处，现在我们考察公式 $(\forall x.((\exists y.(x < y))))$，将整数对 (x, y) 作为该公式的论域。我们可以移除量词 $\forall x$ 并选择 x_0 作为整数常量，剩下的部分为公式 $(\exists y.(x_0 < y))$。现在我们很容易就能为变量 y 选择一个适当的整数，使得这个剩下的公式为真。例如，令 $y = x_0 + 1$ 就可以得到 $x_0 < x_0 + 1$。这表示存在某个整数 y 满足 $x_0 < y$，这就意味着成立 $(\exists y.(x_0 < y)) = $ 真。当然，y 的很多其他选择也可以满足要求，但是根据存在量词 $\exists$ 的定义，只需要有一个满足要求的 y 值就可以了。

从另一个角度看，假设我们试图证明命题 $(\exists y.((\forall x.(x < y))))$ 为假，则必须首先移除量词 $\exists y$。我们想为 y 选择一个合适的值，但是很难直接找到关于 $\exists y$ 的合适选择，因为存在量词 $\exists$ 实际上是保证至少有一个有效的值，可能只有一个值可用。即使可能存在很多有效的值，但是我们也无法选出一个比所有 x 都大的值。因此，我们总是希望尽可能

地前移适当的量词，使得全称量词 $\forall$ 排在存在量词 $\exists$ 之前，以免产生前面的选择在后面无法生效的情况。

第四步所采用的策略只是量化谓词定理证明方法中的一种，这种策略正好可以使得 ACL2 的机械化逻辑能够在量化谓词推理中起到作用。也可以使用自然推理方法进行量化谓词推理，但是自然推理方法要求，使用附加的推理规则将量词整合到推理过程之中。图 2.25 所示的等式将图 2.11 所示的命题等式推广到了谓词和量化的领域。

习题

1. 证明如果论域不为空，则 $(\forall x.P(x)) \to (\exists x.P(x)) = $ 真。

2. 如果论域为空，$(\forall x.P(x)) \to (\exists x.P(x))$ 是否为真？

62

3. 试证明 $(\exists x.P(x)) \to (\forall x.P(x)) = $ 真中，存在什么问题，并解释为什么这和习题 1 结果不同。

4. 证明 $((((\forall x.(P(x) \to Q(x))) \land (\forall x.(Q(x) \to R(x)))) \to (\forall x.(P(x) \to R(x)))) = $ 真。

5. 证明等式 $\{\neg\exists\}$。

提示：引用等式 $\{\neg\forall\}$ 和 $\{$双重否定$\}$。

6. 证明等式 $\{\exists\land\}$。

7. 根据公理和已证明的等式推导等式 $\{\forall\lor\}$ 和 $\{\exists\lor\}$。

提示：引用 $\{\exists\land\}$ 和德摩根律等式。

8. 证明等式 $\{\exists\to\}$，$\{\to\forall\}$ 和 $\{\to\exists\}$。

提示：参照 $\{\forall\to\}$ 的证明。

2.8 布尔模型

布尔变量 x 表示诸如"苏格拉底是个凡人"之类的命题，在逻辑领域代表一个为真或为假的值。布尔公式和布尔等式提供了一种对命题之间的关系进行一致性分析的方法。然而，使用"苏格拉底是个凡人"的形式陈述一个命题，包含了我们对该命题在现实世界具有具体含义的一种期望。如果布尔变量 x 表示语句"苏格拉底是个凡人"，那么如果该语句所表示的含义和现实世界中的事实一致，则期望的 x 的取值为真，否则，期望的 x 的取值为假。即使我们不知道实际情况，也希望能够根据潜在未知条件的实际状态得到 x 的取值要么为真、要么为假的结论，而不是既为真又为假的结论，或者是什么其他的结论。

换句话说，我们希望命题 x 表示现实世界中的某些含义，并且能够使用逻辑来分析该命题和其他以真 / 假命题形式陈述的关于现实世界的断言之间的关系。我们在逻辑模式下使用数学公理和推理规则，最后将逻辑形式表达的结论解释为面向现实世界实际情况的一个陈述或断言。这种解释仅仅是在作为推理出发点的命题能够对现实世界问题域进行准确建模的情形下才具有意义。在软件和数字电路领域，理论上的逻辑结论与真实世界的实际情况之间的对应关系是非常可靠的，很少会发生数字电路出故障或编程语言编译器出错的情况。

使用逻辑命题对其他领域进行精确建模可能会带来一些问题，但是我们可以通过对 Nim 游戏的讨论来扩展视野。Nim 游戏有多种不同的具体形式，我们将考虑其中最简单的一种。游戏开始时有一个由 10 块石头组成的石堆，两名玩家（Alice 和 Bob）轮流从该石堆中拿走 1，2 或者 3 块石头。拿走最后一块石头的玩家将输掉比赛。图 2.28 所示的表格给出了最终由 Alice 获胜的一场比赛。

取石次数	Alice	Bob	剩余石头
0			10
1	取出 2 块		8
2		取出 3 块	5
3	取出 1 块		4
4		取出 2 块	2
5	取出 1 块		1
6		取出 1 块	0

图 2.28   Nim 游戏

现在使用命题逻辑来模拟 Nim 游戏，可以使用布尔变量表示石堆。例如，可以使用布尔元 x 表示"石堆中有 10 块石头"，使用布尔元 y 表示"石堆中有 9 块石头"。如果我们继续使用这种命名方案，将会得到很多不方便记忆的名称，并且很难将这些名称和它们所表示的实际含义联系在一起。

另一种方案是使用 $x10$ 表示"石堆中有 10 块石头"，$x9$ 表示"石堆中有 9 块石头"，以此类推，直到 $x0$ 表示空堆的情况。使用这由 11 个布尔变量构成的集合来描述石堆的所有可能发生的状态，同时也可以描述一些不可能发生的状态。例如，假设 $x1$ 和 $x5$ 均为真，则该石堆既由一块石头组成，同时也由五块石头组成，这显然是不合理的。为了使我们的模型能够在逻辑上正确对应真实的 Nim 游戏，我们需要对布尔变量之间的关系添加适当的约束。

游戏将石头的数量限制在 0 到 10 之间，可以令下列公式值为真来表示这个约束⊖：

$$x0 \vee x1 \vee x2 \vee \cdots \vee x10$$

这种约束可以避免一些真实 Nim 游戏中不可能出现的情况发生。另一种约束是石堆中不能既有 0 块石头又有 1 块石头，也不能既有 0 块石头又有 2 块石头，依此类推。我们可以令下列的公式值为真来表示这种约束：

$$(\neg(x0 \wedge x1)) \wedge (\neg(x0 \wedge x2)) \wedge \cdots \wedge (\neg(x0 \wedge x10))$$

当然，还需要消除石堆同时有 1 块石头和 2 块石头、1 块石头和 3 块石头等真实 Nim 游戏中不可能发生的情况：

⊖ 为了节省空间，公式的一部分被省略了，但认为可以填写缺失的部分。将以这种方式缩写 Nim 模型中的许多公式。

$$(\neg(x1 \wedge x2)) \wedge (\neg(x1 \wedge x3)) \wedge \cdots \wedge (\neg(x1 \wedge x10))$$

64

这种约束还应包含表达式 $(\neg(x0 \wedge x1))$，但是最终将确保所有约束都成立，因此无须重复第一个约束已经做出的限制。

我们可以在这些约束下进行游戏了，但是如果要描述整个 Nim 游戏的玩法，我们还需要处理游戏进行过程中石堆数量的变化情况。到目前为止，我们只是讨论了石堆中石头数量不变的静态情况。现在需要在模型中添加一个时间要素，为此我们需要更多的布尔变量，使用有助于我们记住变量在游戏中的具体含义的变量命名方式会十分方便。

我们在布尔变量命名的新方案中使用变量符号 x_{10}^3 表示"在 3 次取石后石堆中还有 10 块石头"。在图 2.28 所示的游戏中，因为 Bob 在完成游戏的第 2 次取石后还剩下五块石头，所以布尔变量 x_5^2 的值为真。我们需要认识到这样一个重点，即布尔变量 x_{10}^3 与布尔变量 y 或 z 除了名称上的差别之外，没有任何其他方面的差别。下标和上标都只是名称的一部分。由于我们已经命名了布尔变量 x_{10}^3，因此可以类似地命名布尔变量 x_{12}^7 和 x_3^{26}。然而，我们的模型中不会存在这样的布尔变量，因为石堆中不会有 12 块石头，也不会进行 26 次取石操作。

变量名称的下标表示石堆中剩余石头的数量，因此下标的取值必须在 0 到 10 之间，而上标代表取石的次数，上标的取值也必须在 0 到 10 之间，因为每次取石会至少拿走一块石头，没有一局游戏能有超过 10 次取石操作。所有的描述都简洁明了，我们一眼便能从名称的编号部分知道石堆里有多少块石头，已经进行了几次取石操作。我们总共需要 121 个布尔变量：11 个表示石堆规模（从 0 个石头到 10 个石头）的变量乘以 11 个取石次数变量（从第 0 次到第 10 次，不存在第 11 次取石，因为每次取石至少拿走一块石头）。这种命名方案更易于理解模型。

游戏开始时，石堆中有 10 块石头，因此布尔变量 x_{10}^0 的值为真，布尔变量 $x_0^0, x_1^0, x_2^0, \cdots, x_9^0$ 的值均为假。这是 Nim 游戏的"初始条件"，模型使用一组布尔变量来表示这个初始条件。

另一个约束是，在进行 6 次取石操作之后，剩余石头的数量仍在 0 到 10 之间。也就是说，以下表达式的值为真⊖：

$$x_0^6 \vee x_1^6 \vee x_2^6 \vee \cdots \vee x_{10}^6$$

模型中有十个这样的公式，我们使用逻辑与运算符（为了使表述更加紧凑，这里使用与运算）将这些公式整合在一起，就可以得到一个命题公式。该公式可以对游戏石堆在进行每一次取石操作后的石头数量进行约束。对于任何正常进行的 Nim 游戏，这个公式的值均为真。

65

⊖ 实际上，这个公式可能会受到更大的限制，因为在第 6 步之后，剩下的石头不能超过 4 块。我们稍后将以更通用的方式解释这个约束。

在添加表示取石次数的布尔变量之前，我们已经讨论过关于正常游戏的另一种约束。对于每次取石操作，石堆中的石头都有确切的数量。例如，在第 3 次取石之后就不能同时保留 3 个石头和 5 个石头。因此，在第 6 次取石之后，需要给出下列约束：

$$(\neg(x_0^6) \wedge (x_1^6)) \wedge (\neg(x_0^6 \wedge x_2^6)) \wedge \cdots \wedge (\neg(x_0^6 \wedge x_{10}^6))$$

上述公式表示不允许石堆中的石头数既是 0 个又是 5 个，或者既是 0 个又是 7 个。但是像先前一样，我们需要在模型中再添加九个公式来防止石堆中的石头数同时为 1 个和 2 个、1 个和 3 个，等等。

$$(\neg(x_1^6 \wedge x_2^6)) \wedge (\neg(x_1^6 \wedge x_3^6)) \wedge \cdots \wedge (\neg(x_1^6 \wedge x_{10}^6))$$

为了去掉 6 次取石后不可能发生的石头数组合，我们需要将这 10 个命题公式用与运算联结起来，并且这也仅仅是限制第 6 次取石的情形。我们同样需要这样的基于命题公式的约束规则来约束第 0 次取石、第 1 次取石、第 2 次取石等，直到第 10 次取石。这 11 组约束规则也应使用与运算进行联结，共包括 11*10，即 110 次与运算的公式联结。

该如何约束取石操作？比方说，如果第 3 次取石后堆中还有 5 块石头，那么在第 4 次取石后必然是 4 块，3 块或 2 块石头，因为玩家在第 4 次取石中移除了 1 块，2 块或 3 块石头。我们可以使用下列公式进行约束：

$$x_5^3 \rightarrow (x_4^4 \vee x_3^4 \vee x_2^4)$$

当石堆中的石头少于 3 块时，我们的约束需要更加谨慎。例如，对于仅剩 2 块石头的情况，需要以下形式的约束规则：

$$x_2^3 \rightarrow (x_1^4 \vee x_0^4)$$

当所有石头都被取走了怎么办？一种方法是继续执行现有模式，并使得下一轮的取石操作没有石头可取。

$$x_0^3 \rightarrow x_0^4$$

当然，我们还需要其他一些类似的约束规则。剩余石头数与取石次数的每个可能的组合都需要一条约束规则。

现在我们考虑将所有的约束规则合并成一个命题公式。

```
Nim 约束公式（整局 Nim 游戏都应满足的公式）
● 最初的石堆包含 10 块石头。
● 整局游戏中石头数量的描述是合理的。
● 每次取石后石头数量的变化是合理的。
```

对于所有正常进行的 Nim 游戏，Nim 约束公式的值都应该为真。每局 Nim 游戏都对应着布尔变量值的某个特定组合构成的模型。该组合必须确保 Nim 约束公式为真，并且可以通过观察布尔变量的取值还原对应的 Nim 游戏。其中一种组合描述 Alice 先取 2 块石头，然后 Bob 取 3 块石头，随后 Alice 再取 1 块石头，以此进行下去，直到游戏结束。

但是，如何判断游戏胜负？由于 Alice 先行，因此她的取石次数编号是奇数 $(1, 3, 5\cdots)$，而 Bob 的取石次数编号是偶数 $(2, 4, 6\cdots)$。根据约束规则，取走最后一块石头的玩家将输掉比赛。因此，可以通过下列公式判断哪位玩家获胜：

$$\text{Alice 获胜：} \quad x_0^2 \vee x_0^4 \vee x_0^6 \vee x_0^8 \vee x_0^{10}$$
$$\text{Bob 获胜：} \quad x_0^1 \vee x_0^3 \vee x_0^5 \vee x_0^7 \vee x_0^9$$

对于代表某局游戏的布尔变量某个取值组合，如果 Alice 获胜公式为真，则 Alice 赢得比赛。如果该公式为假，则 Bob 赢得比赛。假如将 Nim 游戏的约束公式和 Alice 获胜公式进行与运算，并发现运算结果的取值恒为真，那么我们就可以得出 Alice 总能赢得比赛的结论。如果运算结果的取值恒为假，则可以得出 Alice 不可能赢的结论。但是还存在第三种可能性，即存在某些布尔变量的取值组合使得 Alice 获胜公式为真，其余的变量取值组合使得 Alice 获胜公式为假。

布尔变量每种可能的取值组合都对应于一局 Nim 游戏。此外，对于使得 Nim 约束公式为真的任意布尔变量取值的组合，每个布尔变量的具体取值都表明了对游戏进行还原的方法。因此，这组布尔公式提供了 Nim 游戏的模型，我们可以使用该模型对游戏过程进行分析并计算出哪位玩家能够获胜。

下面的内容可能会让你感到惊讶。计算机科学的一个中心主题是，只要对程序的运算步数设定一个上限，计算机程序模型就可以采用和这里所讨论的 Nim 游戏模型相似的形式。如果要在计算机程序的规模上执行这种操作，我们需要对计算公式做出如下特殊的要求：

1. 计算机初始配置。
2. 计算机配置始终保持合法。
3. 计算机每步计算之间的合法转换。
4. 指出计算完成所得到的公式。

由于数字计算机将所有的信息都存储为 1 和 0 组成的序列，因此初始配置只能是这些二进制数字（bits）的初始值。合法的配置规则消除了给定二进制数字的取值同时为 1 和 0 的可能性。合法转换对应于实际进程以及如何根据时间实现对信息进行处理。表示程序执行完成的传统方式是选择模型中某个特定的二进制数字，在初始条件和运行过程中该位的值一直为 0，程序在运算完成时将该二进制数字的值设置为 1。

67

到此你已经掌握了窍门。如果你知道某个给定的程序将运行一千万步或更少一些，那么（理论上）你可以写出相应布尔公式来完整地实现对该程序代表计算的描述。从这个意义上讲，只要你能够提前声明程序将运行多长时间，布尔公式就足以表示任何计算机程序。一般来说，这种分析实际上是不可行的，因为公式中包含太多变量。但是，对于小型组件的规格来说是可行的，并且我们可以将它们组合起来用于分析更大的系统。关键在于模块化：保持组件的小型化和可管理性，并以避免复杂性突然爆炸式增长的方式将它们组合起来。

习题

1. 你是否注意到我们在 Nim 游戏描述方式上的漏洞？假设 Alice 在第 5 回合获胜，那么 x_0^6 为真。根据我们的规则，这意味着 x_0^7 也必须为真，但是后者代表"Bob 获胜"，于是你可能会得到结论，Alice 和 Bob 都赢了。但这根本不是我们原本想表达的意思！请修改表示"Alice 获胜"的表达式以解决这一问题。

2. Nim 游戏有多种变体。另一种变体中有三堆石头，每个玩家都可以仅从任何一堆中取出 1 块或多块石头。取走最后 1 块石头的玩家将输掉比赛。讨论如何使用布尔元和表达式构建与本节讨论的 Nim 布尔模型不同的模型。

2.9　谓词和量词的一般模型

布尔公式和等式可用于描述和分析复杂的实际器件。然而，这可能会产生要比第一眼看上去大得多的布尔状态变化域，即使对于大小适中的器件的处理，我们在具体的运用过程中也会因布尔状态变化域过于臃肿而变得不可行。这是因为其中的布尔公式和等式可能需要成百上千甚至上百万个布尔变量，并且这些布尔变量难以在易于理解的模式下进行处理。

在 2.8 节中，Nim 游戏的布尔模型定义了 121 个布尔变量来处理游戏的各个情况。如果在 t 次取石后石堆中还剩下 s 块石头，那么变量 x_s^t 的值为真。如果使用谓词 X 而不是 121 个单独的变量，我们看看这个模型将如何工作。这个谓词具有两个变量：（1）其中一个变量 s 表示石堆中的石头数量，取值是介于 0 到 10 之间的整数；（2）另一个变量 t 表示取石的次数或序号，取值也是介于 0 到 10 之间的整数。两个变量的论域均为 0 到 10 的整数集。

谓词 X 中的命题 $X(s,t)$ 和命题模型中的变量 x_s^t 具有相同的含义。由于谓词中的变量是有序的，因此我们可以通过量化的方式将其表示为更加紧凑易懂的公式。在任意一局 Nim 游戏中，都有一个时间点为没有石头剩余，因此公式 $(\exists t.X(0,t))$ 的值为真。该公式意味着 Nim 游戏总是在 10 次或者更少的取石次数内结束。Nim 模型中 Alice 获胜公式为 $\exists t.(\text{Even}(t) \wedge X(0,t))$，其中 $\text{Even}(t)$ 是用于检测偶数的谓词。公式 $\forall s.((s<10) \rightarrow (\neg(X(s,0))))$ 的值为真，因为石堆在 0 次取石时中有 10 块石头。

对于命题模型，我们谈及石堆在第 6 次取石后不能既是 0 块石头又是 1 块石头，也不能既是 0 块石头又是 2 块石头，以此类推。

$$(\neg(x_0^6 \wedge x_1^6)) \wedge (\neg(x_0^6 \wedge x_2^6)) \wedge \cdots \wedge (\neg(x_0^6 \wedge x_{10}^6))$$

我们可以使用量化谓词公式将这种表达改写成如下更加简洁形式:

$$(\forall s.((s \neq 0) \rightarrow (\neg(X(s_1,6) \land X(s_2,6)))))$$

在使用命题公式时,我们需要考虑十种不同的情况,每种情况的石头数不都为零。通过使用全称量词,我们只需使用一个量化谓词公式就可以表示所有可能情况。实际上,我们还可以覆盖更多情形。前述命题模型中还描述了一个事实,即没有石堆既是 1 块又是 2 块石头,或者既是 1 块又是 3 块石头,依此类推。所有这些公式最终都通过与运算进行组合。使用全称量词 $(\forall)$,我们仅用一个量化谓词公式就可以涵盖第 6 次取石的所有可能组合:

$$(\forall s_1.(\forall s_2.((s_1 \neq s_2) \rightarrow ((\neg(X(s_1,6) \land X(s_2,6)))))))$$

不仅仅是针对第 6 次取石的情形,如果要为整个游戏加上这种约束,还需要十几个类似的公式通过与运算进行组合。可以用全称量词 $(\forall t\cdots)$ 表示取石次数的完成方式。这样的单个量化谓词公式相当于 500 多个不使用谓词和量词的命题公式。

$$(\forall s_1.(\forall s_2.(\forall t.((s_1 \neq s_2) \rightarrow (\neg(X(s_1,t) \land X(s_2,t)))))))$$

在 Nim 游戏中,命题公式规定石堆在第 6 次取石后的石头数在 0 到 10 之间,写法如下:

$$(x_0^6 \lor x_1^6 \lor x_2^6 \lor \cdots \lor x_{10}^6)$$

我们可以使用存在量词对其进行更简洁的表示:$(\exists s.X(s,6))$。和前面一样,我们可以使用全称量词将约束扩展到所有取石次数:$(\forall t.(\exists s.(X(s,t))))$。量词的顺序很重要。公式的本义是对于任何给定时间,堆中都有特定的石头数。如果将量词顺序搞反了,那么该公式就表示石堆在所有可能的时间点上都有相同的石头数。这是错误的,因为石头数在每次取石操作后都会改变。

69

信息框 2.11   其他量词

全称量词 $\forall$ 和存在量词 $\exists$ 不是仅有的量词。表示"大多数"的量词 $(\approx \forall)$ 在有的场合会更适用。某些数学分支经常使用表示"几乎所有"和"几乎没有"的量词。这听起来很模糊,但其实并非如此。它们都有精确的数学定义。

量词使得谓词公式比命题公式更为紧凑。我们可以将上一节内容看成是仅用布尔变量和由下列条件确定的公式对 Nim 游戏进行形式化表示的一种方式:

1. 初始石堆包含 10 块石头。
2. 对石块数目的表示总是合理的。
3. 每次取石后石堆状态变换是合理的。
4. 最终 Alice 获胜。

　　本节使用的量化谓词公式以一种更易于理解的方式确定了一个与上一节完全相同的模型，而且使用了更小的状态变化空间。然而，谓词逻辑除了能够简化公式的形式之外，还可以表达更加丰富的含义。对于表示"Alice 获胜"的公式，命题模型使用逻辑或运算联结"Alice 在第 2 次取石获胜""Alice 在第 4 次取石获胜"……"Alice 在第 10 次取石获胜"等具体公式，通过综合各个较为具体命题公式的方式来实现表达。如果我们使用谓词和量词，则可以用更为简洁的量化谓词公式 $(\exists t.(\text{AliceWinsAtTime}(t)))$ 来表达相同的含义。

　　这不仅仅是简单的语法上的变化。除了可以将所有"Alice 在第……次取石获胜"之类的多个语句表达成统一单个语句之外，还有很多好处。变量 t 不仅可以表示从 0 到 10 的数字，而且可以表示任意合理的取石次数，因此这种方法同样适用于国际象棋这样的开放性游戏。我们（原则上）可以使用命题公式完整地描述任何一局国际象棋游戏，但前提是必须将国际象棋游戏的落子总次数限制在某个固定的次数之内，比如说在 200 次之内。使用谓词公式进行表示没有这种限制，我们可以允许黑方在任意次落子的条件下获胜，因为该谓词公式的论域可以是无限集合。

　　计算机程序模型也是如此。在先前的模型构建过程中，我们必须为计算总步数设置一个固定上界，例如一百万个步骤。然后（原则上）我们可以构造某个布尔公式，当且仅当程序运行后输出某个给定答案时，该公式的取值为真。使用谓词公式可以消除计算步数的固定上界。程序的计算过程可以是开放式的，因为关于计算步数的论域可以包含无限多个元素。例如，论域可以是自然数集。原则上，可以使用谓词逻辑公式来表示所有可能的计算机程序。谓词逻辑用于分析计算机程序和数字电路，其中涉及用于描述程序和电路的模型。

软件测试和前缀法

我们将使用一个软件开发环境来自动处理软件测试过程的部分环节。为了使用这个开发环境，可以对测试进行定义，并使用这个测试来检查与所提供的输入相对应的输出结果。或者，可以要求系统自动生成随机数据作为输入，并根据逻辑公式实现对输出结果的检查，这些逻辑公式规定了我们所期望的输出结果应该具有的属性。

信息框 3.1 Proof Pad 和 ACL2

Proof Pad 是一种用于方便编辑、测试和推理的软件工具，由基于 Lisp 编程语言的 ACL2 实现。ACL2 包含一个能够对推理过程进行严格的正确性检查的机械化逻辑系统，我们将从本章开始使用这个逻辑系统。

我们将从本章开始使用 Proof Pad 软件，你首先需要将这个软件工具安装在计算机上。可以通过以下 URL 免费获取这个软件：http://proofpad.org/

为了能够直观地理解语法，我们可以指定一些将 Proof Pad 用于加法运算的直接测试。下面的测试验证了一些我们认为是正确的等式，例如：$2+2=4$，$5+7=10+2$，等等。

```
(include-book "testing" :dir :teachpacks)
(check-expect (+ 2 2) 4)
(check-expect (+ 5 7) (+ 10 2))
(check-expect (+ 27 6) (+ (+ 23 5) (+ 2 2)))
```

计算公式中使用符号 (+ **2 2**) 而不是 2+2 表示加法运算，这种符号表示看起来有点奇怪。ACL2 逻辑系统使用前缀表示法而不是我们习惯的中缀表示法来表示计算公式。在 ACL2 的前缀表示法中，计算公式以某个括号为开始，然后是该计算所使用的运算符，即首先是运算符（作为"前缀"），然后是操作数。中缀表示法将运算符置于操作数之间，前缀表示法则将运算符置于操作数之前。

上述计算公式看起来很简单，但随着公式变得越来越复杂，前缀表示法也将变得越来越难懂。例如，对于一个表示 x 与 3 乘 y 的和的公式 $(x+3*y)$，它的前缀表示形式为 $(+x(*3y))$。虽然你要花一点时间来适应，但前缀表示法比你学过的大部分内容都要简单。这只是计算公式另一种写法而已。这种写法的优点之一在于：由于公式在默认情况下完全由括号括起来，因此我们在确定哪些操作数使用哪些运算符进行运算的时候，不会产生任何混淆。有些人学到最后可能会更喜欢前缀表示而不是中缀表示。我们会在不同的情况下适当地使用这两种表示法，这取决于我们是在用纸笔进行手工推理，还是使用形式化的机械逻辑进行推理。

　　另一个重要的元素是 **include-book** 指令。这类测试的相关工具位于一本名为 **testing** 的 ACL2 书中。这本书又位于一本名为：**teachpacks**（前面有一个冒号）的书的目录中。**include-book** 指令可以告诉我们系统所需测试包的名称以及可以在哪里找到测试包。我们在任何时候使用 **check-expect** 进行测试，都需要这个样板文件（包括关键字：**dir**，前面有一个冒号），尽管我们不会在所有示例中重复使用。

　　如果已经安装了 Proof Pad，并且将这些测试放在一个扩展名为 .lisp 的文件中（例如 plusoptests.lisp），那么就可以使用 Proof Pad 进行测试。前两个测试顺利通过，但是第三个测试有一个错误：不应该假设 $27 + 6 = (23 + 5) + (2 + 2)$。系统报告断言失败。如果把 6 改成 5，测试就会通过。在运行测试时通常想知道运算符是否在做正确运算。本例中运算符 (+) 没有问题，是测试逻辑出了问题。

　　直接的、一次性的 **check-expect** 测试是测试在起始阶段的一种不错方法，但是还需要测试更多由逻辑公式确定的一般属性。Proof Pad 提供了一个名为 DoubleCheck 的工具包，这个工具包可以生成随机数据用于运行谓词公式（即表示真 / 假值的公式），从而可以实现对这种测试的一种简化。为了验证这个思想，现对加法运算进行测试，看看加法运算是否符合结合律：$(x + (y + z)) = ((x + y) + z)$（{+ 结合律}，如图 2.1 所示）。为此，我们分别将每个属性定义为一个等式，使用 Proof Pad 直接生成一些随机数，并报告这些等式是否能够满足所有生成的随机数。与"testing"工具包一样，Proof Pad 的"doublecheck"工具包也是位于 teachpacks 的目录中。我们需要一个 **include-book** 指令访问并使用它。

```
(include-book "doublecheck" :dir :teachpacks)
(defproperty +associative-test
  (x :value (random-integer)
   y :value (random-integer)
   z :value (random-integer))
  (= (+ x (+ y z))
     (+ (+ x y) z)))
```

　　DoubleCheck 属性的使用定义以一个括号开始，然后是关键字 **defproperty** 和被测试属性的名称，在本例中是 **+associative-test** ⊖。属性名称后面是一系列关于数据生成器的规范。整个规范序列被括号括了起来，每个规范包括三个部分：名字、关键字：**value**（前面有一个冒号）和生成器，也包括在括号内。在本例中，定义要求使用随机整数。DoubleCheck 可以生成多种随机数据，随着本书的展开，将逐步引入不同类型的数据生成器。最后，由谓词公式确定测试内容。这里的谓词是一个等式，当然是用前缀法表示的。

　　下面来考察另外一个例子。ACL2 可以处理数据元素的集合，通过将数据元素放在某个有序序列中实现对数据集合的处理，这个有序序列专业术语为列表。我们可用运算符 **list** 创建某个操作数列表（可以包含任意数量的操作数）。另一个运算符 **append** 用于连

　　⊖　与许多编程语言相比，ACL2 中的命名规则比较宽松。名称可以由字母和数字组成，也可以包含一些特殊字符，如加号、连字符和冒号（但不可以使用分号或逗号）。

接两个列表。可以使用一些 **check-expect** 测试使得 **append** 运算符和 **list** 运算符的作用更加清晰易懂。下面我们对它们进行形式化的描述。

```
(check-expect (append (list 1 2 3) (list 4 5)) (list 1 2 3 4 5))
(check-expect (append (list 9 8 7) (list 6)) (list 9 8 7 6))
(check-expect (append (list 11 7) (list 2 5 3)) (list 11 7 2 5 3))
(check-expect (append (list 2 0) (list 1 8)) (list 2 0 1 8))
```

假定两个列表连接后的长度是第一个列表的长度加上第二个列表的长度。可以使用计算列表长度的 **len** 运算符，在 DoubleCheck 测试中声明这个属性。后文中将证明 **append** 和 **len** 之间的这种关系，但目前仅给出属性，并要求 Proof Pad 根据随机数据对这些属性进行校验。

```
(defproperty additive-law-of-concatenation-test
  (xs :value (random-list-of (random-integer))
   ys :value (random-list-of (random-integer)))
  (= (len (append xs ys))
     (+ (len xs) (len ys))))
```

> **信息框 3.2　自然数**
>
> 　　自然数是大于或者等于零的整数。很多运算从 1 开始而不是 0 开始，但是在计算领域，从 0 开始可以简化一些公式。

　　在讨论计算机算术的时候，我们通常需要知道一些关于有限数集的算术知识，**mod** 运算符在这种算术中扮演着一个关键的角色。**mod** 运算符对两个操作数进行运算，并将第一个操作数除以第二个操作数的余数作为运算结果。尽管 ACL2 没有将操作数限制在自然数集的范围内，但我们还是继续在自然数集的范围内进行讨论。考虑到除数、被除数、商、余数，和长除法一样，都是三年级关于自然数的知识。

73

　　接下来测试一下 **mod** 运算符。先从简单的 **check-expect** 开始，比如使用 **mod** 计算除以 2 时的余数，被除数为偶数时余数为 0，被除数为奇数时余数为 1。

```
(check-expect (mod 12 2) 0)
(check-expect (mod 27 2) 1)
```

　　这里有一些更为完备的测试，此时我们可以用 3 作为除数：

```
(check-expect (mod 14 3) 2)
(check-expect (mod  7 3) 1)
(check-expect (mod 18 3) 0)
```

> **信息框 3.3　模算术**
>
> 　　模算术（又名时钟算术）产生固定范围内的整数：$0,1,\cdots,(m-1)$，其中 $m>0$ 是某个自然数，称为模数。如果 x 是整数，那么 $(x \bmod m)$ 表示 x 除以 $m(0 \leqslant (x \bmod m) < m)$ 的余数。模运算的加法、减法和乘法与普通算术是一致的。
>
> $$((x+y) \bmod m) = (((x \bmod m)+(y \bmod m)) \bmod m)$$
>
> $$((x-y) \bmod m) = (((x \bmod m)-(y \bmod m)) \bmod m)$$

$$((x \times y) \bmod m) = (((x \bmod m) \times (y \bmod m)) \bmod m)$$

ACL2 中 $(\bmod\, x\, m)$ 的运算结果是 $x \div m$ 的余数。我们将该运算的操作数限制为自然数，但 ACL2 没有做这样的限制。

我们可以使用 Proof Pad 中的 DoubleCheck 功能对 **mod** 进行大量测试。为此，我们还需要建立一些关系来表达更多关于除法和余数的一般性质。其中一个性质是，当把除数加到被除数上时，余数不变。

```
(defproperty mod-invariant
  (divisor-minus-1 :value (random-natural)
   dividend        :value (random-natural))
  (let* ((divisor (+ divisor-minus-1 1))) ; avoid zero divisor
    (= (mod dividend divisor)
       (mod (+ dividend divisor) divisor))))
```

随机数据的生成是一门艺术。在本例中，通过在自然数上加 1 的方式确保除数不为零。因为负数不是自然数，所以在自然数上加 1 就可以保证和不为零。我们可以使用

74

公式 **let*** 实现对不变量属性 **mod-invariant** 的定义，该公式提供了一种将某个临时值赋给某个变量名的方法（信息框 3.4）。在本例中，**let*** 表示变量名 **divisor** 的取值为公式 **(+divisor-minus-11)** 所表示的值。

信息框 3.4　本地变量名取值：**let***

　　let* 公式将某个值赋给某个变量名。**let*** 的作用域以一个括号开始，然后是关键字 **let***，接下来是一系列变量名/值的绑定，并以某个公式结束，该公式所表示的值就是 **let*** 将要传递的值，最后以一个括号结束。

　　每个变量名/值绑定的形式均为 $(h\ v)$，其中 h 是变量名，v 是确定变量名 h 取某个值的公式（h 不表示运算符）。每个绑定必须由括号括起来。任何被绑定取值的变量名在 **let*** 作用范围内都是取其被绑定的值，但是这种变量名/值的关联在 **let*** 作用范围之外是无效的。可以有任意数量的绑定存在。**let*** 最常见的用途是在一次计算中多次为一些取值提供变量名，有时我们也使用 **let*** 提供助记名，使得公式更易于理解。

　　let* 公式中的括号很复杂。每个单独的绑定都用括号括起来，整个绑定序列使用另一组括号括起来。此外，整个 **let*** 公式也被括在括号中。**let*** 公式输出的传递值 $v_{\text{let*}}$ 由位于变量名/值绑定之后的公式确定。

$$(\text{let} * ((h_1 v_1)(h_2 v_2) \cdots (h_n v_n)) v_{\text{let*}})$$

由于当 $m > 0$ 时 $(\textbf{mod}\, x\, m) < m$，因此 **mod** 运算符可以通过以下测试：

```
(defproperty mod-upper-limit-test
  (divisor-minus-1 :value (random-natural)
   dividend        :value (random-natural))
  (let* ((divisor (+ divisor-minus-1 1))) ; avoid zero divisor
```

```
(< (mod dividend divisor) divisor)))
```

在这个测试中，我们没有将属性表示为某个等式，而是使用小于运算符(<)将其表示为不等式的形式。一如既往，公式将运算符放在操作数之前的前缀位置上。为了实践，我们可以将该属性添加到其他测试的 .lisp 文件中，并使用 Proof Pad 运行这些文件。

某个自然数除以另一个自然数的余数也是一个自然数，因此我们可以使用逻辑与运算符将上限测试与自然数测试结合在单个的属性定义当中（ACL2 中用 ∧ 表示逻辑与运算）。如果 x 是自然数，那么公式（**natp** x）的值为真，否则公式（**natp** x）的值为假。

公理 {natp}

(natp x) = x 是一个自然数 =(**and** (**integer** x)($\geq$=x **0**))

注：x是整数时，(**integer** x)为真，否则为假。

75

```
(defproperty mod-range-test
  (divisor-minus-1 :value (random-natural)
   dividend        :value (random-natural))
  (let* ((divisor (+ divisor-minus-1 1))) ; avoid zero divisor
    (and (natp (mod dividend divisor))
         (< (mod dividend divisor) divisor)))))
```

一个数除以另一个数得到的结果包括商和余数这两个部分。**mod** 运算符用于计算余数，**floor** 运算符（见信息框 3.5）用于计算商。当除数大于 1 且被除数是非零的自然数时，商总是小于被除数。我们可以使用下面测试检查某个除法计算是否符合这种性质。被除数的随机值生成器通过向自然数加 2 的方式来确保被除数大于 1。类似地，可以通过加 1 的方式来确保除数不为 0。

```
(defproperty quotient-less-than-dividend-test
  (divisor-minus-2  :value (random-natural)
   dividend-minus-1 :value (random-natural))
  (let* ((divisor  (+ divisor-minus-2 2))   ; divisor  > 1
         (dividend (+ dividend-minus-1 1))) ; dividend > 0
  (< (floor dividend divisor)
     dividend)))
```

检查除法运算结果就是用商乘以除数，然后加上余数。如果结果不等于被除数，那么除法运算就出现了问题。下面的函数测试了 **mod** 和 **floor** 这两个运算符之间的关系。该函数需要使用乘法运算符 (∗)。

```
(defproperty division-check-test
  (divisor-minus-1 :value (random-natural)
   dividend        :value (random-natural))
  (let* ((divisor (+ divisor-minus-1 1))) ; avoid zero divisor
    (= (+ (* divisor (floor dividend divisor))
          (mod dividend divisor))
       dividend)))
```

希望你已经熟悉前缀表示法，并能使用 Proof Pad 运行测试，下列习题提供了练习的机会。

习题

1. 定义一个对 **floor** 运算符的测试，该测试在操作数为自然数且除数（第二个操作数）不为 0 时检查其值是否为自然数。使用 Proof Pad 运行测试。

2. **max** 运算符选择两个数字中较大的一个：(**max 2 7**) 是 **7**，(**max 9 3**) 是 **9**。定义一个 DoubleCheck 属性，用于测试确保 (**max** x y) 大于或等于 (>=)x 和 y。使用 Proof Pad 运行测试。

3. 定义一个 DoubleCheck 属性来测试算术分配律（{分配律}，图 2.1）。使用 Proof Pad 运行测试。

4. 定义 DoubleCheck 属性来测试时钟算法和普通算法之间的一致性，如信息框 3.3 所示。使用 Proof Pad 运行测试。

5. ACL2 的运算符 **reverse** 提供了一个列表，其中元素的顺序与操作数提供的顺序相反。例如，(**reverse**(**list** 1 2 3)) 反转后的表达式是 (**list** 3 2 1)，请用 (**reverse** xs) 和 (**reverse** ys) 表示 (**reverse** (**append** xs ys)) 的值。根据方程定义一个属性，并使用 Proof Pad 进行测试。

信息框 3.5　向上取整与向下取整运算符，向上取整与向下取整特殊方括号

ACL2 提供了向上取整 (**ceiling**) 与向下取整 (**floor**) 这两个运算符。它们在将一个数除以另一个数之后，分别将计算结果向上和向下舍入为一个整数值。在代数公式中，使用底角括号和顶角括号这样的特殊方括号表示舍入的方向。顶角方括号（类似于方括号，没有底部）表示的整数是不小于所括值的最小整数。底角方括号（没有上部分的方括号）按另一个方向舍入，表示不大于所括值的最大整数。

$$(\textbf{floor } x\, y) = \lfloor x \div y \rfloor \text{ 向下取整}$$
$$(\textbf{ceiling } x\, y) = \lceil x \div y \rceil \text{ 向上取整}$$

数 学 归 纳

4.1 数学对象列表

序列是元素的有序列表。事实上，"列表"和"序列"这两个术语是同义词。由于计算机执行的很多操作都可以归结为对列表的操作，因此列表是一类非常重要的数学对象。我们需要建立一套正式符号，包括代数公式，以便能够在计算机硬件和软件要求的数学精度水平上展开对列表的讨论。

我们通常把列表写成用空格进行分隔的元素序列，用方括号标记列表的开头和结尾。例如，[8 3 7] 表示一个包含第一个元素为数字 8、第二个元素为数字 3 和第三个元素为数字 7 的列表，[9 8 3 7] 表示在上表开头增加了一个数字 9 的列表。我们使用符号 *nil* 表示空列表（即不包含任何元素的列表）。我们在运算公式中使用方括号而不是圆括号来表示列表，以免与公式中的运算混淆⊖。例如，[4 7 9] 表示一个三元素列表，**(+ 7 9)** 表示值为 16 的数学公式。然而，ACL2 并没有使用方括号表示列表。ACL2 使用圆括号 **(4 7 9)** 表示列表 [4 7 9]。在进行书面讨论的场合，方括号表示法有助于计算公式中的数据表现得更加直观，也使得一些公式的书写更加紧凑，但 ACL2 使用的表示法不是方括号表示法。

列表代数中的一个基本运算符是构造运算符 **cons**，表示在列表的开头插入一个新元素。引用 **cons** 的公式由前缀形式表示，公式 **(cons** *x xs***)** 表示通过在列表 *xs* 的开头插入元素 *x* 的方式构成一个新的列表。若 *x* 表示 9，*xs* 表示列表 [8 3 7]，则 **(cons** *x xs***)** 表示列表 [9 8 3 7]。

信息框 4.1 列表的方括号表示法：仅限手工表示

在大多数情况下，我们将使用方括号表示法来区分列表和计算公式。但是，ACL2 不使用方括号表示列表。对于列表和计算公式，ACL2 都使用圆括号进行表示。

仅限手工表示	标准 ACL2 表示法
[1 2 1 5]	**(list 1 2 1 5)**

任何列表都可以通过从空列表开始，并使用构造运算符在列表中逐个插入元素的方式进行构造。空列表 **nil** 在 ACL2 中是固有的，不需要进行构造。非空列表通过使用 **cons** 运算符进行构造。[8 3 7] 是 **(cons 8 (cons 3 (cons 7 nil)))** 的手工速记法。ACL2 还对

⊖ 调用（invoke）一个运算符就是把该运算符应用到它的操作数上进行计算。一个调用（invocation）是调用运算符的公式。

cons 的嵌套操作进行了速记（图 4.1）：**(list 8 3 7)** 是公式 **(cons 8(cons 3(cons 7 nil))** 的另外一种表示方式。

$[x_1 x_2 \cdots x_n] = (\mathbf{list}\, x_1 x_2 \cdots x_n) = (\mathbf{cons}\, x_1 (\mathbf{cons}\, x_2 \cdots (\mathbf{cons}\, x_n\, \mathrm{nil}) \cdots))$		
[1 2]	=(**list** 1 2)	=(**cons** 1(**cons** 2 nil))
[16 256 4096]	= (**list** 16 256 4096)	=(**cons** 16(**cons** 256(**cons** 4096 nil)))
[1 9 4 7]	=(**list** 1 9 4 7)	=(**cons** 1(**cons** 9(**cons** 4(**cons** 7 nil))))

图 4.1　嵌套 **cons** 的速记法：**list**

信息框 4.2　使用等号≡进行定义

三横线等号表示其左边的项使用其右边的公式进行定义。

项…一些公式…　　　　　　　　　　　　项的定义

$P(xs, y, ys) \equiv (xs = (\mathbf{cons}\, y\, ys))$　　　　$P(xs, y, ys)$ 是 $(xs = (\mathbf{cons}\, y\, ys))$

假设我们用 $P(xs, y, ys)$ 表示等式 $xs = (\mathbf{cons}\, y\, ys)$，则有

$$P(xs, y, ys) \equiv (xs = (\mathbf{cons}\, y\, ys))$$

79

对于某个给定的带有值 y 的列表 xs，我们可以把等式 $P(xs, y, ys)$ 看成是以变量 ys 为索引的一组命题，变量 ys 的取值范围是由 ACL2 构造的列表集合。在这组命题中，与列表 ys 对应的是 $P(xs, y, ys)$ 所代表的等式 $(xs = (\mathbf{cons}\, y\, ys))$。如果这个等式成立，则命题 $P(xs, y, ys)$ 的值为真，否则命题 $P(xs, y, ys)$ 的值为假。例如，如果 xs 表示列表 **[1 2 3]**，y 表示自然数 1，那么 $P(xs, y, ys)$ 就是 $P(\mathbf{[1\,2\,3]}, 1, ys)$，它表示包含变量 ys 的等式。对于每个不同的列表 ys 都有一个这样的等式。综上所述，这些等式组成了一个以 ACL2 列表为论域的谓词。

我们可以使用运算符 **consp** 检查非空列表。也就是说，如果 xs 是某个非空列表，那么公式 **(consp** xs**)** 的取值就为真，否则 **(consp** xs**)** 的取值就为假。{consp} 公理（图 4.2）正式声明所有非空列表都可以由 **cons** 运算符构造出来。

公理{consp}
$(\mathbf{consp}\, xs) = (\exists y.(\exists ys.(xs = (\mathbf{cons}\, y\, ys))))$

图 4.2　非空列表谓词：**consp**

因为 **[1 2 3]** = **(cons** 1**[2 3])**，所以 ys 存在一个值，即 ys = **[2 3]**，使得 $P(\mathbf{[1\,2\,3]}, 1, ys)$ 为真。由此可知，公式 $(\exists ys. P(\mathbf{[1\,2\,3]}, 1, ys))$ 的值为真。如果没有能够使得等式成立的列表，那么公式 $(\exists ys. P(\mathbf{[1\,2\,3]}, 1, ys))$ 的值就为假。

另一方面，如果 xs 是列表 **[1 2 3]** 且 y 是数字 2，那么就不存在某个列表 ys 能够使得等式 **[1 2 3]** = **(cons** 2 ys**)** 成立。因为等式左边的列表从 1 开始，右边的列表从 2 开始。因此，公式 $(\exists ys. P(\mathbf{[1\,2\,3]}, 2, ys))$ 的值为假。

现在往回一步。如果我们把公式 ($\exists ys.(xs = (\textbf{cons}\ y\ ys))$) 当作一组命题，每个对象 y 对应一个由 ACL2 表示的命题，那么公式 ($\exists ys.P(xs, y, ys)$) 就是表示命题集合的一种方法。由于任何一组命题都是一个谓词，因此可以将公式 ($\exists ys.P(xs, y, ys)$) 看成是一个以 ACL2 中对象 y 为索引变量的谓词公式。

可以通过再次使用量词 $\exists$，将谓词公式 ($\exists ys.P(xs, y, ys)$) 转换为具体真/假值（即将该谓词公式转换为某个具体命题），但这次以 y 为约束变量 ($\exists y.(\exists ys.P(xs, y, ys))$)。当 xs 是使得该公式取值为真的列表时，(**consp** xs) 为真。也就是说，**consp** 是表示公式 ($\exists y.(\exists ys.P(xs, y, ys))$) 的 ACL2 谓词公式。谓词公式 **consp** 的论域是 ACL2 可以表示的所有对象的集合。**consp** 的规范由 {consp} 公理（图 4.2）表示。因此，(**consp** xs) 是公式 ($\exists y.(\exists ys.(xs = (\textbf{cons}\ y\ ys)))$) 在 ACL2 中的一种写法。 81

当某个列表 ys 为非空时，我们就可以通过引用 {consp} 公理将 ys 改写为 (**cons** x xs) 的形式。此时要小心地选择符号 x 和 xs，以避免与上下文中出现的其他符号混淆。

由于 {consp} 公理引用了 **cons**，因此我们需要一个 {cons} 公理。{cons} 公理使用列表编号表示法（图 4.3）来规定如何使用 **cons** 构造一个非空列表 $[x_1\ x_2 \cdots x_{n+1}]$，其中 n 为自然数。因为该列表有 $n+1$ 个元素，并且当 n 是自然数时，$n+1$ 至少是 1，所以该列表不可能为空。因此，我们可以使用 **cons** 实现对该列表的构造。

当然，构造运算 **cons** 不可能是关于列表的全部运算。为了实现对列表运算，不仅需要构造列表，也需要能够将列表进行拆分。**first** 和 **rest** 这两个解构运算符用于实现对列表的拆分。我们使用 {fst} 和 {rst} 这样的等式形式表示这些解构运算符与构造运算符之间的关系，并将这些等式作为公理（图 4.4）。

公理{cons}，{first}，和{rest}	
$[x_1\ x_2 \cdots x_{n+1}] = (\textbf{cons}\ x_1 [x_2 \cdots x_{n+1}])$	{cons}
(**first**(**cons** x xs)) = x	{fst}
(**rest**(**cons** x xs)) = xs	{rst}
(**first** nil) = nil	{fst0}
(**rest** nil) = nil	{rst0}

公理{nlst}
$[x_m\ x_{m+1} \cdots x_n]$ 表示包含 $n-m+1$ 个元素的列表{nlst}
注：如果 $m > n$，则表示 nil（空列表）。

图 4.3　列表编号表示法　　　图 4.4　列表的构造运算和解构运算：**cons**, **first**, **rest**

{fst} 公理正式声明该运算符首先输出非空列表中的第一个元素。{rst} 公理声明该运算符 **rest** 输出使得操作数减去其第一个元素后得到的列表。注意，公理中运算符 **first** 和 **rest** 的操作数列表中至少包含一个元素，因为这些列表是由 **cons** 运算符构造的。当操作数是一个空列表时，{fst0} 和 {rst0} 公理给出了对公式 (**first** nil) 和 (**rest** nil) 的解释。

下面我们像使用图 2.2 中逻辑等式和图 2.1 中算术等式一样，使用这些公理中的等式。也就是说，每看到一个公式 (**first** (**cons** x xs))，无论该公式中 x 和 xs 代表什么，我们都能够使用等式 {fst} 用更简单的公式 x 代替 (**first** (**cons** x xs))。等式是双向的，所以我们也可以使用等式 {fst} 用更复杂的公式 (**first** (**cons** x xs)) 替换任意的公式 x，只要语法正确，*xs* 就可以代表任何我们想要构造的公式。

类似地，无论符号 *x* 和 *xs* 表示什么公式，我们都可以通过引用等式 {rst} 合理地将 *xs* 换为公式 **rest(cons** *x xs*)），反之亦然。换言之，这些就是普通的代数等式。新的知识内容仅仅是（1）它们所表示数学对象的类型与先前有所不同；（2）公式使用前缀表示法，而不是更常用的中缀表示法。列表的所有属性都作为数学对象从 {cons}、{fst} 和 {rst} 公理派生而来。

运算符 **len**（参见第 3 章）给出了列表中元素的数量，我们可以使用 **check-expect** 在某些特定的情况下对 **len** 进行测试。

```
(check-expect (len (cons 8 (cons 3 (cons 7 nil)))) 3)
(check-expect (len nil) 0)
```

我们可以使用 DoubleCheck 工具进行更一般的测试。例如，我们期望 **cons** 运算符所构造的列表中，元素数量比该运算符第二个操作数中元素数量多一个。我们可以使用下面的属性进行测试：

```
(defproperty len-cons-test
  (x  :value (random-natural)
   xs :value (random-list-of (random-natural)))
  (= (len (cons x xs))
     (+ 1 (len xs))))
```

同样，列表在删除其第一个元素后元素数目会减少一个：(**len** *xs*) = 1 + (**len**(**rest** *xs*))。然而，这个结论只有在 *xs* 为非空列表时才会成立。如果 *xs* 为空列表，这个结论就不成立。我们想要测试的是一个蕴含式：(**consp** *xs*) → ((**len** *xs*) = 1 + (**len**(**rest** *xs*)))。ACL2 中的蕴含运算符为 **implies**，我们可以使用该运算符来定义一个可以将 *xs* 约束为非空列表的测试，从而使得测试中关于列表中元素数目的等式为真。

```
(defproperty len-rest-test
  (xs :value (random-list-of (random-natural)))
  (implies (consp xs)
           (= (len xs)
              (+ 1 (len (rest xs))))))
```

在操作数为非空列表的情况下，len-rest 测试中的等式可以作为 **len** 运算符的公理。关于空列表的公理则比较简单。图 4.5 说明了关于运算符 **len** 的两条公理。公理 {len1} 适用于操作数为非空列表的场合，另一个公理则适用于其他场合⊖。

公理{len}	
(**len** (**cons** *x xs*)) = (+ 1 (**len** *xs*))	{len1}
(**len** *e*) = 0	{len0}
注：只有在 {len1} 不合适时，才使用 {len0}。	

图 4.5　列表的长度运算符：**len**

⊖　正常情况下，len 的操作数要么是非空列表，要么为空列表。目前这是一个很好的思考方式，但是操作数可能根本不是一个列表，根据公理 {len0}，在这种情况下，它的值是零。因此 (**len** nil) = 0 但 (**len** 3) 也等于 0，因为 3 不是一个列表。稍后，我们将进一步讨论这种定理。

我们期望 **len** 运算符输出一个自然数，无论该运算符的操作数取什么类型的值。我们可以将 **len** 运算符的这个性质作为一个定理保存下来。将在稍后使用 {len} 公理推导出这个定理。这个定理引用了 **natp** 运算符，如果 **natp** 运算符的操作数是自然数，那么运算结果为真，否则运算结果为假。

$$\text{定理 \{len-nat\}}: \forall xs.(\textbf{natp}(\textbf{len}\ xs))$$

与之相关的一个事实是，非空列表的长度是严格的正数。证明这个事实的一种方法是，考察公式 (**consp** *xs*) 当且仅当 (> (**len** *xs*)0) 时为真，反之亦然。也可以使用关于 **len**，**consp** 和 **cons** 的公理推导出这个定理。目前只是未加证明地陈述这个定理：

$$\text{定理 \{consp = (len > 0)\}}: \forall xs.((\textbf{consp}\ xs) = (> (\textbf{len}\ xs)0))$$

信息框 4.3 单引号抑制

为了在 ACL2 公式中确定列表 [**1 2 3 4**]，而不是在纸上书写关于列表的公式，我们当然可以使用 **cons** 运算符来构造列表：(**cons 1** (**cons 2** (**cons 3** (**cons 4 nil**)))) 。或者，我们可以使用 **list** 运算符将公式写得更简洁：(**list 1 2 3 4**) 。

然而，单引号技巧为元素是数字（或其他 ACL2 常量）的列表提供了一种更为简单的 ACL2 公式。公式 ′(**1 2 3 4**) 与 (**list 1 2 3 4**) 具有相同的含义。ACL2 通常将左括号后的第一个符号解释为运算符的名称。然而，单引号阻止了这种解释，并提供了一个由括号中的元素组成的列表。如果没有单引号，这个公式就没有意义，因为 1 不是运算符的名称。

习题

1. 证明定理 {rstl} : (**rest**(**list** *x*)) = **nil** 。

提示：引用图 4.4 和图 4.1 中的某些等式。

84

4.2 数学归纳法

运算符 **cons**，**first** 和 **rest** 构成了列表运算的基础，但是还有很多其他用于处理列表的运算符存在。运算符 **append** 用于连接两个列表，该运算符之前在一些关于 **check-expect** 的测试中讨论过（参见第 3 章）。如下列关于 **check-expect** 的测试所示，这里使用了单引号符号（信息框 4.3），这种表示形式更为紧凑：

```
(check-expect (append '(1 2 3 4) '(5 6 7)) '(1 2 3 4 5 6 7))
(check-expect (append '(1 2 3 4 5) nil) '(1 2 3 4 5))
```

数字列表表示法（图 4.3）提供了一种非正式地定义 **append** 运算符的方法。在这种表示形式中，定义隐式地给出了连接操作中列表所包含的元素个数。在下面的列表示意图中，*x* 列表有 *m* 个元素，*y* 列表有 *n* 个元素，连接后的列表有 *m* + *n* 个元素：

$$(\textbf{append}[x_1 \ x_2 \ \cdots \ x_m][y_1 \ y_2 \ \cdots \ y_n]) = [x_1 \ x_2 \ \cdots \ x_m \ y_1 \ y_2 \ \cdots \ y_n]$$

我们接下来分析连接 (**append** *xs ys*)。如果 *xs* 是空列表，那么我们期望连接输出列表 *ys*。这是 {app0} 的情况：(**append nil** *ys*) = *ys*。如果 *xs* 为非空，那么我们期望连接从 *xs* 的第一个元素开始，即 (**first** *xs*)，然后继续连接 *xs* 的其余元素，即 (**rest** *xs*)，然后是 *ys* 的元素。也就是说，当 *xs* 非空时，结果是 (**rest** *xs*) 和 *ys* 的连接，并在前面插入 (**first** *xs*)。这是 {app1} 情况：(**append** *xs ys*) = (**cons**(**first** *xs*)(**append**(**rest** *xs*)*ys*))。

我们希望能够给出关于上述期望的一种形式化表示。为此，可以使用一个特殊的 ACL2 运算符 **if**（图 4.6）进行处理。该运算符含有三个操作数，如果第一个操作数为真（即列表非空），则输出第二个操作数；如果第一个操作数为假（即列表为空表），则输出第三个操作数。因此，**if** 运算符提供了在第二个和第三个操作数所提供的两个公式之间进行选择的处理功能。

我们使用 **if** 运算符，并将公式 (**append** *xs ys*) 与 {app1} 进行比较（如果 *xs* 是非空列表），或者与 {app0} 进行比较（如果 *xs* 是空表），就可以通过 DoubleCheck 实现对 (**append** *xs ys*) 的测试。图 4.7 给出了一个属性定义用于形式化地表示上述思想。该定义使用一个名为 **equal** 的运算符（信息框 4.4）来实现公式 (**append** *xs ys*) 与被 **if** 运算符选择公式之间的比较。

85

公理{if}	
(**if** *p x y*)=*x*,如果 *p* ≠ **nil**	{如果－为真}
(**if** *p x y*)=*y*,如果 *p* = **nil**	{如果－为假}

图 4.6   公式选择器：**if**

```
(defproperty append-test
  (xs :value (random-list-of (random-natural))
   ys :value (random-list-of (random-natural)))
  (equal (append xs ys)
         (if (consp xs)
             (cons (first xs)
                   (append (rest xs) ys))
             ys)))
```

图 4.7   **append** 的 DoubleCheck 测试

信息框 4.4 "equal" 与 "="

　　为什么是 (**equal**(**append** *xs ys*)…)？而不是 (= (**append** *xs ys*)…)？"="运算符仅限于比较数字，**equal** 运算符则可以检查任意两个值之间的相等性，如数字、列表等。

　　= 运算符提醒阅读公式的人，这个运算符是用来比较数字的。它还能提醒计算机，从而能够简化机械化推理或促进有效的比较。不过，在很大程度上，这是一个习惯问题。

虽然 append-test 属性可能不会是第一个你想到的属性，但是如果测试没有通过，就可以确定 **append** 运算符出了问题。append-test 属性显然是正确的，因此可以将其表示成等式形式，并作为公理（图 4.8）。与 {len} 的定理中一样，该公理包含了两个 {append} 等式，分别确定了 append 操作在不同情况下的含义。其中一个等式指定第一个操作数是非空列表时的含义，另一个等式指定在所有其他情况下的含义。

公理{append}	
$(\textbf{append}(\textbf{cons}\, x\, xs)\, ys) = (\textbf{cons}\, x\, (\textbf{append}\, xs\, ys))$	{app1}
$(\textbf{append}\,\textbf{nil}\, ys) = ys$	{app0}

图 4.8　列表连接：**append**

这些等式描述了 **append** 运算的简单性质，**append** 运算的许多其他性质都可以由这些等式推导出来。例如，可以证明两个列表连接后的长度是列表长度的和，这正如第 3 章中 DoubleCheck 属性的测试效果。通常将这个定理称为列表连接的结合律。下面对这个定理进行证明。

首先，我们针对一些特殊的取值情形进行讨论。使用符号 $L(n)$ 作为下列命题的一种缩写形式：$(\textbf{len}(\textbf{append}[x_1\, x_2 \cdots x_n]\, ys))$ 是 $(\textbf{len}[x_1\, x_2 \cdots x_n])$ 与 $(\textbf{len}\, ys)$ 的和。这使得 L 成为一个以自然数为论域的谓词公式。

$$L(n) \equiv (\textbf{len}(\textbf{append}[x_1\, x_2 \cdots x_n]\, ys)) = (+(\textbf{len}[x_1\, x_2 \cdots x_n])(\textbf{len}\, ys))$$

对于 n 的前几个值，可将 $L(n)$ 表示为如下等式：

$$L(0) \equiv (\textbf{len}(\textbf{append}\,\textbf{nil}\, ys)) = (+(\textbf{len}\,\textbf{nil})\,(\textbf{len}\, ys))$$
$$L(1) \equiv (\textbf{len}(\textbf{append}[x_1]\, ys)) = (+(\textbf{len}[x_1])\,(\textbf{len}\, ys))$$
$$L(2) \equiv (\textbf{len}(\textbf{append}[x_1\, x_2]\, ys)) = (+(\textbf{len}[x_1\, x_2])(\textbf{len}\, ys))$$
$$L(3) \equiv (\textbf{len}(\textbf{append}[x_1\, x_2\, x_3]\, ys)) = (+(\textbf{len}[x_1\, x_2\, x_3])\,(\textbf{len}\, ys))$$

我们可以使用如下方法从 {append} 和 {len} 公理中推导出 $L(0)$。从 $L(0)$ 表示的等式左边开始，逐一引用若干关于 **append**、**len** 和数字代数的公理，最终可以推出等式 $L(0)$ 右边的公式。

证明 $L(0)$	引用的公理
$(\textbf{len}(\textbf{append}\,\textbf{nil}\, ys))$	
$= (\textbf{len}\, ys)$	{app0}
$= (+(\textbf{len}\, ys)\,0)$	{+同一律}
$= (+0\,(\textbf{len}\, ys))$	{+交换律}
$= (+(\textbf{len}\,\textbf{nil})(\textbf{len}\, ys))$	{len0}

这就解决了 $L(0)$ 的问题。那么该如何证明 $L(1)$？

证明 $L(1)$	引用的公理和已证明的等式
$(\textbf{len}(\textbf{append}[x_1]\, ys))$	
$= (\textbf{len}(\textbf{append}(\textbf{cons}\, x_1\,\textbf{nil})\, ys))$	{cons}
$= (\textbf{len}(\textbf{cons}\, x_1\,(\textbf{append}\,\textbf{nil}\, ys)))$	{app1}
$= (+1\,(\textbf{len}(\textbf{append}\,\textbf{nil}\, ys)))$	{len1}
$= (+1\,(+(\textbf{len}\,\textbf{nil})(\textbf{len}\, ys)))$	{$L(0)$}　注：$L(0)$ 已证明。
$= (+(+1(\textbf{len}\,\textbf{nil}))(\textbf{len}\, ys))$	{+结合律}
$= (+(\textbf{len}(\textbf{cons}\, x_1\,\textbf{nil}))(\textbf{len}\, ys))$	{len1}
$= (+(\textbf{len}[x_1])(\textbf{len}\, ys))$	{cons}

87

$L(1)$ 的证明有点难。$L(2)$ 的证明会更难吗？来试试吧。

证明 $L(2)$	引用的公理和已证明的等式
$(\textbf{len}(\textbf{append}[x_1\ x_2]\ ys))$	
$= (\textbf{len}(\textbf{append}\ (\textbf{cons}\ x_1[x_2])\ ys))$	{cons}
$= (\textbf{len}(\textbf{cons}\ x_1(\textbf{append}[x_2]\ ys)))$	{app1}
$= (+1(\textbf{len}(\textbf{append}[x_2]\ ys)))$	{len1}
$= (+1\ (+\ (\textbf{len}[x_2])(\textbf{len}\ ys)))$	{$L(1)$}　注：$L(1)$ 已证明。
$= (+(+1(\textbf{len}[x_2]))\ (\textbf{len}\ ys))$	{+结合律}
$= (+\ (\textbf{len}\ (\textbf{cons}\ x_1[x_2]))(\textbf{len}\ ys))$	{len1}
$= (+(\textbf{len}[x_1\ x_2])(\textbf{len}\ ys))$	{cons}

$L(2)$ 的证明并不比 $L(1)$ 的证明更难。事实上，除了一处证明过程之外，这两个证明引用了完全相同的等式。其中 $L(1)$ 的证明引用了 $L(0)$ 式，$L(2)$ 的证明引用了 $L(1)$ 式。也许 $L(3)$ 的证明也是一样的。

证明 $L(3)$	引用的公理和已证明的等式
$(\textbf{len}\ (\textbf{append}\ [x_1\ x_2\ x_3]\ ys))$	
$= (\textbf{len}\ (\textbf{append}\ (\textbf{cons}\ x_1[x_2\ x_3])\ ys))$	{cons}
$= (\textbf{len}\ (\textbf{cons}\ x_1(\textbf{append}\ [x_2\ x_3]\ ys)))$	{app1}
$= (+1\ (\textbf{len}\ (\textbf{append}\ [x_2\ x_3]\ ys)))$	{len1}
$= (+1\ (+\ (\textbf{len}[x_2\ x_3])(\textbf{len}\ ys)))$	{$L(2)$}　注：$L(2)$ 已证明。
$= (+\ (+1\ (\textbf{len}[x_2\ x_3]))(\textbf{len}\ ys))$	{+结合律}
$= (+(\textbf{len}\ (\textbf{cons}\ x_1)[x_2\ x_3]))(\textbf{len}\ ys))$	{len1}
$= (+\ (\textbf{len}[x_1\ x_2\ x_3])(\textbf{len}\ ys))$	{cons}

现在很容易就能看出，如何从 $L(3)$ 推出 $L(4)$，然后从 $L(4)$ 推出 $L(5)$，等等。如果有足够耐心，也可以通过遵循既定的模式证明 $L(100)$，$L(1000)$，甚至 $L(1\ 000\ 000)$。不难写出一个程序来证明，对于任意给定的自然数 n，命题 $L(n)$ 成立。既然知道如何证明对于任意自然数 n 成立 $L(n)$，似乎就可以认为这些所有等式都是正确的，从而可以认为公式 $(\forall n.L(n))$ 是正确的。然而，为了进行形式化的数学证明，还需要一个推理规则，用于根据从 $L(1)$、$L(2)$ 等结论中观察到的规律得出一般的结论。这个推理法则通常称为*数学归纳法*。

当 P 是一个以自然数集为论域的谓词时，数学归纳法提供了对 $(\forall n.P(n))$ 之类公式进行证明的一种方法。如果对于每个给定的自然数 n，谓词 $P(n)$ 表示一个特定的命题，那

88

么数学归纳法就是一种推理规则，可以用于证明 $(\forall n.P(n))$ 的正确性。这并不意味着这样的证明总是能够构造出来的。只是表明数学归纳法可能会对整个证明过程有所帮助。反过来也成立：如果论域不是自然数，数学归纳法就不能发挥作用⊖。

⊖　数学归纳法并不是唯一的归纳法证明形式，但其他所有的形式（超穷归纳法除外，超穷归纳法是另一种形态）都可以转换为数学归纳法的证明形式。我们将继续使用经典的数学归纳法，把变量留到以后讨论。对于理解普通数学归纳法的人来说，它们很容易学习。

数学归纳法的具体规则如下式所示。如果证明了 $P(0)$ 和 $(\forall n.(P(n) \rightarrow P(n+1)))$ 这两个命题为真，就可以通过引用 {归纳法} 推理规则得到 $(\forall n.P(n))$ 为真。

$$((P(0) \land (\forall n.(P(n) \rightarrow P(n+1)))) \rightarrow (\forall n.P(n))) = 真 \qquad \{归纳法\}$$

数学归纳法的使用减少了证明的次数。直接证明 $(\forall n.P(n))$ 需要证明命题 $P(n)$ 对 n 的每个值（$n = 0, 1, 2, \cdots$）都成立。但是在归纳法中，我们只需要证明 $P(0)$。为了证明命题 $P(n+1)$ 的是正确的（即对于谓词 P 中 n 非零的任何命题：$P(1), P(2), P(3), \cdots$），我们可将 $P(n)$ 假设为已被证明为真的命题。$P(0)$ 的证明称为基础步骤，$(P(n) \rightarrow P(n+1))$ 的证明称为归纳步骤。

在 $P(n+1)$（即归纳情况）的证明中，可以假设 $P(n)$ 为真的原因是，归纳法的第二步目标为证明蕴含式 $P(n) \rightarrow P(n+1)$ 为真。当 $P(n)$ 为假时，由蕴含运算符的真值表（参见 2.2 节）可知，蕴含式 $P(n) \rightarrow P(n+1)$ 为真。没有必要再证明一次。因此，在 $P(n+1)$ 的证明过程中，我们可以假设 $P(n)$ 为真。$P(n)$ 为真的假设称为*归纳假设*，我们可以使用这个假设帮助证明 $P(n+1)$。

图 4.9 以自然演绎的形式陈述了 {归纳法} 的推理规则，这是在 2.5 节中所述逻辑的一种形式化表示方法。尽管我们不需要通过学习那一节的内容来理解归纳证明，但是如果学习了自然演绎，就可以在自然演绎的背景下理解图 4.9 所示的归纳证明方法。

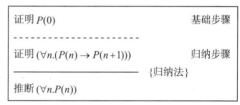

图 4.9　数学归纳法：推理规则

下面我们使用数学归纳法证明列表连接运算的加法律。对谓词 L（参见 4.2 节）使用数学归纳法。我们已经证明了 $L(0)$，所以数学归纳法所需的两个证明之一已经完成了。剩下的任务就是要证明 $(\forall n.(L(n) \rightarrow L(n+1)))$。也就是说，对于任意自然数 n，都能够从 $L(n)$ 中推出 $L(n+1)$。幸运的是，我们知道如何做到这一点。我们只需从 $L(2)$ 中复制 $L(3)$ 的推导即可，但要从某个 append 公式开始，其中第一个操作数是一个包含 $n+1$ 个元素的列表，并引用 $L(n)$，在这里我们将引用 $L(2)$。

证明 $L(n+1)$	引用的公理、已证明的等式和 $L(n)$：$L(n) \rightarrow L(n+1)$
$(\textbf{len }(\textbf{append }[x_1 \ x_2 \cdots x_{n+1}] \ ys))$	
$= (\textbf{len }(\textbf{append }(\textbf{cons } x_1 [x_2 \cdots x_{n+1}]) \ ys))$	{cons}
$= (\textbf{len }(\textbf{cons } x_1(\textbf{append }[x_2 \cdots x_{n+1}] \ ys)))$	{app1}
$= (\textbf{+1 }(\textbf{len }(\textbf{append }[x_2 \cdots x_{n+1}] \ ys)))$	{len1}
$= (\textbf{+1 }(\textbf{+ }(\textbf{len}[x_2 \cdots x_{n+1}])(\textbf{len } ys)))$	{$L(n)$}　注：归纳假设。
$= (\textbf{+ }(\textbf{+1 }(\textbf{len}[x_2 \cdots x_{n+1}]))(\textbf{len } ys))$	{+结合律}
$= (\textbf{+ }(\textbf{len }(\textbf{cons } x_1[x_2 \cdots x_{n+1}]))(\textbf{len } ys))$	{len1}
$= (\textbf{+ }(\textbf{len}[x_1 \ x_2 \cdots x_{n+1}])(\textbf{len } ys))$	{cons}

89

这样列表连接运算的加法律的数学归纳法证明就完成了。

$$定理\{连接加法律\}$$

$$\forall n.((\mathbf{len}(\mathbf{append}[x_1\ x_2 \cdots x_n]\ ys)) = (+(\mathbf{len}[x_1\ x_2 \cdots x_n])(\mathbf{len}\ ys)))$$

在这个证明中，需要注意的重要一点是不能通过引用 {cons} 公式 $(\mathbf{cons}\ x_2\ [x_3 \cdots x_{n+1}])$ 来代替 $[x_2 \cdots x_{n+1}]$。原因是试图从 $L(n)$ 中推出 $L(n+1)$，而没有对其中的 n 做出任何假设，只知道它是自然数。因为 0 是自然数，所以列表 $[x_2 \cdots x_{n+1}]$ 可以为空$^{\ominus}$，**cons** 运算符的参数不能是一个空列表。

我们将在下一节中证明关于 **append** 运算符的若干性质，以及该运算符与其他运算符之间的关系。这些性质以及 **append** 运算符的其他所有性质，都可以从 {append} 公理（图 4.8）中推导出来。这些公理分别针对如下两个独立的情形声明了 **append** 运算符的性质：（1）{app0}：第一个操作数是空列表；（2）{app1}：第一个操作数不是空列表。如果第一个操作数是空列表，那么输出的结果一定是第二个操作数。如果第一个操作数不是空列表，那么输出的结果一定包含第一个元素，且该元素一定是连接后所得列表的第一个元素。如果在第一个操作数的剩余元素后面连接了第二个操作数，则会得到连接后的其他元素。

这两个性质是如此的直观且容易接受，以至于在没有证明的情况下也愿意将它们作为公理来接受。或许令人惊讶的是，**append** 运算符的其他所有性质都可以从 {app0} 和 {app1} 这两条简单性质中推导出来。这就是数学归纳的力量。使用这两个作为 {apppend} 公理的等式就足以得到 **append** 运算符的归纳定义。

归纳定义是循环的，因为定义中某些等式在其两边都引用了运算符。人们在大多数情形下认为循环定义根本就没有用，但实际上它们在数学上是有用的。以后你将会看到很多这样的定义，并逐渐学会如何识别和创建有用的循环（即归纳）定义。

事实证明，所有可以在软件中定义的运算符都具有 {append} 公理等式形式的归纳定义。图 4.10 列出了运算符归纳定义的 3 个基本准则。以后讨论的所有软件都将采用归纳的形式定义运算符。这种定义方式可以使得数学归纳法成为一种基本的证明工具，我们因而能够在逻辑确定的情况下实现对软件属性的验证。

完备性（Complete）	定义中至少有一个等式涵盖了操作数的所有可能的组合。
一致性（Consistent）	由两个或多个等式涵盖的操作数组合为操作定义了相同的值。
可计算性（Computational）	1. 非归纳等式：至少在一个等式中，被定义的运算符只出现在左侧。 2. 简化计算：在归纳等式的右侧，每次调用定义的运算符都有一个新的操作数，这些操作数比归纳等式左侧的操作数更接近非归纳等式左侧的操作数。

图 4.10 归纳定义的 3C 准则

$\ominus$ 列表 $[x_2 \cdots x_{n+1}]$ 为空（{nlst} 列表编号表示法，图 4.3）。

习题

1. 试证明 $\forall xs(\textbf{natp}(\textbf{len } xs))$。你可以引用如下定义的 {natp0} 和 {natp1}。（注：该定义足以解决问题，但它并非 **natp** 的完整定义。）

$$\textbf{(natp } 0) \qquad\qquad\qquad \{\text{natp0}\}$$
$$\dfrac{\forall x.(\textbf{natp } x) \rightarrow (\textbf{natp}(+\, x\, 1)))\ \{\text{natp1}\}}{x \in R}$$

91

2. 试证明 $\forall n.(\forall x.((\textbf{expt } x\, n) = x^n))$ {expt}，其中 $n \in N$，x 为非 0 实数。假设下列等式 {expt0} 和 {expt1} 为真。

$$\textbf{(expt } x\ 0) = 1 \qquad\qquad\qquad \{\text{expt0}\}$$
$$\dfrac{\textbf{(expt } x\ (+\ n\ 1)) = (*x\ (\textbf{expt } x\, n))\ \{\text{expt1}\}}{(*x\, y) = x \times y}$$

4.3 Defun：ACL2 中运算符的定义

现在，告诉你一个小秘密。我们为 **append** 运算符编写的公理与 ACL2 中 **append** 的定义非常相似。ACL2 使用 **defun** 命令实现对运算符的定义，该命令共有四个部分。

defun $f(x_1\, x_2 \cdots x_n)$ 公式

defun	关键字
f	被定义的运算符的名称
$(x_1\, x_2 \cdots x_n)$	指定操作数的名称，需要用圆括号括起来
公式	指定用于该运算符获得输出值的 ACL2 公式

在大多数情况下，用于获得运算符输出值的公式会包含一些子公式，这样可以指定在不同情况下的可选值。这种公式以谓词的方式的选择某个子公式来计算运算符的输出值。

我们在 4.2 节（图 4.8）通过使用两个等式定义了 **append** 运算符，其中一个等式用于处理第一个操作数是非空列表的情形，另一个等式用于处理其他所有可能的情形。根据这个模式，ACL2 定义中应有两个子公式分别对应上述的两种情形。我们可以使用 **if** 运算符（图 4.6）来选择适当的子公式。

> **信息框 4.5** 为什么要使用归纳定义？
>
> 归纳定义是对软件进行解释的诸多方法之一，其他方法通常更为常见。然而，在证明中使用传统方法编写的软件属性是非常笨拙的，特别是在经典逻辑的框架中进行证明。因此，就对计算机在做什么和如何做的理解而言，归纳定义提供了一个坚实的基础。由于推理是本章的中心主题，因此我们重点介绍以归纳等式形式编写的软件。

图 4.11 重复了图 4.8 中关于 **append** 运算符的公理，并且通过使用 **defun** 命令给出了

append 运算符定义，使用 ACL2 符号表达了相关的公理。**append** 运算符碰巧是 ACL2 的一个内置运算符。该运算符已经由 ACL2 系统内部完成定义，因此图 4.11 中给出的定义是冗余的，如果你试图去定义它，ACL2 系统将会告诉你这一点。我们将很快开始定义一些不是内置的运算符，那么这些定义就不是冗余的。这个熟悉的例子可以让我们对此有个初步的理解。

公理 {append}
(**append**(**cons** x xs) ys) = (**cons** x(**append** xs ys))   {app1}
(**append** **nil** ys) = ys {app0}

(defun append (xs ys)   ; 内置运算符，所以 defun 是多余的
  (if (consp xs)   ; 选择公式
      (cons (first xs) (append (rest xs) ys))   ; {app1}，xs 不空
      ys))   ; {app0}，xs 空

图 4.11 定义连接运算符：**append**

那么现在你知道了。我们一直在使用这种方式编写程序，并把它们当做公理来进行处理。这就是我们想让你学会的思考方式。程序是一组由等式表示的公理组成的集合，可以使用这些等式指定运算符具有你所希望的属性。你可以使用这些等式进行推理，推理方法与使用布尔等式或数值等式进行推理的方法相同。这个程序是用一种编程语言的语法编写的，因此看上去会有些不自然。编程语言就是这样，因为它们有自己的语法，程序的编写必须遵守语法。如果你坚持使用这个程序，就可以让计算机进行计算并且对计算结果的正确性抱有信心。

由于定义必须使用 ACL2 语法，因此它们看起来不太像等式。但是，如果它们是完备的、一致的和可计算的（图 4.10），那么它们算出来的值将具有你从这些等式中所导出的属性。虽然它们可能不能获得所期望的所有属性，而且还可能有漏洞，但是可以通过自动化测试（**defproperty**）和 ACL2 的机械化逻辑辅助推理机制来修复它们。

下面，我们将同时以 ACL2 **defun** 和手工推理这两种形式，给出一些非 ACL2 内置运算符的定义（因此，这些定义是有必要的）。由 ACL2 给出的定义使得通过自动测试和机械化逻辑方式实现对运算符一些属性的校验变为可能。当所讨论的运算符是 ACL2 系统内置运算符的时候，有时就不会提供其 **defun** 版本的公理，只会提供用于手工推理的公理。自动测试和机械化逻辑将使用 ACL2 系统中内置的属性。

4.4 连接、前缀和后缀

如果我们将两个列表 xs 和 ys 连接起来，那么就可以通过在这个连接起来的列表中删除一些元素的方式来重新得到列表 ys 中的元素。那么我们需要删除多少元素？这取决于 xs 中元素的个数。如果列表 xs 中具有 n 个元素，并且从 (**append** xs ys) 中删除 n 个元素，那么得到的结果就与列表 ys 相同。我们可以使用 ACL2 中一个名为 **nthcdr** 的内置运算符实现这种操作。**nthcdr** 运算符有两个操作数：一个是自然数、一个是列表。公式 (**nthcdr** n xs) 计算结果是一个类似于 xs 的列表，但没有 xs 的前 n 个元素。如果 xs 包含的元素个数小于 n，则由该公式得到一个空列表。在任何情况下，**nthcdr** 总是输出作为其第二个操作数的列表的后缀。

如果第一个操作数（要删除的元素个数）是 0，那么 **nthcdr** 将得到整个列表，这是因为没有删除任何元素。如果第二个操作数没有元素，那么 **nthcdr** 将得到一个空列表。结合这两个结论，可以发现，如果 n 为 0 或 xs 没有元素，那么列表 xs 就是 (**nthcdr** n xs) 的输出。

信息框 4.6 自然数谓词：零 (**zp**) 和非零数 (**posp**)

谓词 **posp** 用于测试自然数域中的非零值。在 ACL2 逻辑中，如果 n 是非零自然数（即正整数），那么公式 (**posp** n) 的值为真；如果 n 不是自然数或 n 为 0，那么 (**posp** n) 的值为假。这一点使得 **posp** 在面向自然数的归纳定义中特别有用。你可能会认为，对于 (> n 0) 会得到同样的结果，但这是不行的。因为这个公式没有限定 n 是一个自然数，而很多归纳定义需要这样的限制。

谓词 **zp** 赋予同样约束，不过当它的操作数是 0 时结果为真，反之为假。**zp** 和 **posp** 对依赖于自然数域的归纳定义都可以发挥确保所定义运算符能够正常终止的作用。

其余的可能性是 n 不为 0 且 xs 不为空。因为第一个操作数是自然数，所以非零数与不小于 1 的数的含义相同。在这种情况下，(**nthcdr** n xs) 可以得到一个与删去 xs 第一个元素后，再删去 $(n-1)$ 个元素一样的列表。总之，这两种方式都会删去 n 个元素。图 4.12 所示的公理将这些结果表示为等式。

图中还包含了关于 **nthcdr** 的 ACL2 定义，当然这是多余的，因为 **nthcdr** 是 ACL2 系统的内置运算符⊖。该定义使用谓词 **consp**（图 4.2）来查找列表是否包含一些元素，并使 ｜94｜ 用谓词 **posp** 确定需要删除元素的数量是一个还是多个。我们可以使用与运算将这些谓词连接起来，ACL2 系统使用逻辑与 (∧) 表示与运算。如果 a 或 b 为假，那么 (**and** a b) 的值是假，否则 (**and** a b) 的值为真。

图 4.12 中的等式涵盖了 **nthcdr** 操作数所有可能的取值组合。第一个操作数是一个自然数，所以它不是 0 就大于 0。第二个操作数是一个列表，它要么是空列表，要么不是。因此该定义是完备的，涵盖了所有可能的情况，而且这些情况之间没有重叠，所以我们不需要担心公理之间的一致性问题。

⊖ 如果你提交了 nthcrd 的定义，系统将通知你冗余。

```
                              公理 {nthcdr}

(nthcdr(n+1)(cons x xs)) = (nthcdr n xs)                          {sfx1}

(nthcdr n xs) = xs                                               {sfx0}

注 1：仅当 {sfx1} 不满足时才引用 {sfx0}。
注 2：n 是一个自然数。
(defun nthcdr (n xs)                         ; 内置运算符，所以 defun 是冗余的
  (if (and (posp n) (consp xs))              ; 选择公式
      (nthcdr (- n 1) (rest xs))            ;{sfx1}
      xs))                                   ;{sfx0}
```

图 4.12 列表后缀提取器的定义：**nthcdr**

信息框 4.7 Fall-Through 公理

nthcdr 的公理（图 4.12）中有一个需要讨论的微妙之处。公理 {sfx1} 中的操作数原型适用于第一个操作数是非零自然数（在 n 为自然数时，$n+1$ 不可能为 0）且第二个操作数不是空列表的情形。然而，公理 {sfx0} 中的操作数原型适用于任何情形。因此我们需要使用一个备注，以防止在第一个公理不适用的场合下引用第二个公理。**len** 运算符的定义也有一个与此类似的 fall-through 公理（图 4.5）。

通常使用操作数原型实现对公理的声明。这些公理将操作数约束为特定的形式，但是在关于 **nthcdr** 的公理声明中，注 2 符合公式 (**if** $p\,a\,b$) 的含义，(**if** $p\,a\,b$) 只有在 p 为 **nil**（代表假）时才选择公式 b。因为 {sfx0} 仅在其操作数原型与引用 **nthcdr** 的公式中操作数不匹配时才适用，所以这两个公理不会共享操作数的任何取值组合，因此这两个公理的指定结果不会不一致。

这就涵盖了运算符归纳定义 3C 准则（图 4.10）中的两个：公式的完整性和一致性。第三条原则（可计算性原则）分为两个部分，其中一部分要求至少有一条公理必须是非归纳的。{sfx0} 公式就是非归纳的，因为 **nthcdr** 运算符在等式的右边没有被调用。此时，**nthcdr** 只能将它的第二个操作数作为输出。所以，公理符合可计算原则的这个部分。

对于归纳公理 {sfx1}，等式右边的操作数比左边的操作数小且短，使得右边的操作数更接近非归纳的状态。当右边的操作数退化到第一个操作数为 0 或第二个操作数为空列表时，就可以使用公理 {sfx0}。因此，等式符合 3C 准则，我们可以得出定义了一个运算符的结论。

现在，我们可以验证 **append** 和 **nthcdr** 这两个运算符之间的关系。也就是说，要证明：如果将列表 xs 和 ys 连接起来，然后从连接起来的列表中删除前 (**len** xs) 个元素，那么将会得到列表 ys。当 xs 包含 n 个元素时，我们可以使用 $S(n)$ 作为这个属性的缩写。

$$S(n) \equiv ((\textbf{nthcdr } (\textbf{len}[x_1\,x_2\cdots x_n])(\textbf{append}[x_1\,x_2\cdots x_n]\,ys)) = ys$$

S 是一个自然数为索引变量的谓词，因此我们可以考虑使用数学归纳法证明公式 $\forall n.S(n)$。使用数学归纳法（图 4.9）证明这个公式需要论证以下两点：（1）公式 $S(0)$ 为

真；（2）无论 n 代表什么自然数，如果 $S(n)$ 为真，那么公式 $S(n+1)$ 为真。

首先证明 $S(0)$ 为真。当 n 为 0 时，列表 $[x_1 x_2 \cdots x_n]$ 为空：$[x_1 x_2 \cdots x_n] = \textbf{nil}$。由 {nlst} 公理（图 4.3）可知 $S(0)$ 代表下列公式：

$$S(0) \equiv ((\textbf{nthcdr}(\textbf{len nil})(\textbf{append nil } ys)) = ys)$$

与通常对等式的证明一样，我们从该等式的某一边的公式开始，通过使用已知的等式将该公式等值地转化为该等式另外一边的公式。

$$
\begin{aligned}
&(\textbf{nthcdr } (\textbf{len nil})(\textbf{append nil } ys)) \\
= &(\textbf{nthcdr } (\textbf{len nil}) \, ys) && \{\text{app0}\} \\
= &(\textbf{nthcdr } 0 \, ys) && \{\text{len0}\} \\
= &\ ys && \{\text{sfx0}\}
\end{aligned}
$$

这样就完成了对 $S(0)$ 为真的证明。图 4.13 给出了由假设 $S(n)$ 为真得到 $S(n+1)$ 为真的归纳步骤的证明。在这个证明过程中的最后一步引用了 $S(n)$。这一步需要一点技巧，因为 $S(n)$ 表示的公式与下一个证明步骤中使用的公式并不完全相同。我们使用 $S(n)$ 定义的公式 $[x_1 x_2 \cdots x_n]$ 来表示包含 n 个元素的任意列表。而列表 $[x_2 \cdots x_{n+1}]$ 中元素的编号从 2 开始一直到 $n+1$，这意味着表中必须包含 n 个元素（{nlst}，图 4.3）。我们使用这种解释，就可以使得下一步使用的公式与 $S(n)$ 定义的公式相匹配，因此在证明最后一步通过引用 $S(n)$ 来证明关于 ys 的变换是合理的。我们将会在关于列表的证明过程中，频繁地引用这个关于数列解释的公理 {nlst}。

96

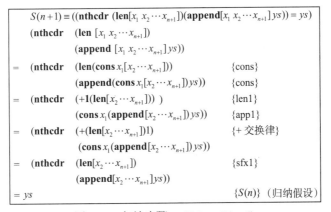

图 4.13 归纳步骤：$S(n) \to S(n+1)$

此时，已知运算符 $(\textbf{append } xs \, ys)$ 输出一个尾部为正确元素的列表。那么，如何得到头部正确的列表？我们希望所得列表包含的元素从列表 xs 的元素开始，因此如果从运算符 $(\textbf{append } xs \, ys)$ 中提取前 n 个元素，其中 n 为 $(\textbf{len } xs)$，那么可以预期得到一个与 xs 一样的列表。为了完成以上操作，需要一个名为 $\textbf{prefix}$ 的运算符。这个运算符可以根据给定数字 n 和一个列表 xs，得到 xs 的前 n 个元素。下面考察 $\textbf{prefix}$ 运算符的性质。

当然，如果 n 为 0 或者 xs 为空，那么 $(\textbf{prefix } n \, xs)$ 肯定是一个空列表。如果 n 是非零

自然数且 *xs* 不为空，那么 (**prefix** *n xs*) 的第一个元素一定是 *xs* 的第一个元素，且其他元素一定是 (rest *xs*) 的前 $n-1$ 个元素。图 4.14 给出了用于定义 **prefix** 运算符的公式。我们可以从这些公式和关于 **append** 的公理中推导出 **append** 的前缀属性（图 4.11）。我们可以使用数学归纳法证明 $\forall n.P(n)$ 为真，其中谓词 *P* 的定义如下：

$$P(n) \equiv ((\textbf{prefix}(\textbf{len}[x_1\ x_2 \cdots x_n])(\textbf{append}[x_1\ x_2 \cdots x_n]\ ys)) = [x_1\ x_2 \cdots x_n])$$

根据数学归纳法的证明要求，我们将证明 $P(0)$ 为真，并且当 $P(n)$ 为真时，$P(n+1)$ 为真。通过引用 {归纳法}，就可以根据两个证明得出结论：$\forall n.P(n)$ 为真。

在证明关于 **append** 的后缀定理时，从 $P(0)$ 等式某一边的公式开始，通过使用一些已知等式逐步将该边的公式等值地转化为 $P(0)$ 等式另一边的公式。

公理 { prefix }	
$(\textbf{prefix}(n+1)(\textbf{cons}\ x\ xs)) = (\textbf{cons}\ x\ (\textbf{prefix}\ n\ xs))$	{pfx1}
$(\textbf{prefix}\ n\ xs) = \textbf{nil}$	{pfx0}

注 1：只有在 {pfx1} 不满足时才引用 {pfx0}。
注 2：*n* 是一个自然数。

```
(defun prefix (n xs)
  (if (and (posp n) (consp xs))
    (cons (first xs) (prefix (- n 1) (rest xs)))   ; {pfx1}
    xs))                                            ; {pfx0}
```

图 4.14　列表前缀提取器 **prefix** 的定义

$$P(0) \equiv ((\textbf{prefix}\ (\textbf{len}\ \textbf{nil})(\textbf{append}\ \textbf{nil}\ ys)) = \textbf{nil})$$

$$(\textbf{prefix}(\textbf{len}\ \textbf{nil})(\textbf{append}\ \textbf{nil}\ ys))$$

$$= (\textbf{prefix}\ 0\ (\textbf{append}\ \textbf{nil}\ ys)) \qquad \{\text{len0}\}$$

$$= \textbf{nil} \qquad \{\text{pfx0}\}$$

这就证明 $P(0)$ 为真。图 4.15 给出了 $P(n) \rightarrow P(n+1)$ 的证明过程。现在我们得到了如下三个关于 **append** 运算符的重要定理：

Additive-length 定理：$(\textbf{len}(\textbf{append}\ xs\ ys)) = (+(\textbf{len}\ xs)(\textbf{len}\ ys))$

Append-prefix 定理：$(\textbf{prefix}\ (\textbf{len}\ xs)(\textbf{append}\ xs\ ys)) = xs$

Append-suffix 定理：$(\textbf{nthcdr}(\textbf{len}\ xs)(\textbf{append}\ xs\ ys)) = ys$

这些定理合起来保证了 **append** 连接运算符可以实现预期的功能。我们可以认为这些定理是 **append** 的正确属性。当然，**append** 运算符还有很多其他的性质。这些定理的相对重要性取决于我们如何使用它们。有时候需要知道关于连接运算的一个很重要的性质，就像数值代数里的加法和乘法一样（图 2.1），即连接运算满足结合律。也就是说，如果要连接三个列表，可以将第一个列表与后面两个列表连接起来。或者，可以先将前两个列表连接起来，然后在末尾附加上第三个列表。

定理 {app-assoc}：$(\textbf{append}\ xs(\textbf{append}\ ys\ zs)) = (\textbf{append}\ (\textbf{append}\ xs\ ys)zs)$

我们可以通过数学归纳法证明上述 **append** 的结合律，以自然数域为论域的谓词开始进行证明。

目标是证明公式 $(\forall n.A(n))$ 为真。我们将该定理的证明留作练习。

$$A(n) \equiv (\textbf{append}[x_1\ x_2 \cdots x_n](\textbf{append}\ ys\ zs)) = (\textbf{append}(\textbf{append}[x_1\ x_2 \cdots x_n]\ ys)zs)$$ 98

$$
\begin{aligned}
&(\textbf{prefix}(\textbf{len}[x_1\ x_2 \cdots x_{n+1}]) \\
&\qquad (\textbf{append}[x_1\ x_2 \cdots x_{n+1}]\ ys)) \\
&= (\textbf{prefix}(\textbf{len}(\textbf{cons}\ x_1[x_2\ x_3 \cdots x_{n+1}])) && \{\text{cons}\} \\
&\qquad (\textbf{append}(\textbf{cons}\ x_1[x_2\ x_3 \cdots x_{n+1}])\ ys)) \\
&= (\textbf{prefix}(+1(\textbf{len}[x_2 x_3 \cdots x_{n+1}])) && \{\text{len1}\} \\
&\qquad (\textbf{cons}\ x_1(\textbf{append}[x_2\ x_3 \cdots x_{n+1}])\ ys)) && \{\text{app1}\} \\
&= (\textbf{cons}(\textbf{first}(\textbf{cons}\ x_1[x_2\ x_3 \cdots x_{n+1}])) \\
&\qquad (\textbf{prefix}\ (-(+1(\textbf{len}[x_2\ x_3 \cdots x_{n+1}]))1) && \{\text{pfx1}\} \\
&\qquad\quad (\textbf{rest}\ (\textbf{cons}\ x_1\ (\textbf{append}\ [x_2\ x_3 \cdots x_{n+1}]\ ys))))) \\
&= (\textbf{cons}\ x_1 && \{\text{fst}\} \\
&\qquad (\textbf{prefix}(\textbf{len}[x_2\ x_3 \cdots x_{n+1}]) && \{\text{算术}\} \\
&\qquad\quad (\textbf{append}[x_2\ x_3 \cdots x_{n+1}]\ ys))) && \{\text{rst}\} \\
&= (\textbf{cons}\ x_1 \\
&\qquad [x_2\ x_3 \cdots x_{n+1}]) && \{P(n)\} \\
&= [x_2\ x_3 \cdots x_{n+1}] && \{\text{cons}\} \\
&P(n+1) \equiv ((\textbf{prefix}(\textbf{len}[x_1\ x_2 \cdots x_{n+1}])(\textbf{append}[x_1\ x_2 \cdots x_{n+1}]\ ys)) = [x_1\ x_2 \cdots x_{n+1}])
\end{aligned}
$$

图 4.15　归纳证明：$\forall n.P(n) \rightarrow P(n+1)$

习题

1. 证明 {app-assoc} 定理。

2. 证明 $\forall n.((\textbf{rest}[x_1\ x_2 \cdots x_n]) = (\textbf{nthcdr}\ 1\ [x_1\ x_2 \cdots x_n]))$。

3. 证明：$\forall n.((\textbf{len}(\textbf{rep}\ n\ x)) = n)$　　{rep-len}。

rep 运算符定义如下：

```
(defun rep (n x)
  (if (posp n)
      (cons x (rep (- n 1) x))   ; {rep1}
      nil))                      ; {rep0}
```

4. 证明定理 {app-nil}：$\forall n.([x_1\ x_2 \cdots x_n] = (\textbf{append}[x_1\ x_2 \cdots x_n]\textbf{nil}))$。

5. 证明：$\forall n.((\textbf{nthcdr}(\textbf{len}\ [x_1\ x_2 \cdots x_n])(\textbf{append}\ [x_1\ x_2 \cdots x_n]\textbf{nil})) = \textbf{nil})$。

6. 证明以下推论：

$$\forall n.((\textbf{member-equal}\ y\ (\textbf{rep}\ n\ x)) \rightarrow (\textbf{member-equal}\ y(\textbf{cons}\ x\ \textbf{nil})))\qquad \{\text{rep-mem}\}$$

在习题 3 中已经对运算符 **rep** 做出定义，等式 {mem0} 和 {mem1} 是对谓词 **member-equal** 的定义。

$$(\textbf{member-equal}\ y\ (\textbf{cons}\ x\ xs)) = (\textbf{equal}\ y\ x)\ \lor\ (\textbf{member-equal}\ y\ xs)\qquad \{\text{mem1}\}$$

$$(\textbf{member-equal}\ y\ \textbf{nil}) = \textbf{nil}\qquad \{\text{mem0}\}$$

99

机械化逻辑

如第 4 章所述，代数等式的证明依赖于公式中的语法元素与公理和定理中的模板匹配。证明过程首先从定理中等式的某一边公式开始，通过引用一些已知公式将这个公式转换成另一个具有相同含义的公式，然后逐步将公式等值地转换成定理中等式的另一边公式。在这个细致的语法转换过程中，人们很容易犯一些错误，但是计算机可以完美地执行这个过程，使得人们不必专注于具体的语法细节。

信息框 5.1 ACL2 的学习目标

本书的目的之一是帮助读者学习使用缜密的逻辑进行软件验证，并以归纳等式形式给出的软件的性质。另一个目的是提供一个说明机械化逻辑如何进行这种形式化推理的基本线索，使得人们更加相信这种推理的结论。如果我们能够根据这些例子的大体框架成功地完成一些练习，那么就能对机械化逻辑能做什么有一个基本的了解，不过熟练掌握这些工具还需要大量的学习和经验。

ACL2 是一种能够提供辅助证明功能的机械化逻辑系统。ACL2 证明引擎中的采用的定理与 Proof Pad 中 DoubleCheck 测试属性相同。ACL2 具有一种内置的方法用于寻找归纳证明，并且可以在没有指导的情况下成功实现对某些定理的证明。然而，ACL2 在大多数情况下需要一些帮助才能完成证明过程。任何情况下，ACL2 都会自动检查证明的具体细节。

为了说明 ACL2 是如何工作的，我们回到在第 4 章讨论的一些定理。正如你所料，ACL2 系统的语法是使用前缀法进行公式表示的。我们还需要讨论一些其他问题，但是从目前你使用 DoubleCheck 的经验来看，应该比较熟悉这些定理的表示形式。

5.1 ACL2 定理与证明

第 4 章中第一个数学归纳法证明了列表连接运算的加法律（参见 4.2 节）。该定理的结论是 $(\forall n.L(n))$ 为真，其中 $L(n)$ 表示下列等式：

$$L(n) \equiv ((\mathbf{len}\ (\mathbf{append}[x_1\ x_2\cdots x_n]ys)) = (+(\mathbf{len}[x_1\ x_2\cdots x_n])(\mathbf{len}\ ys)))$$

我们在第 3 章定义了这个等式的一个 DoubleCheck 测试。

```
(defproperty additive-law-of-concatenation-test
    (xs :value (random-list-of (random-natural))
     ys :value (random-list-of (random-natural)))
```

```
(= (len (append xs ys))
   (+ (len xs) (len ys))))
```

信息框 5.2　非形式化：$[x_1\ x_2\cdots x_n]$ 与 *xs*

$A(xs, ys) \equiv ((\textbf{len}\ (\textbf{append}\ xs\ ys)) = (+(\textbf{len}\ xs)(\textbf{len}\ ys)))$　　　　形式化

$L(n) \equiv ((\textbf{len}\ (\textbf{append}[x_1\ x_2\cdots x_n]ys))$　　　　　　　非形式化

$\qquad\qquad = (+ (\textbf{len}[x_1\ x_2\cdots x_n])\ (\textbf{len}\ ys)))$

$(\forall n.L(n))$ 的证明适用于任意具有 *n* 个元素的列表，无论列表里的元素是什么。公式 $(\forall xs.(\forall ys.A(xs, ys)))$ 是它的一个更为形式化的表达，其中 *A* 是一个谓词。*A* 的论域是以列表对为元素的集合。如果 $(\forall n.L(n))$ 的证明避免了以任何方式依赖于列表 $[x_1\ x_2\cdots x_n]$ 和 *ys* 所表示的元素，那么这种证明就达到了这种具备严格性的目标（虽然这种证明不是完全形式化的）。

此外，该证明假设任何长度为 *n* 的列表都有一个形如 $[x_1\ x_2\cdots x_n]$ 的表示。下面的公理 {lst} 使用约束变量 *xs* 和 *n* 来表示这个假设，其中 *xs* 代表列表且 *n* 代表自然数。公式 $[x_1\ x_2\cdots x_n]$ 表示来自特定域的 *n* 个元素组成的列表。

$$\text{公理 \{lst\}: } (\forall xs.(\exists n.(\exists[x_1\ x_2\cdots x_n].(xs = [x_1\ x_2\cdots x_n]))))$$

当然，DoubleCheck 规范不能适用于数量化列表这种非形式化的符号。我们应该使用变量 **xs** 来指定列表。除了关键字 **defproperty**（变为 **defthm**）和随机数据生成器（由 **:value** 关键字引入）之外，与该属性对应定理的 ACL2 表述与属性规范相同。这些随机数据生成器不会出现在定理的表述中。ACL2 中的定理语句以 **defthm** 关键字开头，紧随其后的是定理的名称，接着是用于陈述定理内容的布尔公式。 |102|

```
(defthm additive-law-of-concatenation-thm
  (= (len (append xs ys))
     (+ (len xs) (len ys))))
```

ACL2 的机械化逻辑能够使定理的证明变得完全自动化。ACL2 遵循自带的启发式程序找到一个归纳方案，并自己完成证明。如果我们需要使用 ACL2 证明某个定理，则可以将定理输入到 Proof Pad 对话框中，然后单击绿色的 proof bar（图 5.1）。这样 ACL2 就会自动证明这个定理，机械化逻辑证明成功之后会在 proof bar 上显示一个对号。

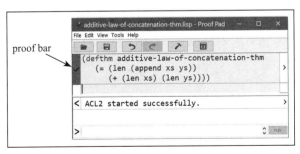

图 5.1　带 proof bar 的 Proof Pad

5.2 使用已证的定理库

append-suffix 定理指出，如果 **append** 运算符的第一个操作数是一个长度为 n 的列表，那么从连接后的列表的头部删除 n 个元素就会生成 **append** 的第二个操作数。在第 4.4 节中，我们以 $\forall n.S(n)$ 的形式说明了这个定理，其中 $S(n)$ 表示下列等式：

$$S(n) \equiv ((\mathbf{nthcdr}\ (\mathbf{len}[x_1\ x_2\ \cdots\ x_n])(\mathbf{append}\ [x_1\ x_2\ \cdots\ x_n]ys)) = ys)$$

在 ACL2 符号中，该定理的定义采用以下形式：

```
(defthm append-suffix-thm
  (equal (nthcdr (len xs) (append xs ys))
         ys))
```

我们可以使用机械化逻辑证明这个定理，但证明过程依赖数值代数里的一些等式。幸运的是，ACL2 专家已经证明了很多这些能够作为定理的等式。这些等式在 ACL2 系统以 "certified books"（ACL2 术语，指被机械化逻辑成功证明的一组定理）的形式存在，且可以随时被引用。在一本名为 **arithmetic-3/top** 的库中包含了这些来自代数的定理，机械化逻辑可以引用这些定理来证明 append-suffix 定理。**include-book** 指令可以将这些定理导入 ACL2 系统。

```
(include-book "arithmetic-3/top" :dir :system)
```

如图 5.2 所示，为了使库中定理能够在 ACL2 的证明过程中得到引用，我们将这种引用定理的指令置于 **defthm** 命令之前，其中 defthm 是用来定义要证明定理的指令单。点击 proof bar 后就开始运行机械化逻辑，完成证明后在 proof bar 上会显示一个对号。你可以自己在 Proof Pad 中尝试一下，输入图 5.2 所示的 **include-book** 指令和定理定义，然后点击 proof bar，看看会发生什么。

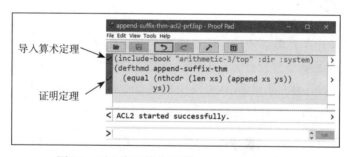

图 5.2 引入定理简化证明：append-suffix 定理

习题

1. 在 ACL2 中定义 **append**（{app-assoc}）的结合律，并使用 Proof Pad 在 ACL2 机械化逻辑中运行它。如果你正确地说明定理，ACL2 就会成功的证明它⊖。

⊖ 机械化逻辑的先驱、ACL2 的主要开发者 J Strother Moore 认为，append 的结合律是机械化逻辑早期工作中的一个驱动性例子，也是该系统最早的自动证明的定理之一。

103

2. 在 ACL2 中定义以下定理并用机械化逻辑证明：

$$\forall xs.((\mathbf{len}\ (\mathbf{nthcdr}\ (\mathbf{len}\ xs)\ xs)) = 0)$$

5.3 约束定理

第 4.4 节中另一个手工证明是 append-prefix 定理，该定理证明涉及 prefix 运算符。

```
(defun prefix (n xs)
  (if (and (posp n) (consp xs))
      (cons (first xs) (prefix (- n 1) (rest xs)))  ; {pfx1}
      nil))                                          ; {pfx0}
```

如手工证明过程所述，append-prefix 定理形如 $\forall n.S(n)$，其中 $S(n)$ 表示某个数字编号的列表。这个定理在 ACL2 术语中使用一个变量来指定某个列表。

Theorem {append-prefix}: $\forall n.S(n)$

其中 $S(n) \equiv ((\mathbf{nthcdr}(\mathbf{len}[x_1\ x_2\cdots x_n])(\mathbf{append}[x_1\ x_2\cdots x_n)\ ys)) = ys)$

```
(defthm append-prefix-thm-NOT-QUITE-RIGHT
  (equal (prefix (len xs) (append xs ys))
         xs))
```

然而，上述关于定理的表述并不完全正确，如果你想知道原因就需要了解一些尚未介绍的关于列表的知识。在 ACL2 中，一个*真列表*要么是 nil（空列表），要么是 (**cons** x xs) 的值，其中 xs 为真列表。当谓词 **true-listp** 的操作数为真列表时，结果为真，反之则为假。

我们可以使用归纳法验证 **prefix** 运算符的输出结果恒为真列表。(**prefix** 0 xs) 的值为 **nil**，这样就解决了基础步骤。(**prefix** $(n+1)$ xs) 的值要么是 **nil**（仍然为真列表），要么为 (**cons** (**first** xs) (**prefix** n (**rest** xs)))。根据归纳假设，我们可以假设 (**prefix** n (**rest** xs)) 是一个真列表，也就是说 (**cons** (**first** xs) (**prefix** n (**rest** xs))) 为真列表（根据"真列表"的定义）。这样我们就通过数学归纳法证明了 (**prefix** n xs) 恒为真列表。

如果 **cons** 的第二个操作数不是真列表，那么得到的输出结果也不是真列表。例如，(**cons** 2 1) 的结果就不是一个真列表，因为 1 不是真列表。公式 (**cons** 3 (**cons** 2 1)) 的结果也不是真列表，因为第二个操作数 (**cons** 2 1) 不是真列表。然而，(**len** (**con** 3 (**cons** 2 1))) 的结果为 2，你可以使用公理算出来，或用更简单的方法，将公式交给 ACL2 计算。类似的计算结果表明 (**prefix** (**len** (**cons** 3 (**cons** 2 1)))(**cons** 3 (**cons** 2 1))) 是 (**cons** 3 (**cons** 2 **nil**))，而不是 (**cons** 3 (**cons** 2 1))。也就是说，如果 xs 为 (**cons** 3 (**cons** 2 1))，那么 (**prefix** (**len** xs) (**append** xs ys)) 不等于 xs。如果 xs 为 (**cons** 3 (**cons** 2 1))，那么定理 append-prefix-thm-NOT-QUITE-RIGHT 保证的公式就不能成立。因为定理不能有特例，所以定理 append-prefix-thm-NOT-QUITE-RIGHT 不为真。

信息框 5.3 用蕴含式约束定理的域

　　以蕴含形式 $x \to y$ 存在的定理表示，当假设 x 为真时，结论 y 为真。但是，当假设为假时，我们无法得出结论 y 的状态。ACL2 中的 (**implies** x y) 与布尔公式 $x \to y$

等价。例如，我们可以从 $u < v$ 得到 $u - 1 < v - 1$。这个例子在 ACL2 中由蕴含式进行说明。

```
(defthm simple-theorem-about-numbers
  (implies (< u v)
           (< (- u 1) (- v 1))))
```

然而，只有当变量 xs 取值为真列表时，定理才为真。从 4.4 节中对定理 append-prefix 的描述可知，xs 是数字编号的列表 $[x_1 \, x_2 \cdots x_n]$，由定义可知该列表是一个真列表。由于在 ACL2 中不允许使用编号列表语法，因此我们必须对 true-list 进行显示的限制，需要在蕴含式上加必要的约束。

```
(defthm append-prefix-thm
  (implies (true-listp xs)
           (equal (prefix (len xs) (append xs ys))
                  xs)))
```

106

现在我们有通过手工证明确定为正确的定理。ACL2 可以使用机械化逻辑实现对这个定理的证明，但是，如 append-suffix 定理的情况一样（图 5.2），证明过程中需要引用一些关于数值代数的定理。图 5.3 具体表示了某个 Proof Pad 引用一些数值代数定理并定义了 prefix 运算符，然后声明并证明了这个定理的过程。从图中可以看出，当 ACL2 收到 prefix 运算符定义时，它"允许"了 prefix 运算符。这表明 ACL2 允许将该定义加入到参与机械化推理过程的实体范围中。信息框 5.4 解释了这意味着什么。

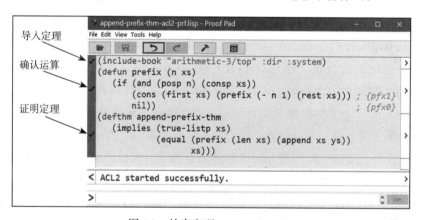

图 5.3　约束定理：append-prefix

信息框 5.4　ACL2 必须证明运算符终止

图 5.3 中有一个标为"admit operator"的步骤。这是 ACL2 在接受运算符进入其机械化逻辑过程中使用的术语。可能无法终止运算符所在的域与被限制为保证在有限步数内完成计算的运算符所在的域相比，前者会产生更加复杂的推理过程。为了更好地在机械化证明方面取得成功，ACL2 不会处理有可能不终止的运算符。只有验证了运算符可以在所有情况下终止时，ACL2 才会允许这个运算符进入它的逻辑

> 域。有时，通过定义一个运算符，可以使得 ACL2 能够证明终止性，这本就是一个主要的工程，包括引入定理或提出新的定理来促进推理过程。性能具有保证的硬件和软件并不容易获得。

习题

1. 在 ACL2 中定义 {rep-len} 定理，并使用 Proof Pad 通过机械化逻辑运行它。（提示：使用 **natp** 来限制 **rep** 的第一个操作数）。

2. 第 4.4 节的习题 5 需要手工证明以下命题：$\forall xs.((\text{nthcdr (len } xs) xs) = \text{nil}$。在 ACL2 中定义这个定理，并根据机械化逻辑来证明它。

3. 当 xs 有确定的约束条件时，公式 (**equal** (**prefix** (**len** xs) xs) xs) 为真。在 ACL2 中，以这个等式为结论，定义这个定理，并根据机械化逻辑证明它。

5.4 辅助机械化逻辑工作

ACL2 的机械化逻辑能够在不受帮助的情况下实现对 5.1 节定理的证明。为了证明第 5.2 节的定理，ACL2 需要引入一些打包在专家所开发定理库中的已证定理。这些都是我们为了入门机械化证明而精心挑选的例子。机械化逻辑证明过程通常需要使用打包在定理库中的已证定理，并根据特定的目标需求选择特定的定理。也就是说，为了能够机械化证明 ACL2 所定义运算符的一些复杂性质，我们通常需要事先证明一些简单性质，以供机械化逻辑在自动证明复杂性质时引用。

适当选择一些 ACL2 可以证明的简单性质，并据此构建比较复杂的证明，需要一定洞察力和创造力。这就是手工证明的经验能够派上用场的地方。你可以通过构思证明中主要步骤来设计策略，将这些步骤作为独立的定理进行陈述，并逐个证明它们，从而建立一套有用的定理体系，使得机械化逻辑可以引用这些定理来完成证明。

考察一个实例的具体运作过程可能会有所帮助。斐波那契（Fibonaci）数列是一个经过充分研究的序列，科学家们使用该序列研究叶子和花的发育模式、动物种群的增长率和其他自然现象。该序列可以使用斐波那契方程进行归纳定义（图 5.4）。

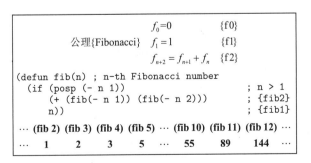

图 5.4　斐波纳契数列

我们可以通过 ACL2 定义的斐波那契运算符 **fib** 来理解代数等式。对于大于或等于 2 的操作数 n（即 $(n-1)$ 为正自然数），可以使用归纳公式 $(\text{\textbf{fib}}(n-1)) + (\text{\textbf{fib}}(n-2))$ 进行计算。对于更小的操作数，ACL2 将斐波那契数定义为该操作数：由公理 {f0} 可得 $(\text{\textbf{fib}}\,0) = f_0 = 0$；由公理 {f1} 可得 $(\text{\textbf{fib}}\,1) = f_1 = 1$。

我们确信 $\forall n.((\text{\textbf{fib}}\,n) = f_n)$，因为 ACL2 对 **fib** 的定义是对斐波那契等式的直接转化。我们可以把 **fib** 运算符当作计算器来计算一些斐波那契数。对于比较小的数字，计算会比较很便捷。但是当 n 大于几十时，就需要大量的计算步骤，才能从斐波那契公理中推出 $(\text{\textbf{fib}}\,n)$。例如，虽然 $(\text{\textbf{fib}}\,30)$ 的计算速度很快，但是如果让 ACL2 计算 $(\text{\textbf{fib}}\,40)$，将看到明显的计算延迟，并且需要等待很长时间才能得到 $(\text{\textbf{fib}}\,50)$。

其中的原因不难看出。使用公理计算 $(\text{\textbf{fib}}(n+2))$ 需要先计算 $(\text{\textbf{fib}}\,(n+1))$，然后计算 $(\text{\textbf{fib}}\,n)$，最后将这两个数相加。计算 $(\text{\textbf{fib}}\,n)$ 需要很多计算步骤，计算 $(\text{\textbf{fib}}(n+1))$ 比计算 $(\text{\textbf{fib}}\,n)$ 还要花更多的时间。因此 $(\text{\textbf{fib}}\,(n+2))$ 的计算步骤是 $(\text{\textbf{fib}}\,n)$ 的两倍多，也就是说，当 n 增加 2 时，计算步骤增加了一倍多。

108

如果用 c_n 表示计算 $(\text{\textbf{fib}}\,n)$ 的步骤，那么上述关于倍增的观察结果相当于归纳关系 $c_{n+2} \geq 2c_n$。假设计算 $(\text{\textbf{fib}}\,1)$ 至少需要一个计算步骤，我们认为你应该具有足够的经验来证明（当然是使用归纳法）$\forall n.(c_{2n+1} \geq 2^n)$。这就是所谓的指数增长[⊖]。我们至少可以说，这种增长方式是很恐怖的。我们估计一台普通的笔记本电脑计算 $(\text{\textbf{fib}}\,50)$ 需要一个小时，计算 $(\text{\textbf{fib}}\,75)$ 则需要一年以上。

斐波那契公理包含了一个归纳定义。它遵守 3C 准则（图 4.10），因此可以保证在有限数量的计算步骤内得到一个斐波那契数。不幸的是，在有些情况下，需要大量的计算步骤。幸运的是，还有其他解决方案。

如果某个特定的归纳定义导致长时间的计算，那么可能会有另外一个归纳定义存在，该归纳定义可以用较少的计算时间产生相同的结果，斐波那契数就是这种情况。图 5.5 表示使用尾递归方法的另外一个定义[⊖]。尾递归是运算符定义中的一个循环引用，这种引用发生在顶层，这意味着没有将运算符嵌套在公式中以生成另一个运算符的操作

⊖ "指数增长"这一术语经常被提到，但大多数不符合标准数学意义。最常见的用法是描述某物以很快的速度增长，这种说法确实适用于指数增长，但同样适用于二次增长。二次增长经常被认为是指数增长，但是它们根本不是一回事。如果从公理中计算 $(\text{\textbf{fib}}\,n)$ 的计算步骤数以平方的方式而不是以指数的方式增长，那么计算 $(\text{\textbf{fib}}\,40)$ 的时间不会比计算 $(\text{\textbf{fib}}\,30)$ 长很多。

⊖ "递归定义"是"归纳定义"中最常用的术语。我们不说"递归"是因为这个术语经常与基于堆栈的数据结构的计算策略相混淆，我们认为专注于计算细节会模糊递归的含义。我们希望你将归纳（又称递归）定义视为公理方程，可用于对它们定义的运算符进行推理。我们让计算机系统来决定如何进行计算。有时，就像在斐波那契数列问题中那样，归纳定义会导致计算效率低下，我们会寻找更有效的替代方案，但我们不会放弃将运算符定义视为支持推理的公理的观点。如果编程语言允许可变变量，就像大多数编程语言那样，我们将深入研究基于堆栈的递归方式。但是因为它不允许可变变量，因此我们也不深入研究它。

数。运算符 *h* 在公式 (*h*(+ *x* 1)) 的顶层，但嵌套在公式 (+(*h x*) 1) 之中。包括 ACL2 在内的大多数计算系统都能有效地实现尾递归。嵌套递归会产生很多问题。虽然它们并不总是会导致低效的计算，但是有些情况下，如对斐波那契数的计算，会产生低效的计算。

缺点是，关于尾递归定义的推理通常比嵌套递归定义的推理更具挑战性。不过我们可以在这两种递归中均定义同一个运算符，并证明这两种递归得出的结果一致，然后使用高效的定义进行计算，并使用低效的定义简化推理过程。

如果你仔细查看 **fib-fast**（图 5.5）的定义，就会发现尽管 (**gib** *n* 1 0) 看起来应该是第 *n* 个斐波那契数，但这并不明显。我们需要对此进行推理论证。或许 ACL2 可以顺利完成这个推理。我们想证明 ∀*n*.((**fib-fast** *n*) = (**fib** *n*))。可将 ACL2 中的定理表示为

```
(defthm fib=fib-fast ; (fib-fast n) = (fib n)
    (implies (natp n)
             (= (fib n) (fib-fast n))))
```

```
(defun gib (n b a)  ; b = (fib(n-1)), a=(fib(n-2))
   (if (posp (- n 1))
       (gib (- n 1) (+ b a) b)           ; {gib2}
       (if (= n 1)
           b                             ; {gib1}
           a)))                          ; {gib0}
(defun fib-fast (n) ; (fib-fast n)=(fib n)
   (gib n 1 0))      ; (fib 1)=1, (fib 0)=0
```

图 5.5 斐波那契数列：高效计算

ACL2 试图证明这个定理，但并不可行。它至少需要花很长时间，以至于我们中断计算进行其他方面的尝试。我们认为可能需要一些关于数值代数的定理，所以像往常一样引入了 arithmetic-3/top book，但还是不行。计算还是没有什么进展，我们再次中断了计算。

我们猜测 ACL2 可能很难给出一个有效的归纳假设，因此决定让它来证明 **gib** 运算符满足基本的斐波那契公理。也就是说，证明 **gib** 的第 *n* 个值是其前两个值之和（正如公理 {f2} 所示）。该定理在 ACL2 中的表述如下：

```
(defthm gib-inductive-equation ; a la {fib2}
    (implies (posp (- n 1))            ; n > 1
             (= (gib n b a)            ; n-th
                (+ (gib (- n 1) b a)   ; (n-1)th
                   (gib (- n 2) b a))))) ; (n-2)th
```

这次 ACL2 很快就失败了，并说明无法找到一个有效的归纳方法。因此，我们在帮助 ACL2 进行这个方面的尝试上并没有起到作用，但至少 ACL2 可以很快报错。ACL2 可能在基础步骤和归纳步骤方面都需要帮助，因此我们将 **gib** 运算符的基础步骤表述为一个 ACL2 定理。

```
(defthm gib-base-equation ; a la {fib1}
    (= (gib 1 b a) b))
```

这个想法成功了。ACL2 能够证明 gib 的基础等式和 gib 的归纳等式，然后以 **fib=fib-**

fast 定理中定义的形式证明了 $\forall n.((\textbf{fib-fast}\ n)=(\textbf{fib}\ n))$。图 5.6 所示 Proof Pad 中的对号意味着使用 ACL2 的机械化逻辑成功实现了完整的证明。我们在 Proof Pad 中尝试 **fib-fast** 运算符，可以立刻算出斐波那契数 (**fib-fast** n)，即使对于较大的 n 值也是如此。

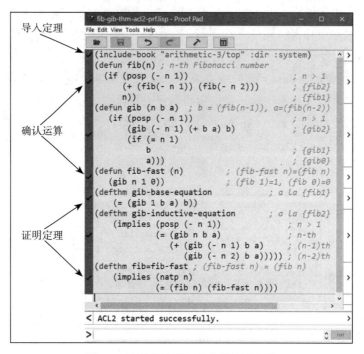

图 5.6   快速斐波那契得出斐波那契数

习题

1. 假设 $c_1 = 1$，$c_{n+2} = 2c_n$。证明 $\forall n.(c_{2n+1} = 2^n)$。

提示：定义 $x_n = c_{2n+1}$。首先，证明 $x_{n+1} = 2x_n$。然后，利用数学归纳法证明 $x_n = 2^n$，再将公式 x_n 转化为公式 c_{2n+1}。

注：$2^0 = 1$，$\forall n.(2^{n+1} = 2 \times 2^n)$ {指数定律}。

5.5   自动化证明及其做不到的事

到目前为止，你已经具备了一些关于证明构造方面的经验，而且如果你和大多数人一样的话，那么你会经常觉得证明十分困难。弄清楚如何证明一个定理并不容易，而且往往是非常困难的。那么，像 ACL2 这样的机械化逻辑是如何成功执行如此困难任务的？ACL2 对定理的证明是如何进行的？

首先，在大多数情况下，它没有这个能力。通过我们仔细构造的例子，ACL2 得以成功地实现了对定理的证明。如果你尝试自己提出某些定理并将它们交给 ACL2 进行证明，你就会发现即使在受到很多帮助的情况下，ACL2 也很难完成对定理的证明。通常你需要自己对证明有一个概述，然后给 ACL2 一系列更小的定理，让它一个接一个地证明，最终完成对你的目标定理的证明。在这个过程中你会遇到很多障碍和策略上的变化。

虽然 ACL2 所要做的事仅仅是填补一些缺口，但是 ACL2 能够成功地实现某些定理的证明已经是一件很了不起的事情。确实很了不起。当研究人员开始尝试将定理证明过程的某些部分进行自动化时，真正有效的工具过了许多年才出现。现在，机械化逻辑在验证数字电路和软件的重要特性方面起到重要作用，不仅在实验室研究，在有截止日期和产品周期的工程项目中也是如此。机械化逻辑系统不仅仅有 ACL2。在过去的半个多世纪里，美国、英国、法国、瑞典和其他地方的杰出研究人员开发了许多套机械化逻辑系统。

信息框 5.5　机械化逻辑：50 年的研究开发，大部分是研究

- ACL2（和前身 nqthm）：J Moore，Robert Boyer，Matt Kaufmann，得克萨斯大学，悠久历史始于爱丁堡大学，然后在施乐帕罗奥多研究中心和斯坦福研究所延续

- LCF，HOL，Isabelle：Robin Milner，Mike Gordon，Lawrence Paulson，斯坦福大学，剑桥大学，爱丁堡大学

- Coq：Thierry Coquand，Gérard Huet，法国国家信息与自动化研究所，哥德堡大学

- PVS：Sam Owre，Natarajan Shankar，John Rushby，斯坦福研究所

- Agda：Ulf Norell，查尔姆斯理工大学

- LF：Robert Harper，FurioHonsell，Gordon Plotkin，卡内基梅隆大学，乌迪内大学，爱丁堡大学

- Twelf：Frank Pfenning，Carsten Schürmann，卡内基梅隆大学，哥本哈根大学

|112|

证明不仅是困难的，有时甚至是不可能的，正如 Gödel 在 1931 年的著名证明一样。这让当时的许多数学家惊叹不已。同样地，有些事情是计算机做不到的。停机问题就是一个著名的例子，1936 年 Alan Turing 和 Alonzo Church 分别证明了停机问题不属于计算的范畴。当时还没有计算机，但有一些数学计算模型，它们至今仍被用来研究计算机的性能。

给定一个计算机程序时，解决停机问题的程序能够辨别，该程序是否会在给定一个特定输入后的有限时间内终止。有些程序可以解决有限程序集的停机问题，但是没有任何程序可以解决所有程序的停机问题。证明没有计算机程序可以解决停机问题是一件非常困难的事情，但是想法却不太困难。有悖常理地说，这些想法提供的一个示例推理，适合关于机械化逻辑的讨论，因为它展现的是计算机和人都无法做到的事情。这样的事情还有很多，就像搜索"不可计算"一词所显示的结果一样。

具体地说，下面对停机问题的讨论限制在一种编程语言之中，这种限制实际上是无关紧要的⊖。因为 ACL2 对停机问题的讨论很笨拙，所以我们使用一种具有相同语法和类

⊖　任何"通用"编程语言都不能解决停机问题，这里我们指的是图灵完备语言，在讨论图灵完备性如何与停机问题相互作用之前，它本身需要更长的解释。如果你感兴趣，可以查一下。所有广泛使用的编程语言（例如，ACL2、Java 和 C++) 都是图灵完备的。我们就讲到这里。

似解释的另外一种语言来表达这些思想。这种语言是 Lisp。出于本书讨论的目的，你可以将 Lisp 看作 ACL2，并增加了允许将运算符作为操作数的功能。也就是说，调用运算符的公式可以提供另一个运算符作为输入。大多数编程语言都允许这样做。但 ACL2 没有允许，因为额外的功能会干扰 ACL2 中用于机械化定理证明的一些策略。

讨论中将包含一些带有量词的逻辑公式，因此我们需要指定论域。当逻辑公式中的约束变量为 h 时，论域将是一组由两个操作数组成、并且可以在 Lisp 语言中定义为 (**defun** h (f x)···Lisp formula···) 形式的运算符。当约束变量为 f 时，讨论范围将是一组由一个操作数组成、并且可以在 Lisp 中定义为 (**defun** f (x)···Lisp formula···) 的运算符[⊖]。当约束变量是 x 时，论域就是 Lisp 运算符可以转换的一组值。

我们定义一个谓词 H，该谓词告诉我们 Lisp 中的一个特定公式是否代表一个有终止的计算，即一个能在有限时间内完成的计算。H 不是一个 Lisp 运算符，它本身不代表一个计算。它是计算领域外的一个数学实体，所以我们能够使用符号和公式来讨论计算是否结束。

谓词 H 的定义使用 Lisp 公式 (f x) 来指定一个在有限时间内可能完成也可能不能完成的计算。因为 H 是一个逻辑谓词，而不是一个计算，所以无论公式 (f x) 是否终止，它都有一个值。

谓词 H 的定义：

$H(f,x)=$ 真 ，如果 $(f\,x)$ 终止。

$H(f,x)=$ 假 ，如果 $(f\,x)$ 不终止。

Turing 和 Church 证明的定理意味着，不存在可以定义在 Lisp 上的运算符 h，运算符 h 接受一个 Lisp 运算符 f 作为它的第一个操作数和一个 Lisp 值 x 作为它的第二个操作数。这样，无论运算符 f 的定义如何，如果计算 (f x) 终止，则 (h f x)=0；如果计算 (f x) 不终止，则 (h f x)=1。这意味着运算符 h 不仅很难定义，而且没有人可以通过努力或者智慧来定义它。因为这样的定义并不存在。有些事情是做不到的，这便是其中之一。

Church 和 Turing 关于通用编程语言有效性的猜想认为，任何计算都可以得到完成，我们可以使用 Lisp（或任何其他通用编程语言）写一个程序来指定一个方法进行计算。大多数计算机科学家都相信 Church-Turing 的猜想。那么 Church 和 Turing 证明的预测程序自动终止的定理表明，没有一个程序能够解决停机问题。不管是 Turing 还是 Church 都没有使用 Lisp 语言来阐述这个定理。Turing 使用一种被称为图灵机的计算模型，Church 使用另一种名为 lambda 演算的计算模型。这两种模型在计算机科学理论中仍被广泛研究，而编程语言 Lisp 是基于 lambda 演算的。

我们可以将停机问题定理表示为一个逻辑公式，我们使用自然演绎法（2.5 节）来证

⊖ 对一个操作数简化表示的限制并不是真正的限制，因为操作数可以是包含任意数量的值的列表。

明它。这个定理没有假设。

定理 {停机问题}：

$$\vdash \neg(\exists h.\forall f.\forall x.((H(f,x) \rightarrow ((h\,f\,x)=1)) \wedge ((\neg H(f,x)) \rightarrow ((h\,f\,x)=0))))$$

定理的逻辑公式有两个 Lisp 公式，这两个公式是一样的： $(h\,f\,x)$ 。这些公式调用运算符 h ，运算符 h 定义在 Lisp 中，因为那是 h 的论域，约束变量使用存在量词 ∃。然后，逻辑公式将公式 $(h\,f\,x)$ 的值与一个自然数进行比较。

为了简化证明，增强可读性，我们可以使用 E 作为长 ∃ 公式的缩写公式，长 ∃ 公式的否定是定理的结论。

$$E \equiv \exists h.\forall f.\forall x.((H(f,x) \rightarrow ((h\,f\,x)=1)) \wedge ((\neg H(f,x)) \rightarrow ((h\,f\,x)=0)))$$

|114|

定理 {停机问题} 的缩写是 $\vdash \neg E$。图 5.7 使用自然演绎形式展示了证明过程。它引用了一个已经证明过的定理，定理 {¬¬正向} 和一个定理 {悖论}，我们将在展示证明目标（即定理 {停机问题}）是如何从定理 {悖论} 推导出来后，再证明它。为了阐明推导过程，我们需要陈述 {悖论} 定理，稍后再证明它。

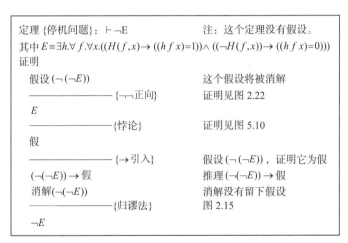

图 5.7　定理 {停机问题}：反证法

定理 {悖论}： $E \vdash$ 假

除了引用 {悖论} 定理之外，定理 {停机问题} 的证明还引用了推理规则 {归谬法}（图 2.15），所以我们使用反证法证明定理 {停机问题}。它首先在结论中假设公式的否定。在证明中，这一假设总是代替结论。事实上，这个假设在后面的证明中被消解了，使得 {停机问题} 定理假设不成立。定理的结论是对一个存在已久的公式的否定。这意味着，对于任意给定的程序 p ，没有程序可以在有限个计算步骤中确定程序 p 是否会终止。

我们还没有完全准备好处理 {悖论} 定理。但是如果把它分解成几个部分，然后在最后的分析中把这些部分连接起来，那么这个证明就容易进行了。

回想一下 E，{悖论} 定理的假设是一种 ∃ 公式。这是因为 E 是 {悖论} 定理的一个假设，所以我们将在 {悖论} 定理的证明开始时假定 E 是正确的。E 断言至少有一个运算符 h 的定义为停机问题提供了一个通用的、计算性的解决方案。由于至少有一个这样的运算符，因此假设有人给了我们这个运算符的定义，并且这个运算符名为 h: (**defun** h $(f\,x)\cdots$Lisp formula$\cdots)$。

我们不知道 h 的定义，但是公式 E 给出了它的一些性质。特别地，E 表示对于任意运算符 f 和任意值 x，如果 $H(f\,x)$ 为假，则 $(h\,f\,x)=0$；如果 $H(f\,x)$ 为真，则 $(h\,f\,x)=1$。我们可以在以下两个定理中指定了这些性质：

定理 {hF} : $E\vdash \forall f.\forall x.(\neg H(f,x))\rightarrow ((h\,f\,x)=0)$

定理 {hT} : $E\vdash \forall f.\forall x.H(f,x)\rightarrow ((h\,f\,x)=1)$

由于 h 是一个 Lisp 运算符，我们可以在另一个 Lisp 运算符的定义中引用它。图 5.8 定义了运算符 p。它调用 h 来决定是获取 0 值，还是调用在图 5.8 中定义的循环运算符所表示的计算。**loop** 运算符什么都不做。或者换个说法，它通过一遍又一遍、永远不做任何事情来做到很多事情。我们将会相信无论其操作数 x 的值为多少，(**loop** x) 不会终止。你可以说服自己相信[⊖]，所以我们断言 $\forall x.(H(\mathbf{loop},x)=$假$)$。

公理 p	
$(p\,x)=0$	如果 $(h\,p\,x)=0$ {p0}
$(p\,x)=(\mathbf{loop}\,x)$	如果 $(h\,p\,x)\neq 0$ {p1}

```
(defun loop (x)  ; a nonterminating computation
  (loop (loop x)))
(defun p (x)    ; definition derived from axioms of p
  (if (equal (h p x) 0)
      0
      (loop x)))
```

图 5.8   操作 p 和 **loop** 的定义

我们可以使用谓词 H 来判断 p。特别地，我们想知道，给定一个值 x，$H(p,x)=$ 真还是假。它只可能是两个值的其中之一，因为 H 是一个谓词。由于 p 是一个运算符，x 是一个值，且 1 不是 0，因此下面的定理是定理 {hF} 和定理 {hT} 的特例：

定理 {pF} : $E\vdash (\neg H(p,x))\rightarrow ((h\,p\,x)=0)$

定理 {pT} : $E\vdash H(p,x)\rightarrow (\neg((h\,p\,x)=0))$

现在，让我们根据 p 的定义进行推理（图 5.8）。在这个定义中，我们发现如果 $(h\,p\,x)=0$，则 $(p\,x)=0$。我们还发现，如果 $(h\,p\,x)\neq 0$，则 $(p\,x)$ 表示 (**loop** x) 的计算。我们将使用数学符号 $(p\,x)=(\mathbf{loop}\,x)$ 来表示 $(p\,x)$ 和 (**loop** x) 之间的关系[⊖]。这个推理验证

⊖ 一些练习将会帮助你理解为什么。

⊖ 该方程 $(p\,x)=(\mathbf{loop}\,x)$ 的解释符合我们使用 f 的公式定义替换调用 $(f\,x)$ 的惯例。也就是说，在我们用新的公式取代意义相同的旧公式时，用等号在新旧公式之间表示。$(p\,x)=(\mathbf{loop}\,x)$ 是一种奇怪的相等，因为公式 (**loop** x) 代表的是一个计算，而不是一个值。**loop** 运算符在每个阶段中都会提供一个新的公式，但是它从来都不能生成一个值。

了两个定理。

定理 {h0}：⊢ $(h\,p\,x) = 0 \rightarrow (p\,x) = 0$

定理 {h1}：⊢ $\neg((h\,p\,x) = 0) \rightarrow (p\,x) = (\textbf{loop}\,x)$

此外，为了计算公式 $(p\,x)$ 的值，p 定义中的 **if** 运算符（图 5.8）从两个公式中选择一个：0 或者 $(\textbf{loop}\,x)$。如果选择了公式 0，则 $(p\,x)$ 终止。因此，从谓词 H 的定义中，我们可以得出 $H(p,x) = $ 真的结论。即 $((p\,x) = 0) \rightarrow H(p,x)$。我们将这个含义记为 {p0}。

另一方面，如果 p 定义中的 **if** 运算符选择了公式 $(\textbf{loop}\,x)$，则 $(p\,x)$ 不会终止[⊖]。因此，从谓词 H 的定义，我们可以得出 $H(p,x) = $ 假的结论。即 $((p\,x) = (\textbf{loop}\,x)) \rightarrow (\neg H(p,x))$。我们将这个含义记为 {p1}。定理 {p0} 和 {p1} 重述了这些含义。

定理 {p0}：⊢ $((p\,x) = 0) \rightarrow H(p,x)$

定理 {p1}：⊢ $((p\,x) = (\textbf{loop}\,x)) \rightarrow (\neg H(p,x))$

从这三个定理：{pF}、{h0} 与 {p0}，可以推出定理 {H+}。从另外三个定理：{pT}、{h1} 与 {p1}，可以推出定理 {H−}。图 5.9 展示了定理 {H−} 的证明。定理 {H+} 的证明是类似的，将它证明出来是一个很好的实践（习题 1）。

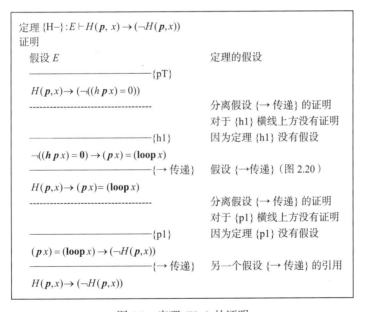

图 5.9　定理 {H−} 的证明

定理 {H+}：$E \vdash (\neg H(p,\,x)) \rightarrow H(p,x)$

定理 {H−}：$E \vdash H(p,\,x) \rightarrow (\neg H(p,x))$

由 {矛盾律} 等式（图 2.12）和 {双重否定} 等式（图 2.11）联合证明 $((\neg H(p,x)) \rightarrow H(p,x)) = H(p,x)$ 以及 $(H(p,x) \rightarrow (\neg H(p,x))) = (\neg H(p,x))$。因此，我们可以将 {H+} 和

⊖　公式 $(\textbf{loop}\,x)$ 不会在有限的时间内完成计算（习题 5）。

{H–} 定理改写如下:

定理 {H+ 版本 2}: $E \vdash H(p, x)$

定理 {H– 版本 2}: $E \vdash \neg H(p, x)$

现在,我们终于可以开始证明定理 {悖论} 了。它从定理 {H+} 和 {H–} 中显而易见的矛盾中得出假的结论。图 5.10 展示了我们证明 Turing 和 Church 定理的最后一步,确定没有计算机程序可以解决停机问题。

```
定理 {悖论}: E ⊢ 假
证明
    假设 E                              定理的假设
  ————————————{H+ 版本 2}            {H+} 的证明留在习题部分
    H(p, x)

  — — — — — — — — — — — — — —          为 {∧ 补} 定理分离证明
    假设 E                              定理的假设
  ————————————{H– 版本 2}            {H–} 证明见图 5.9
    ¬H(p, x)
  ————————————{∧ 补}                 2.5 节的习题 1
    假
```

图 5.10 定理 {停机问题}: 反证法

习题

1. 证明定理 {H+}。

2. 假设 x 是运算符 **loop** 的操作数 (图 5.8)。证明公式 (**loop** x) 与公式 (**loop** (**loop** x)) 具有相同的计算量。

3. 假设 f 是一个运算符, x 是一个操作数, n 是一个自然数。下面的等式定义了符号 $(f^n x)$:

$$(f^0 x) = x \qquad \{\text{iter0}\}$$
$$(f^{n+1} x) = (f(f^n x)) \quad \{\text{iter1}\}$$
$$例如 (f^3 x) = (f(f(f(x))))$$

将习题 2 中阐述的 (**loop** x) 与 (**loop** (**loop** x)) 之间的关系改写为一个等式,使用数学归纳法来验证下列公式:

$$\forall n. \forall x. ((\textbf{loop}\ x) = (\textbf{loop}^{n+1}\ x))$$

4. 假设,如果 f 是一个运算符, x 是一个操作数,然后至少需要一个计算步骤来计算 $(f x)$。用归纳法证明,需要至少 n 个计算步骤来计算 $(f^n x)$, $(f^n x)$ 满足习题 3 中的公理 {iter0} 和 {iter1}。

5. 假设 x 是运算符 **loop** (图 5.8) 的操作数。让 T 表示计算 (**loop** x) 所需的计算步骤数。使用习题 2、习题 3 以及习题 4 中的定义和定理来证明 $(\forall n. (T > n))$。

计算机算术

二进制数字

6.1 数和数字

数（number）是具有特定属性的数学对象，它们带有能通过处理操作数而产生新数的运算符，如加法和乘法。因为数是数学对象，所以这些数学对象是转瞬即逝的。我们不可能真正触摸到数。数是凭空想象出来的。

然而，数是有用的，而且为了使用数，我们需要将数写下来。十进制数字是一种表示方法。数字（numeral）144 可以表示 12 盒鸡蛋（每盒 12 枚）里的鸡蛋数量。数字1215 可以表示从凯撒·奥古斯都（原名盖乌斯·屋大维）统治罗马的第 27 年（即公元元年）到英国《大宪章》签署（公元 1215 年）之间的年数。

然而，"144"和"1215"是数字。它们不是数，而是用来表示数的符号，而且它们并不是唯一用于这个目的的符号。符号 CXLIV 和 MCCXV（罗马数字）表示相同的两个数。符号 90_{16} 和 $4BF_{16}$（十六进制数字）也是如此，但大部分人在做运算时使用像 144 和1215 这样的十进制数字。

十进制表示法在我们的经验和实践中根深蒂固，以至于我们经常将数字和数混为一谈。有些词典把这些词当作同义词。通常情况下将数和数字视为同一事物并无害处，但是我们将要用数字来进行机械化的运算，所以必须清楚地区分数（数学对象）和数字（数的符号）。

让我们思考一下如何将一个十进制数字解释为一个数。以数字 1215 为例，数字中的每个字符都有不同的解释。在数字 1215 中第一个字符表示千的个数，第二位字符表示百的个数，第三个字符表示十的个数，最后一个字符表示个位数。下列公式是表示这种解释的一种方式：

$$1 \times 10^3 + 2 \times 10^2 + 1 \times 10^1 + 5 \times 10^0$$

这个公式使用标准的算术运算（加法、乘法和求幂），从数字中每位字符来计算数。它向我们展示了数字中每位字符表示的含义，让我们在计算其他类型的数时获得启发。十六进制的数字具有相似的含义，但基数不同。十进制数字以十的乘方为基数，而十六进制数字以十六的乘方为基数。

信息框 6.1 将位数（digits）转换为数

也许你注意到，我们用来解释数字含义的公式中有一个微妙的混淆。首先，我们认为 1215 是一个代表数学对象的符号。我们声称字符 2 只是表示百位数的一个符号，在公式的乘法中代表数量，字符 1 和字符 5 以此类比。然后，我们将公式 $1 \times 10^3 + 2 \times 10^2 + 1 \times 10^1 + 5 \times 10^0$ 中的这些数学符号当作数来使用。

这里有一些技巧。作为数学对象的数是我们想象出来的，但是当我们书写公式时，我们必须选择一些符号来表示它们。因此，在公式 $1 \times 10^3 + 2 \times 10^2 + 1 \times 10^1 + 5 \times 10^0$ 中，我们把符号 1、10、3、2、5、0 当作数。但是在数字 1215 中，符号 1、2 和 5 不是数，它们是表示数的符号。

十六进制数字 $4BF_{16}$ 和公式 $4 \times 16^2 + 11 \times 16^1 + 15 \times 16^0$ 更为复杂。在公式中，我们将符号 B 改写为十六进制数字中的 11，将符号 F 改写为十六进制数字中的 15。我们大胆地假设公式中的符号是数，但它们实际上是十六进制数字，就像它们在表示十进制数字 1215 的公式中含义一样。

此外，我们确实混淆了数字 $4BF_{16}$，因为"4BF"部分是十六进制表示方法，而"16"部分是十进制数字，这表明我们要解释以 16 为基数的数字，而不是以 10 为基数的数字。试着思考这个问题。我们或多或少陷入了僵局。如果我们要讨论它们，我们凭空想象的事物必须以某种方式表示出来。

十进制数字系统调用 10 个不同的符号来表示个位数：$0, 1, 2, \cdots 9$。十六进制需要 16 个不同的符号，通常是 $0, 1, 2, \cdots 9, A, B, C, D, E, F$。个位数表示通用数（0 表示零，1 表示一，2 表示二，依此类推），字母 A 到 F 表示数 10 到 15[⊖]。我们由此得出下列用于表示十六进制数字 $4BF_{16}$ 含义的公式。（记住，B 表示 11，F 代表 15。）

$$4 \times 16^2 + \mathbf{11} \times 16^1 + \mathbf{15} \times 16^0$$

| 124 |

这样的公式将数字转换成数。毫无疑问，你可以为任何给定的数字构造对应的公式：十进制、十六进制或基于任何其他的进制。

我们之后会更多地涉及将数字转换成数的情况，但是现在让我们换个想法：怎样把数转换成数字？假设给你提供一个名为 **dgts** 的运算符，它可以将一个数转换成十进制数字。我们假设 **(dgts 1 2 1 5)** 将被转换成列表 [5 1 2 1]。也就是说，**dgts** 把操作数转换成一个十进制字符的列表，即从个位数（本例中的 5）开始，然后是十位数，依此类推。以通用写法从右向左读取数字。如果你有一个 **dgts** 的定义，你可以用几个数来测试它，看看它是否能完成你的预想。

```
(check-expect (dgts 1215) (list 5 1 2 1))
(check-expect (dgts 1964) (list 4 6 9 1))
(check-expect (dgts 12345) (list 5 4 3 2 1))
(check-expect (dgts 0) nil)
```

⊖ 对于 15 以上的进制，没有传统意义上的进制表示，这可能是因为基数超过 16 的数字系统不常用。几千年前，玛雅文明使用以 20 为基数的数字系统，用 20 个不同的符号作为位数。古代苏美尔人使用一种以 60 为基数的数字系统，但对零符号的缺乏进行了特殊的处理。

信息框 6.2   将数字转换为列表……从后向前

什么！**dgts** 运算符将位数从后向前进行转换！这是为什么？

当然，**dgts** 可以按照通常的顺序传递数字，但是这种倒序可以简化我们用来解释数字的一些等式。我们通常按 1215 这样的方式书写数字，但是 **dgts** 运算符以位数逆序的格式将它们转换成一个列表 [5 1 2 1]。

除了从后向前之外，列表中的元素是数，而不是位数符号。我们可以使用纯粹的符号，但我们沉迷于使用这种方法来简化部分讨论。类似地，列表符号 [5 1 2 1] 是我们用来描述列表的符号，但是列表本身是一个数学对象。这是我们想象出来的产物，就像数一样不是真实的。

等一下！为什么 (**dgts** 0) 转换出的是空列表而不是单元素列表 [0]？这又是一个小技巧。除了以相反的顺序输出位数外，前导零也被省略了。我们可以使用任意多的前导 0 来表示数字 1964。数字 1964、01964 和 000001964 都表示相同的数。在我们的列表格式中，这些数字对应于 [4 6 9 1]、[4 6 9 1 0] 和 [4 6 9 1 0 0 0 0 0]。"前导零"出现在逆序位数的末尾。

然而，**dgts** 转换的数字中不包含任何前导零。它将前导零都去掉了，即使是数字 0，所以 (**dgts** 0) 为 **nil**。数字 (**dgts** 012345) 也与数字 (**dgts** 12345) 相同，因为 **dgts** 将其操作数解释为一个数。由于 012345 和 12345 代表相同的数，因此公式 (**dgts** 012345) 和公式 (**dgts** 12345) 都转换成了列表 [5 4 3 2 1]。没有前导零。

125

计算机将公式 (**dgts** 012345) 中的十进制数字 012345 解释为一个数学对象。计算机如何表示对象？这和你没有关系，那是计算机的事。计算机有它自己处理数的方式。之后，我们将学习大多数计算机使用的方法，但是现在我们将假设计算机具有某种方法可以将数字转换成用来表示数的任何形式。

在对 **dgts** 运算符进行了一些完整性检查后，你可能需要进行一些严格的测试。比如大量使用随机数据的自动化测试。如何进行自动化测试需要一些思考。让我们从小的方面开始着手。从十进制数字的个位数开始怎么样？什么样的数学公式能够给出一个任意十进制正整数 n 的个位数？

一个十进制数字的个位数是该数字除以 10 后的余数。使用将数字转换成数的公式可以清晰地表明这一点。

$$1 \times 10^3 + 2 \times 10^2 + 1 \times 10^1 + 5 \times 10^0$$

公式中的每一项都是 10 的幂与另一个数的乘积。当然，10 的幂是 10 的倍数，所以当除以 10 时，这些项对余数没有影响。除了个位数外，它们对余数都没有影响。个位没有 10 的因子，这是因为 10^0 是 1，不是 10 的倍数。所以，要想得到数字的个位数，我们可以通过除以 10 取余的方式获得。

信息框 6.3 **mod** 和 **floor**：回想三年级的除法

假设你穿越回到三年级，或者你学习长除法的时候。除法问题有 4 个部分，它们都有相应的名字。

除数	除以的数
被除数	除以除数的数
商	除以的结果
余数	弥补差异的剩余部分

$$q = (\textbf{floor } n\ d) \quad 商$$
$$r = (\textbf{mod } n\ d) \quad 余数$$
$$n = qd + r \qquad \{检查 \div\}$$

余数是 **mod** 运算符生成的内容（信息框 6.3）。下面的测试使用 **mod** 运算符来确保 **dgts** 运算符提供的数 n 中的个位数是正确的。

```
(= (first (dgts n)) (mod n 10))
```

由于 **dgts** 是从后向前传递位数的，因此 (**first** (**dgts** n))，即列表中的第一个位数，就是数字中的个位数，也就是按通常格式书写数字的最后一个位数。这个公式通过检查来确保 **dgts** 提供的数字的个位数是 (**mod** n 10)，即用 10 除以 n 的余数。

我们可以使用 Proof Pad 的 DoubleCheck 设备在一批随机数上进行测试。我们需要注意的是，测试中不允许出现零，因为 (**dgts** 0) 是 nil，所以没有第一个位数可供检查。此外，我们已经在完整性检查中完成了对 (**dgts** 0) 的测试。我们可以通过在随机自然数上加一的方式来避免重新测试零。这会生成一个随机的正整数。

```
(defproperty dgts-last-digit-tst
  (n-1  :value (random-natural))
  (let* ((n (+ n-1 1))) ; avoid n=0
    (= (first (dgts n))
       (mod n 10))))
```

它负责测试个位数，但其他位数如何测试？我们可以通过观察发现，当 n 被 10 整除时，商的字符与 n 相同，只是丢失了个位。记住，我们在做三年级的算术。商是除法的主要结果。没有分数，没有小数点，没有余数，就是整数商。因为我们已经测试过确保个位数是正确的，所以不需要担心个位。我们只需要关心其他位数。内置运算符 **floor**（信息框 6.3）产生商，舍弃余数。我们可以通过把 **dgts** 应用到操作数 (**floor** n 10) 上来得到其他位数。

下面的公式实现了我们想要的测试方法。它通过检查来确保 (**dgts** n) 所转换出的列表中除个位数以外的位数与用 **dgts** 转换当操作数是除法 ($n \div 10$) 的商时生成的列表中的位数是相同的。

```
(equal (rest (dgts n))      ; all digits except the units digit
       (dgts (floor n 10))) ; digits of the quotient
```

与对个位数的测试一样，我们可以通过基于对剩余位数的校验，定义一个 DoubleCheck

126

机制，从而运行一批测试。

校验

```
(defproperty dgts-other-digits-tst
  (n-1 :value (random-natural))
  (let* ((n (+ n-1 1)))          ; avoid n=0
    (equal (rest (dgts n))
           (dgts (floor n 10)))))
```

运行这些测试当然很好，但是 **dgts** 并不是一个内置的运算符。我们必须给它一个定

[127] 义。为此，我们使用 **defun** 命令，它类似于 **defproperty**，但是没有任何关于值的规范。

dgts 运算符的定义将是归纳的，将使用我们在组合测试时讨论的一些思想，并将符合 3C 准则（图 4.10）的要求，在此复用并专门适用于 **dgts**。

- 完整性（complete）。两种情况：这个数为 0 或不为 0。因此，有两种公式。
- 连续性（consistent）。情况不重叠——没有不连续的可能。
- 可计算性（computational）。归纳情况（$n > 0$）：操作数被 10 除，使它更接近于零（非归纳情况）。

```
(defun dgts (n)
  (if (zp n)
      nil                                      ; {dgts0}
      (cons (mod n 10) (dgts (floor n 10)))))  ; {dgts1}
```

这个定义使用谓词 **zp**（信息框 4.6）来检测自然数域中的零值。如果你把 **dgts** 的定义放在程序的开头，导入"testing"和"DoubleCheck"工具（**include-book**，第 3 章），导入一些关于模块运算的定理（信息框 6.4），那么你可以输入测试并使用 Proof Pad 运行它们。你还可以在命令面板中输入公式来计算你所选择的任何十进制自然数。

信息框 6.4 终止，ACL2 证明，和 floor/mod 等式

除非 ACL2 可以证明这个运算符总是在有限个计算步骤中传递一个值，否则 ACL2 不接受运算符的定义。不终止的运算符复杂化了推理过程。证明 **dgts** 终止需要应用一些模运算定理。幸运的是，专家们已经收集了一些关于这个主题的定理，下面的 **include-book** 指令将导入这些定理，以确保机械化逻辑能够证明终止，并允许 **dgts** 运算符进入 ACL2 逻辑。

(include-book "arithmetic-3 / floor-mod / floor-mod": dir: system)

习题

1. y 表示从签署英国《大宪章》到签署美国《独立宣言》之间的年数。找到数字 y 并使用 **dgts** 来验证是否正确。

2. 证明定理 {mod-div}：(**mod** (*a x)(*a b)) = (*a(**mod** x b))。

提示：你不需要归纳，但下列内容会有所帮助。在三年级除法问题中，假设 x 是被除数，d 是除数（信息框 6.3）。然后，r = (**mod** x d) 是余数，q = (**floor** x d) 是商。三年级学生使用方程

[128] $(qd + r) = x$ 来确保他们正确地做了除法。他们还知道 $0 \leqslant r < d$：(**mod** x d) 是数 r 在 $0 \leqslant r < d$ 范围

内，使得 $qd + r = x$。

3. 在 ACL2 符号中定义定理 {mod-div}，并使用 ACL2 验证它是一个定理。由于该定理并不适用于所有的数字 a、b 和 x，因此你需要要求 ACL2 用假设方法来证明意义，从而将该定理约束在成立的域中。如果你正确地陈述它，并导入 floor-mod 库（信息框 6.4）中所包含的关于模运算的定理，那么 ACL2 将会成功。

提示：如果 n 是非零自然数，则 (**posp** n) 为真，否则为假。

6.2　从数字到数

dgts 运算符提供了计算某给定数对应的十进制数字的一种方法。那么换个方向呢？给定一个十进制数字，计算其对应的数。你已经知道这个公式了。

$$1 \times 10^3 + 2 \times 10^2 + 1 \times 10^1 + 5 \times 10^0 = 1215$$

$$1 \times 10^2 + 4 \times 10^1 + 4 \times 10^0 = 144$$

将十进制数字转换成数的运算符有什么性质？假设数字以 **dgts** 运算符操作数的方式表示：首先是个位数，然后是十位，然后是百位，依此类推。我们想要定义一个运算符 **nmb10**，它将这种形式的十进制数字转换为数。我们知道 (**nmb10** nil) 必须是零，因为 (**dgts** 0) = nil，我们正尝试将 **dgts** 生成的数字转换回它们原来的样子。一位数字 $[x_0]$ 是什么情况？这种情况下的等式是 (**nmb10** $[x_0]$) = x_0。对于有两位或者多位的数字，$[x_0 \ x_1 \cdots x_{n+1}]$，则等式为下列形式：

$$(\text{\textbf{nmb10}} \ [x_0 \ x_1 \cdots x_{n+1}]) = x_0 + x_1 \times 10^1 + x_2 \times 10^2 + \cdots + x_{n+1} \times 10^{n+1} \qquad \{a\}$$

在求和的公式中，除了第一项之外，其他所有项都包含一个因子 10，所以我们可以从这些项中提出 10。这样就可以通过因式分解得到一个新等式。

$$(\text{\textbf{nmb10}} \ [x_0 \ x_1 \cdots x_{n+1}]) = x_0 + 10 \times (x_1 \times 10^0 + x_2 \times 10^1 + \cdots + x_{n+1} \times 10^n) \qquad \{b\}$$

尽管列表 $[x_1 \ x_2 \cdots x_{n+1}]$ 表示不同的数，但也是一个十进制数字。它表示的数字是 $(x_1 \times 10^0 + x_2 \times 10^1 + \cdots + x_{n+1} \times 10^n)$，这是给定数字 $[x_0 \ x_1 \cdots x_{n+1}]$ 经由 **nmb10** 转换所得的值。

$$(\text{\textbf{nmb10}} \ [x_1 \ x_2 \cdots x_{n+1}]) = x_1 \times 10^0 + x_2 \times 10^1 + \cdots + x_{n+1} \times 10^n \qquad \{c\}$$

我们注意到等式 {c} 的右边等于等式 {b} 中的部分乘以 10。因此，我们可以将等式 {b} 改写为

$$(\text{\textbf{nmb10}} \ [x_0 \ x_1 \cdots x_{n+1}]) = x_0 + 10 \times (\text{\textbf{nmb10}} [x_1 \ x_2 \cdots x_{n+1}]) \qquad \{d\}$$

等式 {d} 是一个归纳等式，它对于两位或两位以上的数字成立。它也适用于只有一位的数字，因为 (**nmb10** nil) 是零。

$$(\text{\textbf{nmb10}} \ [x_0]) = x_0 + 10 \times (\text{\textbf{nmb10}} \ \text{nil}) = (x_0 + 10 \times 0) = x_0 \qquad \{d*\}$$

129

总而言之，无论是对于一位或多位的数字的等式 {d}，还是对于空数字的公式，

(**nmb10 nil**) $=0$，都符合 3C 准则，因此我们可以给出 **nmb10** 的归纳性定义。下面的等式总结了我们的分析，并展示了 **first** 和 **rest** 运算符如何从数字中提取所需的字符。从这一点出发，构造 ACL2 定义就是将等式直接转换为前缀符号。

$$(\textbf{nmb10}\,[x_0\ x_1\cdots x_{n+1}]) = x_0 + 10\times(\textbf{nmb10}\,[x_1\ x_2\cdots x_{n+1}])\qquad \{\text{n10.1}\}$$
$$(\textbf{nmb10}\,\text{nil}) = 0\qquad \{\text{n10.0}\}$$
$$x_0 = (\text{first}\,[x_0\ x_1\cdots x_n])\qquad \{\text{cons}\}$$
$$[x_1\cdots x_n] = (\text{rest}\,[x_0\ x_1\cdots x_n])\qquad \{\text{rest}\}$$

```
(defun nmb10 (xs)
  (if (consp xs)
      (+ (first xs) (* 10 (nmb10 (rest xs))))   ; {n10.1}
      0))                                        ; {n10.0}
```

我们仔细地从对数的理解中推导出了这个定义，并且使用逻辑来确保它的正确性。我们想证明 **nmb10** $[x_0\ x_1\cdots x_n]$ 与公式 $x_0 + x_1\times 10^1 + x_2\times 10^2 + \cdots + x_n\times 10^n$ 能转换得到相同的数。

定理 $\{\text{Horner}10\}$：$(\textbf{nmb10}\,[x_0\ x_1\cdots x_n]) = x_0 + x_1\times 10^1 + x_2\times 10^2 + \cdots + x_n\times 10^n$

该定理证明运算符 **nmb10** 计算的是 10 的连续幂次的倍数和。10 的幂的乘数（称为多项式系数）是十进制数字中的每位数字。我们称这个定理为 Horner 10，因为运算符 **nmb10** 用于执行计算的方式称为 Horner 规则。证明定理 $\{\text{Horner}10\}$ 相当于验证 $(\forall n.H(n))$ 为真，对于每个自然数 n，谓词 H 的定义如下：

$$H(n) \equiv ((\textbf{nmb10}\ [x_0\ x_1\cdots x_n]) = x_0 + x_1\times 10^1 + x_2\times 10^2 + \cdots + x_n\times 10^n)$$

图 6.1（基本情况）和图 6.2（归纳情况）通过归纳法证明了定理 $\{\text{Horner}\ 10\}$。与之前一样，在归纳情况下，证明由归纳假设 $H(n)$ 和其他已知等式可以得出 $H(n+1)$ 成立，即 $\forall n.(H(n)\to H(n+1))$。通过引用数学归纳法（图 4.9），我们得出结论 $\forall n.H(n)$ 为真。

定理 $\{\text{Horner}10\}$ 证明了 **nmb10** 可以将其操作数（基数为 10 的数字）转换为数。我们也希望对相反情形也成立。也就是说，我们期望公式 (**dgts** n) 可以转换出基数为 10 的自然数 n，如下列定理所述：

130

定理 $\{\text{dgts-ok}\}$：$\forall n.((\textbf{nmb10}\,(\textbf{dgts}\,n)) = n)$

$H(0) \equiv ((\textbf{nmb10}\ [x_0] = x_0)$	
$(\textbf{nmb10}\,[x_0])$	
$= (\textbf{nmb10}\,(\textbf{cons}\,x_0\ \textbf{nil}))$	$\{\text{cons}\}$
$= (+\ (\textbf{first}(\textbf{cons}\,x_0\ \textbf{nil}))$	$\{\text{n10.1}\}$
$(*\,\textbf{10}(\textbf{nmb10}\ (\textbf{rest}(\textbf{cons}\,x_0\ \text{nil})))))$	
$= (+\,x_0(*\,\textbf{10}\,(\textbf{nmb10}\ (\textbf{rest}\ (\textbf{cons}\,x_0\ \text{nil})))))$	$\{\text{first}\}$
$= (+\,x_0(*\,\textbf{10}\,(\textbf{nmb10}\ \text{nil})))$	$\{\text{rest}\}$
$= (+\,x_0(*\,\textbf{10}\ \textbf{0}))$	$\{\text{n10.0}\}$
$= x_0$	$\{\text{代数}\}$

图 6.1　$\{\text{Horner}\ 10\}$：基本情况的证明

$$H(n+1) \equiv ((\textbf{nmb10}\,[x_0\;x_1\cdots x_{n+1}]) = x_0 + x_1 \times 10^1 + \cdots x_{n+1} \times 10^{n+1})$$

$(\textbf{nmb10}\,[x_0\;x_1\cdots x_{n+1}])$	
$= (\textbf{nmb10}\,(\textbf{cons}\;x_0\;[x_1\cdots x_{n+1}]))$	{cons}
$= (+\;(\textbf{first}\;(\textbf{cons}\;x_0\;[x_1\cdots x_{n+1}]))$	{n10.1}
$\quad\quad (*\,10\;(\textbf{nmb10}\;(\textbf{rest}(\textbf{cons}\;x_0\;[x_1\cdots x_{n+1}]))))))$	
$= (+\,x_0(*\,10\;(\textbf{nmb10}\;(\textbf{rest}(\textbf{cons}\;x_0\;[x_1\cdots x_{n+1}]))))))$	{first}
$= (+\,x_0(*\,10\;(\textbf{nmb10}\,[x_1\cdots x_{n+1}])))$	{rest}
$= (+\,x_0(*\,10\;(x_1 + x_2 \times 10^1 + \cdots x_{n+1} \times 10^n)))$	{$H(n)$}
$= x_0 + x_1 \times 10^1 + x_2 \times 10^2 + \cdots x_{n+1} \times 10^{n+1}$	{代数}

图 6.2   {Horner 10}：归纳情况的证明

131

定义 $D(n) \equiv ((\textbf{nmb10}(\textbf{dgts}\,n)) = n)$。我们想要证明 $(\forall n.D(n))$ 恒为真。谓词 D 的论域是自然数，所以对 $D(0)$ 的证明与对 $(\forall n.(D(n) \to D(n+1)))$ 的证明联合组成了自然推理所需的结论。所需的两个证明见图 6.3。

基础情况：$D(0) \equiv ((\textbf{nmb10}\;(\textbf{dgts}\,0)) = 0)$	
$(\textbf{nmb10}\;(\textbf{dgts}\,0))$	
$= (\textbf{nmb10}\,\textbf{nil})$	{dgts0}
$= \textbf{0}$	{n10.0}

归纳情况：$D(n+1) \equiv ((\textbf{nmb10}\;(\textbf{dgts}\;(n+1))) = (n+1))$	
$(\textbf{nmb10}\;(\textbf{dgts}\;(n+1)))$	
$= (\textbf{nmb10}\;(\textbf{cons}(\textbf{mod}\;(n+1)\;\textbf{10})\;(\textbf{dgts}\;(\textbf{floor}\;(n+1)\;\textbf{10})))$	{dgts1}
$= (+\;(\textbf{mod}\;(n+1)\;\textbf{10})$	{n10.1}
$\quad\quad (*\,\textbf{10}\;(\textbf{nmb10}\;(\textbf{dgts}\;(\textbf{floor}\;(n+1)\;\textbf{10})))))$	
$= (+\;(\textbf{mod}\;(n+1))\;\textbf{10})\;(*\;\textbf{10}\;(\textbf{floor}\;(n+1)\;\textbf{10})))$	{$D\,(\textbf{floor}\;(n+1)\;10)$}
$= (n+1)$	{检查÷}

图 6.3   定理 {dgts-ok} 的归纳证明

如果你仔细地观察一遍 $D(n) \to D(n+1)$ 的证明，就会发现它并不符合规定。在数学归纳法的证明中，我们可以使用 $D(n)$ 的结论来证明任何一步 $D(n+1)$，但图 6.3 在其证明 $D(n+1)$ 时列举了不同的命题，$D(\textbf{floor}(n+1)\;10)$。然而，$D(\textbf{floor}(n+1)\;10)$ 是恒小于 $(n+1)$ 的，并且证明需要依赖于一个推理规则，即强化归纳法。尽管强化归纳法看起来更强大，但它等同于普通的数学归纳法，因为任何命题 $D(0), D(1), \cdots, D(n)$ 可以被引用到 $D(n+1)$ 的证明中。普通数学归纳法允许引用 $D(n)$，但不可以引用其他命题。然而，如果普通的数学归纳法的规则是有效的推理规则，那么强化归纳法也是有效的，反之亦然。证明并不难，但会分散我们的注意力，所以我们在这里仅给出一个基本原理。

强化归纳法的基本原理与普通的数学归纳法的基本原理相似。假设你要按顺序接连证明命题 $P(0), P(1), P(2), \cdots$。当你要证明 $P(n+1)$ 时，你应该已经证明了变量比当前变量小的所有命题：$P(0), P(1), P(2), \cdots, P(n)$。在 $P(n+1)$ 的证明中，你可以引用之前的任何命题，而不仅仅是 $P(n)$ 。当你在证明 $P(n+1)$ 的时候引用 $P(n)$ ，且不包括那些变量更小的命题时，你是在使用普通的数学归纳法。当你引用了一个或多个变量小于 n 的命题时，你使用的就是强化归纳法。

换句话说，强化归纳法规则的形式表达（图 6.4）不同于普通归纳法的形式表达（图 4.9），但在实践中强化归纳将普通归纳规则当作特例。证明 $P(n+1)$ 时，如果只引用了 $P(n)$ ，而不是命题的更小的变量的 P ，则可以使用强化归纳法。因为 $P(n)$ 是强化归纳假设 $(\forall m < n+1.P(m))$ 中的一个命题，假设成立。所以，即使我们只依赖于普通的归纳法则，我们也可以使用强化归纳法。

$$证明\,(\forall m < n.P(m)) \rightarrow P(n)$$
$$\overline{\hspace{4cm}} \text{\{强化归纳法\}}$$
$$推出\,(\forall n.P(n))$$

图 6.4   数学归纳法（强化归纳法版本）

习题

1. 用 d 来表示波士顿马拉松比赛的弗隆（长度单位）数，不算最后的 165 码。使用 **dgts** 和 **nmb10** 的定义来证明 (**nmb10** (**dgts** d))$=d$ ，不能引用本节中的任何定理。

2. 定义一个 DoubleCheck 的属性来测试随机自然数 n 的方程 (**nmb10** (**dgts** n))$=n$ 。当然，所有的测试都应该成功，因为我们证明了公式恒成立。若测试失败，那么属性或其引用的运算符的定义有问题。

3. 定义一个 DoubleCheck 属性用随机的十进制数字 xs 来测试 (**equal**(**dgts** (**nmb10** xs))xs) 。
   注：(**random-list-of**(**random-between** 0 9)) 可以生成随机的十进制数字。
   注：测试时必须使用运算符 **equal**，因为 $(= x\,y)$ 要求 x 和 y 是数。
   注：这个测试可能失败。测试失败时请检查导致失败的数据。

4. 我们证明了 $\forall n.((\textbf{nmb10}\,(\textbf{dgts}\,n))=n)$ 。也就是说，运算符 **nmb10** 为运算符 **dgts** 的逆向运算符。然而，**dgts** 为 **nmb10** 的逆向运算符的说法并不完全正确。为什么？给出一个十进制数字 xs 使得 (**dgts**(**nmb10** xs))$\neq xs$ 的例子。

5. 对 xs 描述一个约束条件，使得 (**dgts**(**nmb10** xs))$=xs$ 。

6. 证明在 xs 满足习题 5 的约束下 (**dgts**(**nmb10** xs))$=xs$ 成立。

7. 证明 $\forall n.((\textbf{len}\,(\textbf{dgts}\,(n+1))) = \lfloor \log(n+1) \rfloor + 1)$ {len-bits10}
   注：$\lfloor \log(n+1) \rfloor = $ 值为 $10^{\lfloor \log(n+1) \rfloor} \leq (n+1) \leq 10^{\lfloor \log(n+1) \rfloor + 1}$ 整数。
   注：**len** 操作和 **dgts** 操作的定义分别参见 4.1 节和 6.1 节。

信息框 6.5   强归纳法需要两个证明，还是一个证明？

普通数学归纳法推理规则（图 4.9）需要两个以上的证明：（1）证明 $P(0)$ ；（2）证明 $\forall n.(P(n) \rightarrow P(n+1))$ 。强化归纳法规则（图 6.4）只需要一个证明：证明 $(\forall m < n.P(m)) \rightarrow P(n)$ 。然而，当 $n=0$ 时，这就变成了 $(\forall m < 0.P(m)) \rightarrow P(0)$ 。由于没有自然数小于零，因此 $(\forall m < 0.P(m))$ 为真，因为在论域为空时 $\forall$ 默认为真。

132

133

因此，证明 $(\forall m < 0.P(m)) \to P(0)$ 与证明 True $\to P(0)$ 是等价的，相当于证明 $P(0)$，与这普通的归纳法一样。换句话说，在强化归纳法中实际存在两个证明，一个用于 $P(0)$ 的情形，另一个用于当 n 不为零时证明 $(\forall m < n.P(m)) \to P(n)$，我们通常用统一的形式 $(\forall m < n+1.P(m)) \to P(n+1)$ 来表示。

从这个角度看，一个使用强归纳法的证明看起来就像一个引用普通数学归纳法的证明，除了在 $P(n+1)$ 的证明中，归纳假设包括所有命题 $P(0), P(1), P(2), \cdots, P(n)$，不再仅仅是 $P(n)$。关键是强归纳法可以在对 $P(n+1)$ 的证明过程中，引用之前的任何（或部分，甚至全部）命题来完成证明。

6.3 二进制数字

由于数字电路是数学逻辑规则的实体化体现，因此其元件可表示两个不同的值，我们把它们称为 0 和 1。这样命名恰好使它们便于探讨处理二进制数问题的电路，即由"0"和"1"表示的二进制数（即 0/1 位）。在深入研究电路之前，我们先讨论二进制数字。

十进制数是由一些以十为底的幂分别乘以一个倍数求和得到的数字。二进制数也类似，但它们的幂级数底为 2，而不是 10。所以，二进制数 $x_n\, x_{n-1} \cdots x_2\, x_1\, x_0$，表示（十进制）数值 $(x_0 + x_1 \times 2^1 + x_2 \times 2^2 + \cdots + x_n \times 2^n)$，其中 x_i 的值为 0 或 1。这个计算公式和十进制计算数值的公式之间唯一的区别是，它使用每一位的值乘以 2 的幂级数而不是 10 的幂级数，并且每一项的乘数即二进制每位取值范围为 $(0, 1)$，而不是 $(0, 1, 2, \cdots, 9)$。

因此，我们可以把基数从 10 改为 2，从而将十进制数的运算符转换为二进制数的运算符。用于构造和解释二进制数的运算符 **bits** 和 **numb** 在图 6.5 中定义。和对应的十进制数运算符一样（**dgts, nmb10**），**bits** 和 **numb** 使用谓词 **zp** 来选择一般情况（$n = 0$）或其他情况（$n > 0$）。ACL2 需要使用 **floor-mod**（信息框 6.4）中的定理来使 **bits** 运算符合其逻辑，就像它对 **dgts** 的定义一样。

numb 的一个有关计算二进制数值的定理和一个有关其是 **bits** 逆操作的定理都是正确的，它们的证明类似于本章前面提出的关于十进制数的相应定理的证明。通过这些证明可以进一步加强你对十进制数和二进制数的理解。

134

```
(defun bits (n)
  (if (zp n)
      nil                                  ; {bits0}
      (cons (mod n 2) (bits (floor n 2))))) ; {bits1}

(defun numb (xs)
  (if (consp xs)
      (if (= (first xs) 1)
          (+ 1 (* 2 (numb (rest xs)))) ; {2numb+1}
          (* 2 (numb (rest xs))))      ; {2numb}
      0))                              ; {numb0}
```

图 6.5 numb 与 bits 定义

信息框 6.6 表示技巧：任何列表都是二进制数字

numb（图 6.5）的定义与 **nmb10** 的不同之处在于，**numb** 将二进制位视为符号，而 **nmb10** 假设十进制位是数字。在二进制数字的表示中，1 表示 1 位。其他的都代表 0 位。这就是为什么对于非空数字，**numb** 的定义有两个等式（{2numb+1} 和 {2numb}），而 **nmb10** 的定义只有一个等式（{n10.1}）。

这样的设计有两个动机。一是它使二进制数字完全符号化，没有像数学数字那样的短暂实体。电路用电子信号来象征性地表示二进制位，所以与把二进制位看作数字相比，**numb** 的定义与在电路上更确切，更合理。

另一个动机是减少关于电路的 ACL2 模型定理中约束的数量。二进制数不一定是 0 和 1 的序列。任何序列都可以是一个数字。这种数字包含"1"位和"0"位，其中"1"位上的元素全是 1，而"0"位的元素是除了 1 以外任何数字。事实上，数字是完全不受约束的。空序列表示数 0，但是对于任何 ACL2 实体 x，如（**consp** x）就是假的。消除这种约束避免了有关二进制数的定理中出现许多细枝末节的问题。

习题

1. 改写 {Horner 10} 的证明来证明定理 {Horner 2}。

$$\forall n.((\textbf{numb}\,[x_0\ x_1 \cdots x_n]) = x_0 + x_1 \times 2^1 + x_2 \times 2^2 + \cdots + x_n \times 2^n) \qquad \{\text{Horner 2}\}$$

135

2. 证明定理 {bits ok}。

$$\forall n.(((\textbf{numb}\,(\textbf{bits}\,n)) = n)) \qquad \{\text{bits ok}\}$$

3. 证明定理 {nmb1}。

$$\forall n.((\textbf{numb}\,[x_0\ x_1 \cdots x_n]) = (\textbf{numb}\,[x_0]) + 2 \times (\textbf{numb}\,[x_0\ x_1 \cdots x_n])) \qquad \{\text{nmb1}\}$$

4. ACL2 成功地证明了定理 {nmb1}（习题 3）。试通过机械化逻辑实现以下形式的定理来证实该论断：

```
(defthm nmb1
   (implies (consp xs)
          (= (+ (numb (list (first xs)))
              (* 2 (numb (rest xs))))
            (numb xs))))
```

5. 给出如下定义的运算符 **pad**，试证明定理 {len-pad}：

$$\forall n.((\textbf{len}\,(\textbf{pad}\,n\,x\,xs)) = n) \qquad \{\text{len-pad}\}$$

```
(defun pad (n x xs)
   (let* ((padding (- n (len xs))))
    (if (natp padding)
       (append xs (rep padding x))  ; {pad+}
       (prefix n xs))))             ; {pad-}
```

注：**pad** 的定义参考运算符 **rep** 和 **prefix**。它使用"let*"公式（信息框 3.4）将名称"padding"与元素数目相关联，以扩充 xs 以构成所需长度的序列。如果 n 小于（**len** xs），**pad** 将取 xs 的前 n 个元素。在任何情况下，（**pad** $n\,x\,xs$）的长度都是 n。

6. 给出如下定义的运算符 **fin**，试证明定理 {hi-1}：

$$\forall n.((\textbf{fin}\,(\textbf{bits}\,n))=1)\ 如果\ n>0 \qquad \{\text{hi-1}\}$$

```
(defun fin (xs)
  (if (consp (rest xs))
      (fin (rest xs)) ; {fin2}
      (first xs)))    ; {fin1}
```

7. 在 ACL2 中定义习题 6 的定理 {hi-1}，并通过机械化逻辑证明它。如果你使用 **implies** 和 **posp**（信息框 4.6）将该定理的应用范围约束至非零自然数，那么 ACL2 将会成功执行。当然，在尝试证明这个定理之前，你需要将运算符 **bits** 的定义引入到 ACL2 逻辑中（信息框 6.4）。

8. 证明定理 {len-bits}。

$$\forall n.((\lfloor 2^{n-1}\rfloor \leqslant m < 2^n)\to((\textbf{len}\,(\textbf{bits}\,m))=n)) \qquad \{\text{len-bits}\}$$

9. 证明定理 {len-bits≤}。

$$\forall n.((0\leqslant m < 2^n)\to((\textbf{len}\,(\textbf{bits}\,m))\leqslant n)) \qquad \{\text{len-bits}\leqslant\}$$

10. 证明定理 {log-bits}。

$$\forall n.((\textbf{len}\,(\textbf{bits}\,(n+1)))=\lfloor\log_2(n+1)+1\rfloor \qquad \{\text{log-bits}\}$$

注：$\lfloor x\rfloor$ 是小于等于 x 的最大整数。

11. 证明定理 {leading-0}。

$$\forall n.((\textbf{numb}\,(\textbf{append}\,(\textbf{bits}\,n)\,(\textbf{list}\,0)))=(\textbf{numb}\,(\textbf{bits}\,n))) \qquad \{\text{leading-0}\}$$

12. 假设定理 {leading-0}（习题 11）为真。证明定理 {leading-0s}。

$$\forall m.(\forall n.((\textbf{numb}\,(\textbf{append}\,(\textbf{bits}\,n)\,(\textbf{rep}\,m\,0)))=(\textbf{numb}\,(\textbf{bits}\,n)))) \qquad \{\text{leading-0s}\}$$

注：运算符 **rep** 定义参见 4.4 节。

13. 用 ACL2 符号表示前面习题中的定理 {leading-0s}，并通过 ACL2 数字逻辑运行。如果你把这个定理正确地表述为一个隐含暗示的形式，引用运算符 **natp** 将 n 和 m 约束为自然数，那么 ACL2 将会成功执行。当然，在尝试证明这个定理之前，需要先将操作 **bits** 和 **numb** 的定义引入 ACL2 逻辑（信息框 6.4）。

14. 证明定理 {pfx-mod}：

$$\forall w.(\forall n.((\textbf{numb}\,(\textbf{prefix}\,w\,(\textbf{bits}\,n)))=(\textbf{mod}\,n\,2^w)) \qquad \{\text{pfx-mod}\}$$

提示：$\forall w$ 的论域是自然数。在 w 上进行归纳，分为两种情况：$n=0$ 和 $n>0$。对每种情况分别进行定理的证明。在 $n>0$ 的证明中，{mod-div} 定理将很有帮助。

注：规则 {∨ 消除}（图 2.15）正式给出了具体情况的证明。

136
137

加 法 器

7.1 数字相加

当人们进行手工计算时，总是使用十进制数字。例如，两数相加，人们会以上下对齐的排列方式写下这两个数字的十进制形式，这样，其中一个数的个位数正好在另一个数的个位数的正下方，十位、百位等也类似。然后，将两数个位相加，把和的低阶，即个位写在两个数个位那一列。

如果这两个数的个位之和大于等于 10，则在十位那一列标记进位。接着，进位（如果有的话）和两个数字的十位相加。和前面一样，低阶数字写在两数之和的十位上，如果还有进位，则在百位上标记。这个过程在加数的每个位数之间移动，直到所有的数字都计算完毕（图 7.1）。

如果要以这种方式进行十进制数加法运算，我们需要知道单位数加法表 $(0+0=0, 0+1=1, \cdots, 2+2=4, \cdots, 9+8=17, 9+9=18)$。同样的，二进制数字相加，也需要类似的单位数加法表，但是二进制数字的这种加法表要比十进制数字的表小得多，因为它的每位只有 2 个取值（0 和 1），而非十个（0，1，2，…，9）。其他方面二进制加法过程与十进制数加法相同（图 7.2）。相较于十进制，二进制较小的单位数加法表简化了手动加法，同时也简化了二进制加法数字电路的设计[注]。

```
11 1    进位
----
9542    加数
+  638  加数
----
10180   和
```

图 7.1 十进制数字加法

```
11 111 1    进位
--------
 01011101   加数
+11010101   加数
--------
100110010   和
```

一位数相加		
+	c	s
0 + 0	0	0
0 + 1	0	1
1 + 1	1	0
1 + 1 + 1	1	1

图 7.2 二进制数字加法

习题

1. 举例说明两个十进制数字相加的过程。

2. 举例说明两个二进制数字相加的过程。

7.2 一位二进制数字加法电路

图 7.3 中的一位二进制数字加法表表示两个一位二进制数字的和，包含独立两位，

⊖ 通过结合律和交换律（图 2.2），图 7.2 中的表格满足完整性准则。

分别为：一个进位 c 和一个和位 s。仔细观察该表可以发现，进位的计算与数字门中的逻辑与（图 2.13）运算一致。也就是说，只有当两个输入都是 1 时，进位才为 1。在其他情况下，进位则为 0。因此，逻辑与门可以作为数字电路，用来计算两个一位二进制数字相加后的进位。将两个一位二进制数的信号输入与门，输出信号就是正确的进位值。

再仔细观察就会发现，和位的计算与异或门的运算一致（XOR，图 2.13）。也就是说，如果两个输入相同，和位为 0，否则，和位为 1。因此，构造计算和位的数字电路可以通过将两个一位二进制数信号输入到异或门中来实现。将进位与和位电路设计的思想结合起来，就可以得到一个具有两个输入和输出的电路，称为半加法器（图 7.3）。

140

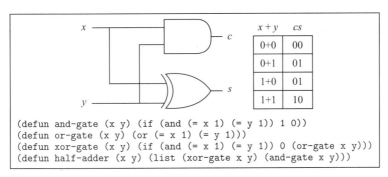

图 7.3　半加法器电路及其 ACL2 模型

由于我们使用布尔代数的方法对数字电路进行推理，因此我们需要使用代数表示半加法器电路的电路图。记住，数字电路只是如下布尔公式的四种等价表示方法之一：电路图，格式正确的数理逻辑符号表达式（如 $x \wedge y$），工程符号中的布尔表达式（$\wedge$ 表示并列、$\vee$ 表示 +、上划线表示 ¬）和 ACL2 符号。ACL2 的形式化使我们能够将推理过程的某些方面机械化。因此，图 7.3 也使用 ACL2 术语详细描述了半加法器电路。我们将其称为半加法器电路的 ACL2 模型。我们使用与电路相同的名称来描述模型：半加法器（**half-adder**）运算符，它将两个输出信号作为一个具有两个元素的列表来传递，其中第一个元素是和位，第二个元素是进位。

最后，我们需要完成一个电路用于对二进制数求和。通过一个例子（图 7.2），我们发现电路需要处理每一列的三个输入：两个加数位和它们前一列求和得到的进位。半加法器电路无法胜任这项工作，因为它只有两个输入信号。但是，我们可以将两个半加法器和一个逻辑或门组合在一起，构成一个全加法器电路，如图 7.4 所示。由于全加法器电路有三个输入，每个输入都是 0 或 1，所以有八种可能的输入情况，如全加法器计算表所示。

图中定义的全加法器（**full-adder**）运算符是一个标准的 ACL2 电路图，接下来我们对图表中每一行进行机械化的测试，完成对全加法器模型的完整验证：

```
(check-expect (full-adder 0 0 0) (list 0 0))
```

```
(check-expect (full-adder 0 0 1) (list 1 0))
(check-expect (full-adder 0 1 0) (list 1 0))
(check-expect (full-adder 0 1 1) (list 0 1))
(check-expect (full-adder 1 0 0) (list 1 0))
```

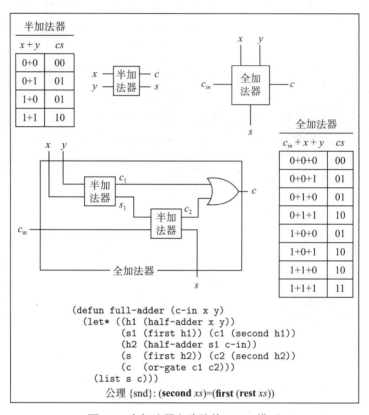

图 7.4　全加法器电路及其 ACL2 模型

定理 {full-adder-ok}：(numb [s c])=(**numb** [x])+(**numb** [y])+(**numb** [c_{in}])

　　其中 [s c]=(**full-adder** c_{in} x y)

```
(check-expect (full-adder 1 0 1) (list 0 1))
(check-expect (full-adder 1 1 0) (list 0 1))
(check-expect (full-adder 1 1 1) (list 1 1))
```

　　全加法器的操作数是代表二进制数字的符号，但我们可以使用运算符 **numb** 将它们解释为数。如果 x 是一个二进制数字，那么 [x] 是这个数所表示的数字，{Horner 2} 定理（6.3 节的习题 1）的断言 (**numb** [x]) 计算了那个数。该定理还断言，如果 s 和 c 是二进制数字，那么 (numb[s c]) 就是数字 [s c] 所表示的数。我们将这些观察结果与全加法器计算表（图 7.4）相结合，就验证了图 7.5 中所示的定理 {ful-adder-ok} $\ominus$。

$\ominus$　全加法器输出一个列表 [s c]，该列表的第一个元素是和位，第二个元素是进位。全加法器输出结果中元素的排列顺序是其三个一位操作数之和。以倒序排列的列表 [c s] 虽然包含相同的信息，但是因为低位不再是第一位，所以它不符合我们对二进制数字的表示。

```
(defthm full-adder-ok
  (= (numb (full-adder c-in x y))
     (+ (numb (list c-in)) (numb (list x)) (numb (list y)))))
```

图 7.5　全加法器定理

7.3　两位二进制数字加法电路

两位二进制数字加法电路由两个全加法器电路组合而成（图 7.6）。第一个全加法器电路将两个加数的低阶位 x_0 和 y_0 作为输入。第二个全加法器电路将高阶位 x_1 和 y_1 作为输入。该电路第一个全加法器的输出进位 c_1 会输入到第二个全加法器输入进位。

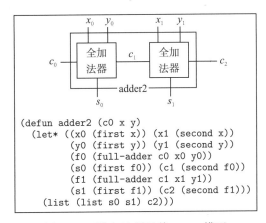

```
(defun adder2 (c0 x y)
  (let* ((x0 (first x)) (x1 (second x))
         (y0 (first y)) (y1 (second y))
         (f0 (full-adder c0 x0 y0))
         (s0 (first f0)) (c1 (second f0))
         (f1 (full-adder c1 x1 y1))
         (s1 (first f1)) (c2 (second f1)))
    (list (list s0 s1) c2)))
```

图 7.6　两位加法器及其 ACL2 模型

电路产生三个输出信号：每个全加法器的和位（s_0 和 s_1）和第二个全加法器的输出进位位（c_2），当第一个全加法器的输入进位为 0 时（$c_0 = 0$），输出信号 $[s_0\ s_1]$ 和进位 c_2 组成两个输入数字的和。更一般地，输出信号表示两个输入数字和进位（$c_0 = 0$ 或 $c_0 = 1$）的和。下式表明如何将输入和输出信号转换为数：

$$(\text{numb}[s_0\ s_1]) + (\text{numb}\ [c_2]) = (\text{numb}\ [c_0]) + (\text{numb}\ [x_0\ x_1]) + (\text{numb}\ [y_0\ y_1]) \qquad \{\star\}$$

143

我们将输出的不带进位的两位数字称为和位。忽略进位相当于做以 2^2 为模的模运算（定理 {pfx-mod}，习题 14）。

与对一位加法的全加法器所做的一样，我们可以构建一个完整的 **check-expect** 测试序列来机械化验证 **adder2** 的算术特性。因为有 5 位输入（每个数字有一个进位和两个位数，总共有 2^5 种组合），所以将有 32 种情况需要检查。这使得构建完整的 **check-expect** 测试变得非常烦琐，而且很容易出错。

在 ACL2 中使用下列等式 {★} 可以获取一个更好的方法。该等式陈述了我们对两位加法器电路的 ACL2 模型的期望值（**adder2**，图 7.6），正如 {full-adder-ok} 定理（图 7.5）验证了全加法器电路的模型一样。

这个定理是个等式，该等式一方面计算输入数字和进位对应数值的总和；另一方面，该等式是对输出数和进位的数值解释。与 {full-adder-ok} 定理一样，{adder2-ok} 定理通过使用 **numb** 运算符来将二进制数字解释为数，并详细解释了两位加法器的关键算术属性。

```
(defthm adder2-ok
  (let* ((a (adder2 c0 (list x0 x1) (list y0 y1)))
         (s (first a)) (c (second a)))
    (= (numb (append s (list c)))
       (+ (numb (list c0))
          (numb (list x0 x1))
          (numb (list y0 y1)))))))
```

144

习题

1. 定义一个 DoubleCheck 属性，该属性检查两位加法器模型的输出是否符合预期（图 7.6）。使用 Proof Pad 运行测试。

   注：数据生成器（在 0 和 1 之间随机变动）随机地生成 0 或 1。

2. 默认情况下，Proof Pad 在 DoubleCheck 时，会使用随机数据重复测试 50 次。你认为至少需要多少次随机测试，才能合理地确定两位加法器的 32 种不同情况都已经测试过了？如果可能的话，做一个大概的估计。

7.4 w 位二进制数字加法

现在，你可以猜到一个三位二进制数字加法的电路是什么样的。在电路中加入另一个全加法器，并将原来电路中的两个数的高阶位输入新的全加法器。此外，将两位加法电路的进位输出到新的全加法器的输入进位。这样，以这种方式扩充的两位加法器电路就变成了三位数字加法的电路。依此类推，任意位数加法的电路图有相应数目的全加法器元件。图 7.7 给出了一个 w 位数加法的电路原理图。该电路被称为波纹进位加法器，这是因为进位是通过整行加法器组件传播。

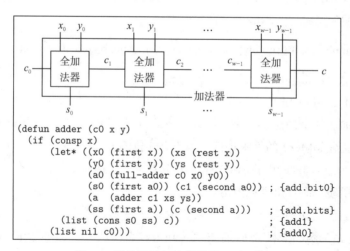

图 7.7 波纹进位加法器及其 ACL2 模型

145   图中 ACL2 模型依赖归纳定义。它将两个数字的进位和低阶位输入全加法器（一个数的低阶位是"第一位",即我们用来表示数字的列表中的第一个元素)。该全加法器输出的列表中的和位是表示输入数字之和的低阶位。列表中其余的和位是加法器对输入数字的其他位(即除低阶位之外的所有的输入数字位)进行运算后输出的。

由于该模型在 ACL2 中定义了一个运算符,因此你可以运行该运算符来查看它在特定情况下是否有效。若要进行两位二进制数字相加,请在调用加法器时输入这些由 0 和 1 序列组成的数字,并指定 0 作为输入进位。输出即是二进制数字之和。

图 7.8 中的定理解释了如何将输入和输出信号转换为数字。与两位加法器一样(图 7.3),由两个输入数字和输入进位表示的三个数字,求和之后就等于由输出和位以及输出进位所组成的数字。然而,w 位加法器的定理隐含一个约束,即输入的两个数字必须具有相同位数。这对于两位加法器定理来说并不必要,因为在 ACL2 模型中数字的长度是确定的。

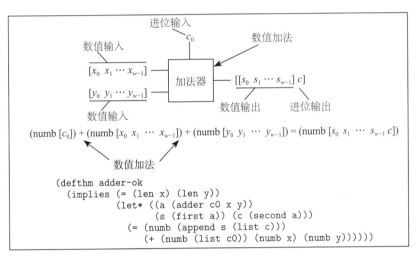

图 7.8 w 位二进制数字求和

定理 {adder-ok}(图 7.8)说明了我们期望加法器电路应具有的算术性质。ACL2 的机械化逻辑在没有其他条件帮助的情况下就成功地验证了这个定理,但是由于电路的推理是一个非常重要的思想,因此我们认为进行一个手工证明是很有必要的。当然,我们 146 的证明将从加法器电路模型(图 7.7)开始,而不是从电路图开始。信息框 7.1 讨论了这种方法的一些分支,该方法是我们推理电路的基础。

图 7.9 用代数符号表示 {adder-ok} 定理。证明这个定理只需验证($\forall n.R(n)$)是真即可,其中谓词 R 的论域为自然数,定义如下:

$$R(n) \equiv ((\mathbf{numb}[s_0 \ s_1 \ldots s_n \ c]) =$$
$$(\mathbf{numb}[c_0]) + (\mathbf{numb}[x_0 \ x_1 \ldots x_n]) + (\mathbf{numb}[y_0 \ y_1 \ldots y_n]))$$

其中 $[[s_0 \ s_1 \cdots s_n]c] = (\mathbf{adder} \ c_0 \ [x_0 \ x_1 \cdots x_n] \ [y_0 \ y_1 \cdots y_n])$

可以使用数学归纳法进行证明。图 7.9 表示等式的基本情况 $R(0)$,并简述了它的证明。在这里，我们详细阐述了一些在简略证明中被忽略的细节。第一步是通过加法器的定义来计算 (**adder** c_0 [x_0] [y_0]) 的值（图 7.7）。**adder** 定义中的 **if** 运算符将使用这些操作数来选择 {add1} 等式。

$$(\textbf{adder } c_0 \ [x_0] \ [y_0])$$
$$= \ [(\textbf{cons } s_0 \ ss) \ c] \qquad \{add1\}$$

其中

$$[ss \ c]$$
$$= \ (\textbf{adder } c_1 \ (\textbf{rest } [x_0]) \ (\textbf{rest } [y_0])) \qquad \{add.bits\}$$
$$= \ (\textbf{adder } c_1 \ \textbf{nil} \ \textbf{nil}) \qquad \{rst1\} \ (4.1 \ 节的习题 \ 1)$$
$$= \ [\textbf{nil } c_1] \qquad \{add0\}$$

因此，$ss = \textbf{nil}$

$$c = c_1 \qquad \{\dagger\}$$

且　$(\textbf{cons } s_0 \ ss) = (\textbf{cons } s_0 \ \textbf{nil}) = [s_0] \quad \{\ddagger\}$

等式 $R(0)$（图 7.9）需满足以下要求：

$$[[s_0] \ c] = (\textbf{adder } c_0 \ [x_0] \ [y_0])$$

下面的论述从要求的右边到左边进行，证明它与 **adder** 操作的定义是一致的：

$$(\textbf{adder } c_0 \ [x_0] \ [y_0])$$
$$= \ [(\textbf{cons } s_0 \ ss) \ c] \qquad \{add1\}$$
$$= \ [[s_0] \ c] \qquad \{\ddagger\}$$

[147]　至此，基本情况的证明可以完成，如下所示：

$$(\textbf{numb} [s_0 \ c])$$
$$= \ (\textbf{numb} [s_0 \ c_1]) \qquad \{\dagger\}$$
$$= \ (\textbf{numb} \ (\textbf{full-adder } c_0 \ x_0 \ y_0)) \qquad \{add.bit0\}$$
$$= \ (\textbf{numb} [c_0]) + (\textbf{numb} [x_0]) + (\textbf{numb} [y_0]) \qquad \{full\text{-}adder\text{-}ok\}$$

信息框 7.1　模型与电路制作

　　我们希望在各种逻辑门、电线器材完备和时间充裕的情况下，你可以使用加法器电路图来构建一个任意指定长度数字相加的电路，并且确保该模型符合图表要求。如果符合要求，那么该电路也会具有我们所验证过的模型性质。

　　在一个完整的形式化过程中，我们需要一种方法将模型转换成用于制作电路的指令，这样制作的电路将具有模型的性质。这种形式化过程需要我们使用某些用于形式化其他操作的方法。我们将这一步留给你来想象。

　　基本情况就讲到这里。图 7.9 还提出了一种归纳情况的证明：$\forall n.(R(n) \rightarrow R(n+1))$。当这个证明达到总和 $(\textbf{numb}[c_1]) + (\textbf{numb}[x_1 \cdots x_{n+1}]) + (\textbf{numb}[y_1 \cdots y_{n+1}])$ 时，由于 $[x_1 \cdots x_{n+1}]$ 和 $[y_1 \cdots y_{n+1}]$ 有 $n+1$ 个元素，就像等式 $R(n)$ 中的数字一样，因此它符合归纳猜想 $R(n)$。下标是从 1 到 $n+1$，而不是从 0 到 n，但重要的是位的数量，而非下标本身。

定理 {adder-ok}：

$\forall n.((\mathbf{numb}\ [s_0\ s_1 \cdots s_n\ c]) = (\mathbf{numb}\ [c_0]) + (\mathbf{numb}[x_0\ x_1 \cdots\ x_n]) + (\mathbf{numb}[y_0\ y_1 \cdots y_n]))$

    其中 $[[s_0\ s_1 \cdots s_n]\ c] = (\mathbf{adder}\ c_0\ [x_0\ x_1 \cdots x_{n+1}][y_0\ y_1 \cdots y_n])$

基本情况

    $R(0) \equiv ((\mathbf{numb}\ [s_0\ c]) = (\mathbf{numb}\ [c_0])+(\mathbf{numb}[x_0])+(\mathbf{numb}[y_0]))$

    其中 $[[s_0]c]=(\mathbf{adder}\ c_0\ [x_0][y_0])$

$(\mathbf{adder}\ c_0\ [x_0][y_0])=[(\mathbf{cons}\ s_0\ \mathbf{nil})c]=[[s_0]c]$ {add1}({adder}, 图 7.7)

    其中 $[s_0\ c]=(\mathbf{full\text{-}adder}\ c_0\ x_0\ y_0)$ 注：$(\mathbf{adder}\ c\ \mathbf{nil}\ \mathbf{nil})=[\mathbf{nil}\ c]$。

$(\mathbf{numb}\ [s_0\ c])=(\mathbf{numb}\ (\mathbf{full\text{-}adder}\ c_0\ x_0\ y_0))$

    $=(\mathbf{numb}\ [c_0])+(\mathbf{numb}\ [x_0])+(\mathbf{numb}\ [y_0])$ {full-adder-ok}（图 7.5）

归纳情况

    $R(n+1) \equiv ((\mathbf{numb}\ [s_0\ s_1 \cdots s_{n+1}\ c] =$

            $(\mathbf{numb}\ [c_0]) + (\mathbf{numb}\ [x_0\ x_1 \cdots x_{n+1}]) + (\mathbf{numb}\ [y_0\ y_1 \cdots y_{n+1}]))$

       其中 $[[s_0\ s_1 \cdots s_{n+1}]\ c]=(\mathbf{adder}\ c_0[x_0\ x_1 \cdots x_{n+1}][y_0\ y_1 \cdots y_{n+1}])$

$(\mathbf{numb}\ [c_0]) + (\mathbf{numb}\ [x_0\ x_1 \cdots x_{n+1}]) + (\mathbf{numb}\ [y_0\ y_1 \cdots y_{n+1}])$

$= (\mathbf{numb}\ [c_0]) + (\mathbf{numb}\ [x_0]) + 2 \times (\mathbf{numb}\ [x_0 \cdots x_{n+1}])$ {nmb1}

          $+ (\mathbf{numb}\ [y_0]) + 2 \times (\mathbf{numb}\ [y_1 \cdots y_{n+1}])$ {nmb1}

$= (\mathbf{numb}\ [c_0]) + (\mathbf{numb}\ [x_0]) + (\mathbf{numb}\ [y_0])+$

    $2 \times ((\mathbf{numb}\ [x_1 \cdots x_{n+1}]) + (\mathbf{numb}\ [y_1 \cdots y_{n+1}]))$ {代数}

$= (\mathbf{numb}(\mathbf{full\text{-}adder}\ c_0\ x_0\ y_0))+$ {full-adder-ok}

    $2 \times ((\mathbf{numb}\ [x_1 \cdots x_{n+1}]) + (\mathbf{numb}\ [y_1 \cdots y_{n+1}]))$

$= (\mathbf{numb}\ [s_0\ c_0]) + 2 \times ((\mathbf{numb}\ [x_1 \cdots x_{n+1}]) + (\mathbf{numb}\ [y_1 \cdots y_{n+1}]))$ {add.bit0}

$= (\mathbf{numb}\ [s_0]) + 2 \times (\mathbf{numb}\ [c_1])+$ {nmb1}

          $2 \times ((\mathbf{numb}\ [x_1 \cdots x_{n+1}]) + (\mathbf{numb}\ [y_1 \cdots y_{n+1}]))$

$= (\mathbf{numb}\ [s_0]) +$ {代数}

    $2 \times ((\mathbf{numb}\ [c_1]) + (\mathbf{numb}\ [x_1 \cdots x_{n+1}]) + (\mathbf{numb}\ [y_1 \cdots y_{n+1}]))$

$= (\mathbf{numb}\ [s_0]) + 2 \times (\mathbf{numb}\ [s_1 \cdots s_{s+1}\ c])$ {$R(n)$}

$=(\mathbf{numb}\ [s_0\ s_1 \cdots s_{n+1}\ c])$ {nmb1}

图 7.9 定理 {adder-ok} 的数学归纳法证明

归纳法假设表示这个和等于 $(\mathbf{numb}[s_1 \cdots s_n\ c])$，并且 {nmb1} 定理（4.3 节的习题 3）加上 $(\mathbf{numb}[s_0]) + 2 \times (\mathbf{numb}[s_1 \cdots s_{n+1}\ c])$ 可以得到 $(\mathbf{numb}[s_0\ s_1 \cdots s_n\ c])$。我们已经从等式 $R(n+1)$ 右边推导出等式的左边。这就通过数学归纳法完成了 {adder-ok} 定理的证明。

退一步说，这个证明是冗长乏味的。它需要从操作数的符号表示中计算出许多运算符调用的细节。幸运的是，ACL2 唾手可得，在进行烦琐的过程之后得出相同的结论。这给了我们信心，使用波纹进位电路进行二进制加法也能得到正确的结果。

习题

1. 在 ACL2 中定义一个运算符 **add-bin**，该运算符可进行任意两个二进制数求和，即使这些数的位数不同。即，（**add-bin** c x y）的值应该是一个二进制数字 $(\mathbf{numb}\ [c]) + (\mathbf{numb}\ x) + (\mathbf{numb}\ y)$，只要 x 和 y 是二进制数且 c 是 0 或 1，不用管 x 的长度（**len** x）或 y 的长度（**len** y）。最后在你完成的运算符上设计，并进行一些合理检测。

2. 在 ACL2 中定义一个关于运算符 **add-bin**（习题 1）的定理，它类似于定理 {adder-ok}（图 7.8）。

信息框 7.2　加法器电路和不同长度的数字

　　计算机中的字是计算机在某些运算（如算术运算）中作为一个整体处理的位的集合。执行运算的电路实际上是对表示二进制数字的字进行运算。因为所有的字都有相同的位数，所以作为算术运算符的电路的两个输入数都具有相同的位数。

　　我们可以改变加法器的电路设计，来适应不同长度的输入数。然而，由于我们是在为一个输入数字长度相同的电路建模，因此模型不需要考虑这种可能性。

7.5　负数的数字

　　到目前为止，我们看到的所有数字都表示正数。算术电路也需要处理负数，并且有多种方法可以做到这一点。最常见的方案称为二进制补码系统。

　　二进制补码是对普通二进制数的一种特殊解释。对于数字 $0, 1, \cdots, (2^{w-1}-1)$，其中 w 是用于算术运算的电路的字长，二进制补码就是普通的二进制数字。该组数字中的所有数码都具有（$w-1$）或更少的位，不包括前导零（定理 {len-bits $\leqslant$}）。为了使数码与码字的大小匹配，二进制补码系统在它的前面加上零，使其正好具有 w 位。前导零不会更改数码所表示的数字（定理 {leading-0s}）。但是，就像波纹进位加法器一样（图 7.7），在用于对执行二进制补码运算的电路中，每个输入的数码需要精确的 w 位。这是因为每个加数有 w 条输入线，并且每条输入线必须承载一个信号。非负数 $0, 1, \cdots, (2^{w-1}-1)$ 消耗 w 位可用字长，占 2^w 位总模式的一半。

　　对于负数，二进制补码系统使用其余的位模式。通常这些数码表示数字 $2^{(w-1)}, (2^{(w-1)}+1), \cdots, (2^w-1)$。如果 $(-n)$ 是在 $-2^{w-1} \leqslant (-n) < 0$ 范围内的负数，则 $(-n)$ 的二进制补码是表示 (2^w-n) 的普通二进制数码。由于 $2^{(w-1)} = (2^w - 2^{w-1}) \leqslant (2^w-n) < 2^w$，因此该数码恰好具有 w 位（定理 {len-bits}）。我们也知道它的高阶位是一位（定理 {hi-1}），因此有一种简单的方法来识别表示负数的数码。

　　例如，对于使用二进制补码系统的 32 位字长的计算机，其算术电路处理的数字 n 的范围是 $-2^{w-1} \leqslant n < 2^{w-1}$。在该范围的正数部分，它表示数字的普通二进制数码，但具有足够多的前导零来填充 32 位字长。对于范围中的负数 $(-n)$ 而言，二进制补码系统使用正数 $(2^{32}-n)$ 的普通二进制数码表示数字 $(-n)$。由于 $(-n)$ 的范围为 $-2^{31} \leqslant n < 0$，我们可以断言 $2^{31} = 2^{32} - 2^{31} \leqslant 2^{32} - n < 2^{32}$。因此，负数 $(-n)$ 的二进制补码表示的二进制数码正好具有 32 位（定理 {len-bits}）。

　　在与其他数字相加时，模运算使得负数的二进制补码表示与正常表示的负数相加一样。对于 $-2^{31} \leqslant n < 0$ 范围内的负数 $(-n)$，$((-n) \bmod 2^{32})$ 的值为 $(2^{32}-n)$。因此，由于模运算中的加法和减法与普通的加法和减法（信息框 3.3）一致，故有 $(m+(-n)) \bmod 2^{32} =$

$$((m \bmod 2^{32}) + ((-n) \bmod 2^{32})) \bmod 2^{32} = ((m \bmod 2^{32}) + ((2^{32} - n) \bmod 2^{32})) \bmod 2^{32} \text{。}$$

也就是说，将二进制补码所表示的数（包括负数范围内的数）相加，就像在模运算中进行普通的加法运算一样。减法是通过对一个数求反（也就是说，计算它负数的补码形式），然后进行加法运算并对 2^{32} 执行取模运算的方式得到。

此方法适用于任何字长。当字长为 w 时，二进制补码系统通过执行普通的数字加法来处理 $-2^{w-1} \leqslant n < 2^{w-1}$ 范围内数字 n 的加法和减法，就像波纹进位加法器一样，但使用补码方案来解读数字。用于执行加法（和减法，在二进制补码系统中使用相同的电路）的电路利用了模运算和普通算术之间的一致性。

总而言之，对于字长大小为 w 的计算机，二进制补码系统处理的数字 n 的范围为 $-2^{w-1} \leqslant n < 2^{w-1}$。我们称这组整数为 $I(w)$。

$$I(w) = \{2^{w-1}, \cdots, -1, 0, 1, 2, \cdots, 2^{w-1} - 1\}$$

该范围内负数部分的数字的二进制补码数字表示正好有 w 位，其中高阶位是一位。对于 $I(w)$ 中正数部分的数字，采用普通二进制数码的形式，只是它们填充了足够的前导零来填充 w 位字长，其中 w 是计算机的字长大小。定义如下的 **twos** 运算符为集合 $I(w)$ 中的数字 n 提供二进制补码：

```
(defun twos (w n)              ; w = word size
  (if (< n 0)                  ; -2^(w-1) <= n < 2^(w-1)
      (bits (+ (expt 2 w) n))  ; {2s-}
      (pad w 0 (bits n))))     ; {2s+}
```

twos 运算符使用运算符 **bits** 计算二进制数字。对于负数，它在计算数字之前，使用 ACL2 内部运算符 **expt** 加上 2^w 即（**expt** 2^w）。对于非负数，它计算数字，然后使用 **pad** 运算符（6.3 节的习题 5）插入前导零以匹配字长大小。

|151|

因为 $0 \leqslant n < 2^{(w-1)}$ 意味着 $0 \leqslant (\text{len}(\text{bits} \, n)) < w$（定理 {len-bits$\leqslant$}），所以表示正数的数字前总是有一些填充。

图 7.10 显示了集合 $I(3)$ 中数的二进制补码数字。这个例子只是为了说明这个想法。没有一台计算机会有位长为三的字，但是这个例子使用一个大小可控的表格说明了这一点。

如果输入进位为零，且输入数字被解读为集合 $I(w)$ 中数字的二进制补码，那么来自波纹进位加法器的输出数码的和位（图 7.7）形成输入数码之和的二进制补码数字。电路的进位输出可用于确定总和是否在 $I(w)$ 中，$I(w)$ 是用 w 位二进制补码表示的一组数字$^\ominus$。

这里有一个有趣的技巧，我们不用计算 2^w 或做减法即可计算负数的二进制补码。设 $[x_0 \, x_1 \cdots x_{w-1}]$ 是范围 $1, 2, \cdots, 2^{w-1}$ 中的数字 n 的 w 位数码，它用前导零填充 w 位字长。然

$\ominus$ 输出的进位可用于执行多字算术或检测溢出条件。将两个都在正数范围的上半部分（2^{w-2}）$\leqslant m, n < 2^{w-1}$）的数字 $m + n$ 相加，得出的数字在集合 $I(w)$ 之外，因此总和没有 w 位的二进制补码。这种结果称为溢出。同样，对在负数范围的下半部分（$2^{w-1} \leqslant m, n < 2^{w-2}$）的两个数字求和会产生一个在二进制补码范围之外的数字，即负数方向的溢出。

后，$(-n)$ 的二进制补码可以在两步中计算出来。首先进行位反转：将所有位中的零改为一，将一改为零。然后，使用波纹进位加法器将数字 1 的数码加到反转位上，结果将是 $(-n)$ 的二进制补码。同样的方法也适用对 $(-2^{w-1}) < -n \leq 0$ 范围内数字 $(-n)$ 的二进制补码求反。

$n \in I(3)$	$2^3 + n$	(**twos** 3 n)	二进制数字
−4	4	**[0 0 1]**	100
−3	5	**[1 0 1]**	101
−2	6	**[0 1 1]**	110
−1	7	**[1 1 1]**	111
0		**[0 0 0]**	000
1		**[1 0 0]**	001
2		**[0 1 0]**	010
3		**[1 1 0]**	011
$I(w) = I(3) = \{-4, -3, -2, -1, 0, 1, 2, 3\}$			
字长 $w = 3, -2^{w-1} = -2^{3-1} = -4, 2^{w-1} - 1 = 2^{3-1} - 1 = 3$			

图 7.10 三位字长的二进制补码

该技巧不适用于数字 (-2^{w-1})，这是因为该数字的负数（即 2^{w-1}）在集合 $I(w)$ 之外，因此它没有 w 位二进制补码。这个技巧确实可以将二进制补码取零。在这种情况下，该过程将提供与输入相同的输出数字（即由 w 个零位组成的数字）。它为进位产生一位，但该位不是数字的一部分。图 7.11 说明了如何将位取反并加一以得出结果为输入数字的非。这是代数和模运算的练习⊖。

习题

1. 证明定理 {len-2s}：$\forall w.((n \in I(w)) \to ((\textbf{len}(\textbf{twos}\ w\ n)) = w))$。

2. 证明定理 {minus-sign}：$\forall w.(((n \in I(w)) \wedge (n < 0)) \to ((\textbf{fin}(\textbf{twos}\ w\ n)) = 1))$。

注：运算符 **fin** 的定义在 6.3 节的习题 6。

3. 证明定理 {plus-sign}：$\forall w.(((n \in I(w)) \wedge (n \geq 0)) \to ((\textbf{fin}(\textbf{twos}\ w\ n)) = 0))$。

4. 画出一个求反电路，其输入信号代表 $-2^{w-1} < n < 2^{w-1}$ 范围内的数字 n 的二进制补码，并且其输出信号代表 $(-n)$ 的二进制补码数字。在你所画的电路图中，依靠二进制补码的求反技巧（图 7.11），并绘制一个标有"adder"的框，来描述一个波纹进位加法器电路（图 7.8 使用该框描述了一个加法器电路）。

注：给定 2^{w-1} 的数码作为输入，你的电路还将产生（-2^{w-1}）的二进制补码数字。

5. 为习题 4 的求反电路定义一个 ACL2 模型。你的模型可以参考图 7.7 中波纹进位加法器的 ACL2 模型。

6. 当 $w = 32$ 时，定义并运行一个 DoubleCheck 属性，来测试习题 5 的求反电路的 ACL2 模型。你可以参考运算符 **expt**：(**expt** 2 31) = 2^{31}。

⊖ 图 7.11 中的等式 {ys 增量} 的证明引用了几何级数（习题 13）。

一些事实，记数法和等式	
$1 \leqslant n \leqslant 2^{w-1}$	求反的数的范围
$(\textbf{len}\ (\textbf{bits}\ n)) \leqslant w$	{len-bits $\leqslant$ }
$xs = [x_0\ x_1 \cdots x_{w-1}]$	$xs = (\textbf{pad}\ w\ 0\ (\textbf{bits}\ n))$，填充数值
$(\textbf{numb}\ xs) = n$	{leading-0s}
$ys = [y_0\ y_1 \cdots y_{w-1}]$	按位取反 $y_i = 1 - x_i$（0 变为 1，1 变为 0）
$1 + (\textbf{numb}\ ys) = 2^w - n$	等式 {ys 增量}（详见下方证明过程）
$(\textbf{bits}\ (+\ 1\ (\textbf{numb}\ ys))) = (\textbf{twos}\ w\ (-n))$	等式 {2s trick}（详见下方证明过程）

等式 {ys 增量 } $1 + (\textbf{numb}\ ys) = 2^w - n$ 的证明	
$1 + (\textbf{numb}\ ys)$	
$= 1 + y_0 2^0 + y_1 2^1 + \cdots + y_{w-1} 2^{w-1}$	{Horner 2}
$= 1 + (1 - x_0) 2^0 + (1 - x_1) 2^1 + \cdots + (1 - x_{w-1}) 2^{w-1}$	$\forall i.(y_i = 1 - x_i)$
$= 1 + (2^0 + 2^1 + \cdots + 2^{w-1})$	{代数}
$\quad - (x_0 2^0 + x_1 2^1 + \cdots + x_{w-1} 2^{w-1})$	
$= 1 + (2^w - 1) - (x_0 2^0 + x_1 2^1 + \cdots + x_{w-1} 2^{w-1})$	{几何级数}
$= 2^w - (x_0 2^0 + x_1 2^1 + \cdots x_{w-1} 2^{w-1})$	{代数}
$= 2^w - (\textbf{numb}\ xs)$	{Horner 2}
$= 2^w - n$	$(\textbf{numb}\ xs) = n$

等式 {2s trick} equation: $(\textbf{bits}\ (+\ 1\ (\textbf{numb}\ ys))) = (\textbf{twos}\ w\ (-n))$ 的证明	
$(\textbf{bits}\ (+\ 1\ (\textbf{numb}\ ys)))$	
$= (\textbf{bits}\ (2^w - n))$	等式 {ys 增量}
$= (\textbf{bits}\ (2^w + (-n)))$	{代数}
$= (\textbf{bits}\ (+\ (\textbf{expt}\ 2\ w)\ (-n)))$	$(2^w + (-n))$ 的 ACL2 表示
$= (\textbf{twos}\ w\ (-n))$	{2s-}({twos})

图 7.11　二进制补码的求反技巧

7. 画出一个表示二进制补码数字减法的电路。在你的电路中，使用图 7.8 中的类似门的符号来表示波纹进位加法器电路，并对习题 4 的求反电路使用相似的类似门的符号。

8. 定义习题 7 的二进制补码数字减法电路的 ACL2 模型。

9. 定义并运行一个 DoubeleCheck 属性，以测试习题 8 的减法电路。

10. 画出一个比较电路，该电路以一对二进制补码数字作为输入，如果第一个数字小于第二个，则输出一，否则输出零。在你的电路图中，使用一个类似门的符号来表示习题 7 的减法电路。
    提示：应用习题 2 和 3 中的定理 {minus-sign} 和 {plus-sign} 。

11. 定义习题 10 中比较电路的 ACL2 模型，可以参考习题 8 的减法电路模型。

12. 定义并运行一个 DoubleCheck 属性，以测试习题 11 的比较电路模型，可以参考运算符 **expt**:$(\textbf{expt}\ 2\ (-\ w\ 1)) = 2^{w-1}$ 。

13. 用归纳法证明以下方程式。你可以假设 $r > 0$ 且 $r \neq 1$ 。

$$(r - 1)(r^0 + r^1 + r^2 + \ldots + r^n) = r^{n+1} - 1 \qquad \text{\{几何级数\}}$$

153
≀
155

乘法器和大数算法

第 7 章讨论了用于固定字长的二进制数字加法的电路。ACL2 模型（图 7.7）假定两个数字都恰好具有 w 位，w 为字长。电路图通过显示 $2w$ 条输入线（每个数字 w 条线）和 w 条表示数字和的数字输出线来反映这个假设。

该电路图有一个额外的输入线，用于输入加法器的进位（通常为零位，除非电路用于某种多字运算），还有一个额外的输出线，用于输出进位。在单字运算中，当一个加数为正，而另一个加数为负时，输出进位通常被省略，但当它们具有相同的符号时，输出进位可以用来检测溢出[○]。

ACL2 模型将输入进位作为第一个操作数，将长度为 w 的两个输入数字作为第二个和第三个操作数。它以两个元素的列表形式传递其输出，第一个元素是具有 w 个和位的列表，第二个元素是进位。像电路一样，该模型也不允许输入长度不同的数字。这是物理电路的通常情况。它们的电线和门的数量是固定的。

软件则没有这种限制。用于添加二进制数字的软件组件可以接受任何长度的数字，并且两个数字不必具有相同的长度。表示和的数字将具有的位数与表示输入所表示的数字的和所需的位数相同。

用软件表示的且能够处理任何长度数字的加法器，通常被称为大数加法器。它对任意大小的数字执行精确的算术运算，而不是对基于字大小的固定范围的数字。为了简化讨论，我们将只讨论非负整数的算术。类似但更加复杂的想法，会转移到负整数域。

8.1　大数加法器

首先，让我们看看如何将 ACL2 波纹进位加法器模型转换成软件，该软件可以对任意位数的二进制数字进行加法运算，从而处理无限大小的数字。第一步是找出一种使二进制数字增加 1 的方法。换言之，我们想定义一个运算符 **add-1**，给定一个二进制数字 x 的自然数 n，传递 $(n+1)$ 对应的二进制数字。相对于 6.3 节（图 6.5）中的运算符 **bits** 和 **numb**（可将数字转换为二进制数，反之亦然），该运算符将具有以下属性。该属性是用数字表示的，但是 **add1** 将直接处理数字，完全绕过计算机系统的固有数字。

$$(\textbf{add-1}x) = (\textbf{bits}\,(\,+\,(\textbf{numb}\,x)1)) \qquad \{\text{add1-1 属性}\}$$

按照我们通常的做法，当我们试图定义一个运算符时，就假设已经有人定义了它，

○　当两个输入数字的总和超出算术系统可表示的数字范围时，就会发生溢出。

我们所要做的就是写出一些等式，如果运算符成立的话，它就必须满足这些等式。如果我们设法得出一致的、完备的、可计算的等式（图 4.10），我们就定义了一个运算符，它将是唯一使得所有这些等式成立的运算符。

当要递增的数字中没有位时，就会出现一种特别简单的情况。我们在第 6 章的解读是，空数字代表数 0（在 **numb** 中定义的方程 {numb0}）。因此，递增空数字应该会产生数字 1，即 list[1]。

$$(\textbf{add-1 nil})=(\textbf{list } 1)=(\textbf{cons } 1 \textbf{ nil}) \qquad \{\text{add1nil}\}$$

当要递增的数字中低阶位为零时，将会发生另一种简单的情况。在这种情况下，输出数字与输入数字相同，只不过其低阶位是 1 而不是 0。

$$(\textbf{add-1 } (\textbf{cons } 0 \ x)) = (\textbf{cons } 1 \ x) \qquad \{\text{add10}\}$$

在这一点上，我们用等式来覆盖所有没有位或低阶位为零的数字。如果我们可以计算出低阶位为 1 的数字等式，那么我们的等式就是完备的。为此，我们来考虑递增数字的低阶位。由于将 1 位与 1 位相加会产生总和为零和进位为 1（图 7.3），因此我们可以得出结论，递增数字的低阶位为零。

但对于进位，我们应该怎么做？我们需要将其添加到输入数字的高阶位。但这只是将高阶位加 1 的问题。高阶位本身形成一个数字，并且由于我们通常采用归纳定义的方式，即假设有人已经为较短的操作数定义了运算符 **add-1**，因此我们可以使用它来递增该数字。也就是说，如果定义了 **add-1** 运算符，它将满足以下归纳等式：

$$(\textbf{add-1 } (\textbf{cons } 1 \ x)) = (\textbf{cons } 0 \ (\textbf{add-1 } x)) \qquad \{\text{add11}\} \qquad \boxed{158}$$

现在我们有三个等式。它们是一致的（没有重叠的情况）和完备的（涵盖所有的情况）。这些等式也是可计算的，这是因为归纳等式 {add11} 右侧的输入数比等式左侧的输入数要短。因此，这些等式定义了 **add-1** 运算符。现在要做的就是把它们合并成一个 ACL2 定义。

```
(defun add-1 (x)
  (if (and (consp x) (= (first x) 1))
      (cons 0 (add-1 (rest x)))      ; {add11}
      (cons 1 (rest x))))            ; {add10}
```

结果发现可以将 {add nil} 等式和 {add 10} 等式表示为一个等式，因为 ACL2 公式 (**cons** 1 (**rest** x)) 是 {add 10} 等式右侧的正确转换，也适用于 {add nil} 等式的右侧，因为 (**cons** 1 (**rest nil**)) = (**cons** 1 **nil**) = (**list** 1)（{rst0}，图 4.4）。这个观察结果将定义从三个等式简化为两个等式，并完成了 **add-1** 运算符的形式定义。

波纹进位加法器将进位从每个位传播到下一个高阶位。每个位包含三个输入位（一个进位和每个加数的一位）。我们的大数加法器也会这样做。和的每一位将取决于加数中的对应位和上一低阶位的进位。

我们已经有了这样的设备：**full-adder** 运算符（图 7.4）。我们可以使用该运算符从加数中添加两个对应的位 x_n 和 y_n，将进位 c_n 从低位合并。**full-adder** 运算符为当前位传递和位 s_n，为下一位传递进位 c_{n+1}。

$$[s_n\ c_{n+1}] = (\textbf{full-adder}\ c_n\ x_n\ y_n)$$

此分析为大数 **add** 运算符的一个等式提供基础。这个归纳等式在两个加数都不为 **nill** 时适用，这样两者都有低阶位。

$$(\textbf{add}\ c_0\ [x_0\ x_1\ x_2\ \ldots]\ [y_0\ y_1\ y_2\ \ldots]) = [s_0\ s_1\ s_2\ \ldots] \quad \{\text{addxy}\}$$
其中
$$[s_0\ c_1] = (\textbf{full-adder}\ c_0\ x_0\ y_0)$$
$$[s_1\ s_2\ \ldots] = (\textbf{add}\ c_1\ [x_1\ x_2\ \ldots]\ [y_1\ y_2\ \ldots])$$

该等式涵盖了数字中至少具有一位的所有加数。因此，我们需要做的是使等式更加完备，也就是为一个或另一个加数为 **nill** 的情况提供等式。

如果任意一个加数为 **nil**，则该加数表示零。那么和就是另一个加数加上进位。我[159]们已经有一个运算符 **add-1**，如果进位是 1 位就可以用它来添加进位。当进位是 0 位时，因为加零不会改变数字，所以不需要加进位。

我们定义了一个运算符 **add-c**，当进位是 1 时，它使用 **add-1** 来添加进位。

```
(defun add-c (c x)
  (if (= c 1)
     (add-1 x)  ; {addc1}
     x))        ; {addc0}
```

当任意一个加数为 **nill** 时，可以使用加法 **add-c** 完成加法。

$$(\textbf{add}\ c\ x\ \textbf{nil}) = (\textbf{add-c}\ c\ x) \quad \{\text{add10}\}$$
$$(\textbf{add}\ c\ \textbf{nil}\ y) = (\textbf{add-c}\ c\ y) \quad \{\text{add01}\}$$

这涵盖了所有的情况。图 8.1 将等式转换为 ACL2。让我们看一些用大数加法（**add**）实现数字相加的例子。

$$
\begin{array}{ll}
(\textbf{add}\ 0\ [0\ 1] \quad\quad [0\ 1]) = [0\ 0\ 1] & \quad 2 + 2 = \ \ 4 \\
(\textbf{add}\ 0\ [0\ 1\ 1\ 1]\quad [1\ 0\ 1]) = [1\ 1\ 0\ 0\ 1] & \quad 14 + 5 = 19 \\
(\textbf{add}\ 0\ [1\ 0\ 0\ 1\ 1]\ [0\ 1\ 1]) = [1\ 1\ 1\ 1\ 1] & \quad 25 + 6 = 31
\end{array}
$$

```
(defun add (c0 x y)
  (if (not (consp x))
     (add-c c0 y)                          ; {add0y}
     (if (not (consp y))
        (add-c c0 x)                        ; {addx0}
        (let* ((x0 (first x))
               (y0 (first y))
               (a  (full-adder c0 x0 y0))
               (s0 (first a))
               (c1 (second a)))
          (cons s0 (add c1 (rest x) (rest y))))))) ; {addxy}
```

图 8.1　大数加法器运算符

大数加法（**add**）运算符为输入数字和输入进位的和提供一个二进制数字表示。下面的定理 **bignum-add-ok** 形式化地表达了该属性。我们考察一些示例，这些示例表明该属性对三对特定的加数对有效。我们想知道它是否适用于所有的输入数字。

```
(defthm bignum-add-ok
  (= (numb(add c x y))
     (+ (numb (list c)) (numb x) (numb y))))
```

ACL2 系统成功地证明了这个定理，可以使用类似于波纹进位加法器的 {adder-ok} 定理策略进行手工证明（图 7.9）。无论如何，我们现在可以从数学角度确定：大数加法运算符提供了两个输入数字和输入进位的和。

160

习题

1. 用下面的定理做一个手工证明，如果两个输入数字的高阶位都是 1，那么由大数加法运算符提供的数字的高阶位也是 1。这个定理指的是 **fin** 运算符。

$$(((\textbf{fin}\ x) = 1) \wedge ((\textbf{fin}\ y) = 1)) \rightarrow ((\textbf{fin}(\textbf{add}\ 0\ x\ y)) = 1)$$

2. 在 ACL2 中陈述习题 1 的定理。你可以把这个定理提交给 ACL2，但是这个练习并不要求你用 ACL2 机械化的逻辑去寻求证明成功。

8.2　移位相加乘法器

多位数相乘的小学方法是一次乘以一位数，从右（十进制数字的低阶数字）到左（高阶数字）运算。第一步是将整个被乘数乘以乘数的低阶数字。然后，第二步处理是乘数的倒数第二个数字（十进制）。在第二步中，乘积写在第一步的下面，但是向左移动了一位。这个过程在乘数的所有数字上都是连续的，一个接一个地写出每一步向左移动一个位置的乘积。所有数字的乘积完成后，再将它们相加求和，并根据每个阶段发生的左移将数字对齐。

小学生学习这个过程时并不知道背后的代数原理。然而，我们想用等式形式来确定乘法运算符，所以需要理解背后的代数。图 8.2 表示具体的乘法过程，并提供了一个用于证明乘法正确性的代数参数。代数依赖于小学生用来检查长除法正确性的等式[⊖]。

$$x = (\lfloor x \div d \rfloor \cdot d) + (x \bmod d) \qquad \{\text{check} \div \}\ ^{\ominus}$$

对于十进制数，$d = 10$。余数（$x \bmod 10$）是数字 x 的最后一位，其余的数字是商 $\lfloor x \div 10 \rfloor$ 的最后一位。这适用于任何数字，图 8.2 使用这一思想实现按位相乘。

当然，大数乘法器使用二进制数字而非十进制数字。过程是相同的，但是可以节省

⊖　我们不确定学校是否还会教长除法。随着计算机和计算器的不断推出，学习其他东西可能更有意义。然而，我们将需要长除法检查等式来证明乘法过程的合理性。

⊖　通常，$[x]$ 表示 x 或不超过 x 的最大整数（即 x 四舍五入的整数），$(x \bmod d)$ 是 x 除以 $d \neq 0$ 时的余数（模算术，信息框 6.3）。

一些时间，因为二进制乘法表比十进制乘法表简单得多。我们正在寻找一些定义乘法运算符的等式。也就是说，运算符输出由其操作数所表示数字的乘积的二进制数，这些操作数也是二进制数字，称为 **mul**，将其二进制操作数称为 x 和 y（参见 6.3 节）。

术语

x	由乘法器的数字表示的数
$x_0 = x \bmod 10$	数字 x 的低阶位的数
$\lfloor x \div 10 \rfloor$	数字 x 的其他位表示的数
y	由被乘数的数字表示的数
$m = x_0 \cdot y$	和 x 的低阶位的乘积
$p = \lfloor x \div 10 \rfloor \cdot y$	和 x 其他位表示的数的乘积
$m_0 = m \bmod 10$	数字 m 的低阶位的数
$\lfloor m \div 10 \rfloor$	数字 m 的其他位表示的数
$s = \lfloor m \div 10 \rfloor + p$	和数字 m 的其他位表示的数的和
$xy = s \cdot 10 + m_0$	对数字 s 移位，并加上数字 m_0

注：图中 x、x_0、y、m、m_0、p、s 表示数。

实际上，做乘法运算的人或计算机会使用数字。

过程

1. **低阶位数**：将被乘数 y 乘以乘法器数字 x_0 的低阶位数 x，即 $m = x_0 \cdot y$。

2. **逐位**：将 y 与 x 其他位表示的数相乘：$p = \lfloor x \div 10 \rfloor \cdot y$。

3. **移位和相加**：将 p 加到由数字 m 其他位表示的数上：$s = p + \lfloor m \div 10 \rfloor$。（在小学术语中，这是移位和相加的步骤）。

4. **降位**：观察到 m 的低阶位 m_0 是乘积 xy 的低阶位。（在小学术语中，这是加上数字 m_0 的步骤。）

5. **为 xy 传递数字**：形成一个数字，其低阶位数字为 m_0（你加上的数字），而 s 表示其他位所表示的数字。

论证

$$
\begin{aligned}
xy &= (\lfloor x \div 10 \rfloor \cdot 10 + (x \bmod 10))y && \{\text{check} \div\} \\
&= (\lfloor x \div 10 \rfloor \cdot 10 + x_0)y && \{x_0 = x \bmod 10\} \\
&= (\lfloor x \div 10 \rfloor \cdot y) \cdot 10 + x_0 y && \{\text{代数}\} \\
&= (\lfloor x \div 10 \rfloor \cdot y) \cdot 10 + m && \{m = x_0 \cdot y\} \\
&= p \cdot 10 + m && \{p = \lfloor x \div 10 \rfloor \cdot y\} \\
&= p \cdot 10 + (\lfloor m \div 10 \rfloor \cdot 10 + (m \bmod 10)) && \{\text{check} \div\} \\
&= (p + \lfloor m \div 10 \rfloor) \cdot 10 + (m \bmod 10) && \{\text{代数}\} \\
&= s \cdot 10 + (m \bmod 10) && \{s = p + \lfloor m \div 10 \rfloor\} \\
&= s \cdot 10 + m_0 && \{m_0 = m \bmod 10\}
\end{aligned}
$$

图 8.2　小学乘法：逐位法

如果 y 为 **nil**，则表示零，这使得乘积为 0（即 **nil**）。该分析表明，当 y 为 **nil** 时，该等式完成计算。

$$(\textbf{mul } x \textbf{ nil}) = \textbf{nil} \qquad \{\text{mulx0}\}$$

我们现在可以关注 y 不为 **nil** 的情况。为了完成乘法运算，我们将调用另一个运算符 **mxy**，它假设 y 不为 **nil**。这就引出了 **mul** 的另一个等式。

$$(\textbf{mul } x \, y) = (\textbf{mxy } x \, y), \text{ if } (\textbf{consp } y) \qquad \{\text{mulxy}\}$$

现在，我们将注意力转向定义 **mxy**，当 y 不为 **nil** 时，**mxy** 将二进制数字 x 和 y 相乘。可能会发生 x 为 **nil** 的情况，它代表零，所以乘积也是零。在这种情况下 $(\textbf{mxy } x \, y)$ 为 **nil**，这给了我们一个关于 **mxy** 的等式。

$$(\textbf{mxy nil } y) = \textbf{nil} \qquad \{\text{mul0y}\}$$

当 $x = [x_0 \, x_1 \, x_2 \cdots]$ 不为 **nil** 时，再次按照图 8.2 进行操作，但是这次，由于我们处于二进制模式，因此请在看到数字 10 的时候考虑两个位，在看到单个数字的时候考虑一个位。（或者，在图中将数字 10 解释为二进制数字。）我们将简短地讨论步骤 1，但首先请看一下步骤 2，无论步骤 1 中发生什么，步骤 2 都是必要的。

在图 8.2 中，变量 x, y, m, p 和 s 代表数，但在该图之外的讨论中，它们代表二进制数字。有时会希望引用数字，可以使用下划线进行区分。例如，x 是一个二进制数字，而 $\underline{x} = (\textbf{numb } x)$ 表示 x 代表的数。同样，x_0 是位的符号，$\underline{x_0}$ 则是它表示的数（0 或 1）。

图 8.2 中的步骤 2 需要计算 $\underline{p} = \lfloor \underline{x} \div 2 \rfloor \cdot \underline{y}$。$\lfloor \underline{x} \div 2 \rfloor$ 只不过是没有低阶位的 x。由于在我们的二进制数表示中，低阶位是第一位的，因此没有其低位的 x 是数字 $(\textbf{rest } x)$。观察到数字 $(\textbf{rest } x)$ 比数字 x 短，我们可以调用 **mxy** 并使用数学归纳法。这为我们提供了一种计算 p 的方法。请记住，这是一个数字，而不是一个数。

$$p = (\textbf{mxy}(\textbf{rest } x) \, y) \qquad \{\text{mul.p}\}$$

二进制数字使图 8.2 （$\underline{m} = \underline{x_0} \cdot \underline{y}$）中的步骤 1 比十进制数字更简单。位 x_0 不是 0 就是 1。如果 $x_0 = 0$，则 $\underline{m} = \underline{m_0} = 0$，因此我们要做的就是将 p 乘以 2（只是移位，不加）。将二进制数乘以 2 就是在开头插入零的问题（这就是我们移 1 零位的地方）。因此，当 $x_0 = 0$ 时，我们得到如下关于 **mxy** 的等式：

163

$$(\textbf{mxy}[0 \, x_1 \, x_2 \cdots] \, y) = (\textbf{cons } 0 \, p) \qquad \{\text{mul0xy}\}$$

如果 $x_0 = 1$，那么 $m = y$，所以 $s = \lfloor \underline{m} \div 2 \rfloor + \underline{p} = \lfloor \underline{y} \div 2 \rfloor + \underline{p}$。同样，$y$ 是一个数字，所以 $\lfloor \underline{y} \div 2 \rfloor$ 所表示的数字与 y 一样，但没有第一位 $(\textbf{rest } y)$。这给出另一个关于 **mxy** 的等式。我们使用大数 **add** 运算符计算图 8.3 步骤 3 中所示的和。**add** 运算符的第一个操作数是输入进位，进位是零，这是因为我们只想将 p 和 $(\textbf{rest } y)$ 相加。取出 m 的低阶位，但是 $m = y$，（$x_0 = 1$，你记得），所以 m 的低阶位也是 y 的低阶位，即 $(\textbf{first } y)$。

$$(\textbf{mxy}[1 \, x_1 \, x_2 \cdots] \, y) = (\textbf{cons } (\textbf{first } y) \, (\textbf{add } 0 \, (\textbf{rest } y) \, p)) \qquad \{\text{mul1xy}\}$$

关于 **mul** 的这些等式是完备的，因为 y 要么为 **nil**（在这种情况下适用等式 $\{\text{mulx0}\}$），

要么不为 **nil**（在这种情况下适用 {mulx0}），并且计算由运算符 **mxy** 决定。现在，我们必须分析 **mxy** 的定义。

```
(defun mxy (x y) ; assumption: y is not nil
  (if (consp x)
      (let* ((p  (mxy (rest x) y)))           ; {mul.p}
        (if (= (first x) 1)
            (cons (first y) (add 0 p (rest y))) ; {mul1xy}
            (cons 0 p)))                        ; {mul0xy}
      nil))                                     ; {mul0y}
(defun mul (x y)
  (if (consp y)
      (mxy x y) ; {mulxy}
      nil))     ; {mulx0}
```

图 8.3　大数乘法运算符

定义 **mxy** 的等式是完备的，因为 x 要么为 **nil**（在这种情况下，方程式 {m0y} 适用）或者 x 不为 **nil**。如果 x 不为 **nil**，则其低阶位为 0（在这种情况下，方程 {mul0xy} 适用），或者为 1（在这种情况下，方程 {mul1xy} 适用）。

这些等式是一致的。在一种可能重叠的情况下，即当 x 和 y 都为 **nil** 时，它们会产生相同的结果，即为 **nil**。

这些等式是可计算的，因为在归纳等式 {m0xy} 和 {m1xy} 中，调用运算符 **mxy** 右侧的第一个操作数是数字 (**rest** x)。由于 x 在归纳情况下不是 **nil**，(**rest** x) 的位数少于 x，后者是左侧的第一个操作数。因此，归纳调用比等式左侧的公式更接近于非归纳的情况。

把这些整合在一起，我们就得到了图 8.3 中关于大数乘法运算符 **mul** 的 ACL2 定义。大部分的工作由运算符 **mxy** 完成。从这些定义中，ACL2 成功地找到了以下定理的一个归纳证明，证明了 (**mul** $x\,y$) 是数字 x 和 y 所代表的数字的二进制乘积：

```
(defthm bignum-mul-ok
  (= (numb (mul x y)) (* (numb x) (numb y))))
```

习题

1. 对大数乘法定理 **bignum-mul-ok** 进行手工证明。

算　法

多路复用器和解复用器

9.1　多路复用器

假设你想将两个列表合并为一个列表。你正在寻找一种完美的合并方法，从其中一个列表选择一个元素，然后从另一个列表中选择一个元素，再返回到第一个列表，以此类推。这个过程有时被称为多路复用，这个术语来源于信号传输。当发送的信号比信道多时，在两个信号之间共享一个信道的方法是先发送一个信号的一部分，然后发送另一个信号的一部分，接着再发送第一个信号的一部分，以此类推。可以存在任意数量的信号共享这个信道，同样的循环方法也是可行的。我们称合并运算符为 **mux**，它满足以下等式：

$$(\textbf{mux } [x_1\ x_2\ x_3\ \cdots][y_1\ y_2\ y_3\ \cdots]) = [x_1\ y_1\ x_2\ y_2\ x_3\ y_3\ \cdots] \qquad \{\text{mux}\}$$

与往常一样，我们希望根据一组完备的、一致的和可计算的公式来定义 **mux** 运算符，它必须满足这些条件（图 4.10）才能正常工作。如果两个列表都是非空的，则多路复用生成列表的第一个元素是第一个列表的第一个元素，第二个元素是另一个列表的第一个元素。因此，下面的公式将把前两个元素放到复用后列表的正确位置：

$$(\textbf{mux } (\textbf{cons } x\ xs)\ (\textbf{cons } y\ ys)) = (\textbf{cons } x\ (\textbf{cons } y\ \cdots\ \text{公式剩余的部分}\ \cdots))$$

幸运的是，这个公式中缺失的部分并没有什么神秘之处。我们将两个输入列表中剩下的部分进行多路复用，就可以将所有元素放到正确的位置，完成合并。这一观察结果引出了一个归纳等式，如果 **mux** 运算符工作正常，那么它将满足下面这个等式：

$$(\textbf{mux}(\textbf{cons } x\ xs)(\textbf{cons } y\ ys)) = (\textbf{cons } x(\textbf{cons } y(\textbf{mux } xs\ ys))) \qquad \{\text{mux}11\}$$

{mux11} 等式涵盖了两个列表都是非空的情况。因为这是一个归纳等式，所以我们需要仔细确保等式右边的 **mux** 操作数比左边的操作数更接近非归纳等式的操作数。否则，该等式将不可计算，也无法定义 **mux** 运算符。我们观察到右边的操作数比左边的操作数短一个元素。因此，等式 {mux11} 可以用于定义一个公理。当两个列表都非空时，该等式一直适用。

如果两个列表都是空的，那就不需要进行多路复用，所以在这种情况下，**mux** 复用会生成空列表。但是如果一个列表是空的，而另一个不是，那么多路复用会生成什么？有不止一个合理的选择存在，每一个选择都会导致不同的操作。一种选择是将非空列表中的元素按原样合并到 **mux** 生成的列表中，这将使 **mux** 满足以下等式：

公理 mux

(mux nil *ys*) = *ys*	{mux0x}
(mux *xs* **nil)** = *xs*	{mux0y}
(mux(cons *x xs*)**(cons** *y ys*)) = (**cons** *x*(**cons** *y*(**mux** *xs ys*)))	{mux11}

{mux0x}，{mux0y}和{mux11} 这三个等式是完备的（两个操作数都非空，或者至少有一个是空的）和可计算的（如前所述）。它们还是一致的，因为只有当两个列表都为空时才会出现重叠情况。在这种情况下，重叠等式（ {mux0x}和{mux0y} ）指定相同的结果（即空列表）。因此，我们可以把这些等式作为定义运算符 **mux** 的公理。将公理转换为 ACL2 符号，得到如下定义：

```
(defun mux (xs ys)
  (if (not (consp xs))
      ys                                         ; {mux0x}
      (if (not (consp ys))
          xs                                     ; {mux0y}
          (cons (first xs)
                (cons (first ys)
                      (mux (rest xs) (rest ys))))))) ; {mux11}
```

通常而言，定义运算符的公理不仅决定它们直接指定的属性，还决定运算符的所有其他属性。我们期望 **mux** 运算符有什么性质？当然，多路复用生成列表中的元素的数目将是其所操作列表长度之和。下列定理形式化地阐述了这个性质，ACL2 成功地找到了一个证明：

```
(defthm mux-length-thm
  (= (len (mux xs ys))
     (+ (len xs) (len ys))))
```

作为练习，让我们手工证明这个定理。我们的策略是对第一个操作数的长度使用数学归纳法。我们尝试证明以下等式适用于所有自然数 n：

定理 {mux-length}： $\forall n.L(n)$

其中 $L(n) \equiv ((\textbf{len}(\textbf{mux}[x_1\, x_2 \cdots x_n]\, ys)) = n + (\textbf{len}\, ys))$

用数学归纳法证明

170

基本情况（当第一个操作数为空时）： $L(0) \equiv ((\textbf{len}(\textbf{mux nil}\, ys)) = 0 + (\textbf{len}\, ys))$

$$(\textbf{len}(\textbf{mux nil}\, ys))$$
$$=(\textbf{len}\, ys) \qquad \{mux0x\}$$
$$= 0 + (\textbf{len}\, ys) \quad \{代数\}$$

归纳情况（当第一个操作数有 $n+1$ 个元素时）：

$$L(n+1) \equiv ((\textbf{len}(\textbf{mux}[x_1\, x_2 \cdots x_{n+1}]\, ys)) = (n+1) + (\textbf{len}\, ys))$$

我们将归纳情况 $L(n+1)$ 分成两部分。**mux** 的第二个操作数要么是 **nil**，要么不是。我们从两种可能情况中得出结论，由于可以推断结论在所有情况下都成立，因此这就完成了证明⊖。

信息框 9.1　　Mux-val 定理的形式化表示

　　在本节的习题 2 中，以手工证明的形式陈述了 Mux-val 定理和 **occurs-in** 谓词的公理。这些证明是严谨的，但没有严格满足 ACL2 形式上的证明。下面是 ACL2 对这些思想的形式化描述，ACL2 系统成功地证明了这一点。**iff** 运算符是布尔等价的（信息框 2.5）

```
(defun occurs-in (x xs)
  (if (consp xs)
      (or (equal x (first xs))
          (occurs-in x (rest xs)))
      nil))
(defthm mux-val-thm
  (iff (occurs-in v (mux xs ys))
       (or (occurs-in v xs)
           (occurs-in v ys))))
```

　　当 *ys* 为 **nil** 时，归纳情况的证明类似于 *xs* 为 **nil** 时的证明，只是它引用的是 {mux0y} 而不是 {mux0x}。图 9.1 给出了当两个操作数都是非空时归纳情况的证明。也就是说，当第二个操作数具有形式 (**cons** *y ys*)，而第一个操作数具有 $n+1$ 个元素的时候。这样就完成了定理 {mux-length}：$\forall n.L(n)$ 的数学归纳法证明。

　　下一节讨论另一个方向的运算符。它将一个列表"解复用"为两个列表，即对合并进行逆运算。我们将证明 **dmx** 抵消了 **mux** 的作用，反之亦然。也就是说，这两个运算 [171] 符互逆。

$L(n+1) \equiv (\mathbf{len}(\mathbf{mux}[x_1\, x_2 \cdots x_{n+1}](\mathbf{cons}\ y\ ys))) = (n+1) + (\mathbf{len}(\mathbf{cons}\ y\ ys))$	
$(\mathbf{len}(\mathbf{mux}\ [x_1\, x_2 \cdots x_{n+1}](\mathbf{cons}\ y\ ys)))$	
$=(\mathbf{len}(\mathbf{mux}(\mathbf{cons}\ x_1[x_2 \cdots x_{n+1}](\mathbf{cons}\ y\ ys))))$	{cons}
$=(\mathbf{len}(\mathbf{cons}\ x_1(\mathbf{cons}\ y(\mathbf{mux}[x_2 \cdots x_{n+1}]\ ys))))$	{mux11}
$=1+(1+(\mathbf{len}(\mathbf{mux}[x_2 \cdots x_{n+1}]\ ys)))$	{len1} 两次
$=1+(1+(n+(\mathbf{len}\ ys)))$	{$L(n)$} 归纳假设
$=(n+1)+(1+(\mathbf{len}\ ys))$	{代数}
$=(n+1)+(\mathbf{len}(\mathbf{cons}\ y\ ys))$	{len1}

图 9.1　定理 {mux-length}：当两个操作数都非空时的归纳情况

信息框 9.2　　多路复用器：一个双等式定义

　　通过交换归纳等式中的操作数，我们可以使用两个而不是三个等式来定义多路复用运算符。当第一个操作数非空时，**mux** 满足以下等式。

⊖　如果采用自然演绎的形式，这种证明会引用 {∨消除} 推理规则。虽然这里的证明是严谨的，但不是正式的。ACL2 进行了正式的证明。

$$(\text{mux}(\text{cons }x\,xs)\,ys) = (\text{cons }x(\text{mux }ys\,xs))\{\text{mux1y}\}$$

归纳调用位于 {**mux**1 y} 右侧的 (**mux** *ys xs*)，这个过程生成一个以 *ys* 为第一个元素开始的列表，然后在 *xs* 和 *ys* 之间交替进行，直到完成合并。这是一个双等式定义。

```
(defun mux2 (xs ys) ; 声明归纳方案
   (declare (xargs :measure (+ (len xs) (len ys))))
   (if (consp xs)
      (cons (first xs) (mux2 ys (rest xs))) ; {mux2-1x}
      ys))                                   ; {mux2-0x}
```

这些等式定义了一个可以生成与 **mux** 运算结果相同的运算符 **mux2**。然而，由于操作数在归纳调用中互相交换，新的定义复杂化了推理。定义中的 **declare** 指令可以帮助 ACL2 在证明 **mux2** 终止时处理这个问题，在逻辑上接受这个证明之前必须完成机械化逻辑。

习题

1. 我们对 mux-length 定理的归纳情况 $L(n+1)$ 的证明，没有完成当第二个操作数为空的情况。请完成这个部分的证明。也就是说，要证明下面等式：

$$(\text{len}(\text{mux }[x_1\,x_2\cdots x_{n+1}]\,\text{nil})) = (n+1) + (\text{len nil})$$ 172

2. 证明 **mux** 运算符不会从其操作数中添加或丢失值。也就是说，出现在 *xs* 或 *ys* 中的值也会出现在 (**mux** *xs ys*) 中，反之亦然，即出现在 (**mux** *xs ys*) 中的值也会出现在 *xs* 或 *ys* 中。

定理 {mux-val}：

$$\forall v.(((\text{occurs-in }v\,xs)\lor(\text{occurs-in }v\,y)\leftrightarrow(\text{occurs-in }v(\text{mux }x\,y)))$$

注："↔" 运算符是布尔等价运算符（信息框 2.5）。

注：occurs-in 谓词定义如下：

$$(\text{occurs-in }v\,xs) = (\text{consp }xs)\land((v = (\text{first }xs))\lor(\text{occurs-in }v(\text{rest }xs)))\qquad\{\text{occurs-in}\}$$

提示：对于需要归纳证明的归纳情况（即 *xs* 为非空的情况），就像证明 mux-length 定理一样，要把证明过程分成两个部分。在其中的一个部分中，值 *v* 将等于 *xs* 的第一个元素：$v = (\text{first }xs)$。在剩余的部分中，*v* 将以 (**rest** *xs*) 的形式出现。也就是说，(**occurs-in** *v*(**rest** *xs*)) 是正确的。分别证明每个部分。由于这两部分涵盖了所有可能性，故可以推断归纳情况是正确的。

3. 给出列表 $[x]$，$[y]$，和 $[u\,w]$ 的例子，其中 $[u\,w] \neq (\text{mux }[x]\,[y])$，但下列等式是正确的：

$$\forall v.(((\text{occurs-in }v[x])\lor(\text{occurs-in }v[y]))\leftrightarrow(\text{occurs-in }v(u\,w)))$$

4. 手工证明 (**mux2** *xs ys*) 与 (**mux** *xs ys*) 相同。

注：**mux2** 的定义在信息框 9.2 中，**mux** 的定义在本节。

5. 将习题 4 的定理写成 ACL2 的形式。

9.2 解复用器

解复用器将一个 *x* 值和 *y* 值交替出现的列表转换为两个列表，*x* 值在一个列表中，*y*

值在另一个列表中。

$$(\mathbf{dmx}[x_1\ y_1\ x_2\ y_2\ x_3\ y_3\cdots]) = [[x_1\ x_2\ x_3\cdots][y_1\ y_2\ y_3\cdots]] \qquad \{\text{dmx}\}$$

下列等式构成了 **dmx** 的归纳定义。归纳等式涵盖了操作数至少有两个元素的情况（也就是说，它以 x 开头，然后是 y），而非归纳等式涵盖了操作数只有一个元素或没有元素的情况。

公理 dmx

$(\mathbf{dmx}[x_1\ y_1\ x_2\ y_2\cdots x_{n+1}\cdots]) = [(\mathbf{cons}\ x_1\ xs)(\mathbf{cons}\ y_1\ ys)]$ 　　　　　　$\{\text{dmx2}\}$
其中 $[xs\ ys] = (\mathbf{dmx}[x_2\ y_2\cdots x_{n+1}\cdots])$
$(\mathbf{dmx}[x_1]) = [[x_1]\mathbf{nil}]$ 　　　　　　　　　　　　　　　　　　$\{\text{dmx1}\}$
$(\mathbf{dmx}\,\mathbf{nil}) = [\mathbf{nil}\,\mathbf{nil}]$ 　　　　　　　　　　　　　　　　　　　　$\{\text{dmx0}\}$

```
(defun dmx (xys)
  (if (consp (rest xys))  ; 2 个或更多元素?
      (let* ((x (first xys))
             (y (second xys))
             (xsys (dmx (rest (rest xys))))
             (xs (first xsys))
             (ys (second xsys)))
        (list (cons x xs) (cons y ys)))   ; {dmx2}
      (list xys nil)))  ; 1 element or none    ; {dmx1}
```

173

dmx 的非形式化公理为形式化定义提供了基础。形式化版本利用了这样一个事实：如果操作数的元素少于两个，那么结果的第一个组件就是此操作数，第二个组件是空列表。与多路复用器一样，解复用器保留总长度和操作数中的值。ACL2 在没有辅助的情况下成功地验证了这些事实，并且手工证明的方法也与多路复用器相应的定理类似。

这两个运算符还满足一些往返属性，这些属性让我们有足够的信心相信它们能够完成我们所期望它们完成的工作。将 x–y 值的列表解复用为 x 值的列表和 y 值的列表，然后将这两个列表进行多路复用，来复制 x–y 值的原始列表。如果 **mux** 运算符的操作数是相同长度的列表，反过来用也可以[⊖]。

```
(defthm mux-inverts-dmx-thm
  (implies (true-listp xys)
           (equal (mux (first  (dmx xys))
                       (second (dmx xys)))
                  xys)))
(defthm dmx-inverts-mux-thm
  (implies (and (true-listp xs) (true-listp ys)
                (= (len xs) (len ys)))
           (equal (dmx (mux xs ys))
                  (list xs ys))))
```

dmx 运算符在列表的一个组件中生成操作数的某些元素，在另一个组件中生成其余元素。这意味着结果的每个组件长度是操作数的一半。如果操作数有奇数个元素，那么最后那个落单的元素就会进入第一个分量中。可以根据向下取整和向上取整的运算符来指定这些长度属性（信息框 3.5）。第一个组件的长度是操作数的长度除以 2，如果操作

⊖　因为如果操作数不是真列表，多路复用器可能会丢失信息，所以这两个往返属性都要求操作数为真列表。（"真列表"一词的定义在 5.3 节。）

数有奇数个元素，则四舍五入到下一个整数。第二个组件的长度也是操作数的一半，但是如果需要，可以四舍五入。ACL2 在机械逻辑上接受了这些定理，但它需要一些算术定理的帮助。

```
(include-book "arithmetic-3/top" :dir :system)
(defthm dmx-len-first
   (= (len (first (dmx xs)))
      (ceiling (len xs) 2)))
(defthm dmx-len-second
   (= (len (second (dmx xs)))
      (floor (len xs) 2)))
```

174

信息框 9.3　聪明有时会复杂化推理过程

解复用器的另一个定义是，如果操作数在 x 和 y 之间交替，从 x 中某个元素开始，那么交替没有第一个元素的同一个列表，但从 y 中某个元素开始。这个定义更加简短，但会使得推理过程更为复杂。

公理 dmx2

$(\mathbf{dmx2}\,(\mathbf{cons}\,x\,yxs)) = [[(\mathbf{cons}\,x\,xs)\,ys]]$ {dmx2-1x}

其中 $[ys\,xs] = (\mathbf{dmx2}\,yxs)$

$(\mathbf{dmx2}\,\mathbf{nil}) = [\mathbf{nil}\,\mathbf{nil}]$ {dmx2-0x}

习题

1. 证明 **dmx** 运算符保留总长度。即证明如下 ACL2 中形式化地表述的定理：

```
(defthm dmx-length-thm
  (= (len xys)
     (+ (len (first (dmx xys)))
        (len (second (dmx xys))))))
```

2. 对 dmx-len-first 和 dmx-len-second 定理进行手工证明。如果你把它们分成两种情况，你会发现证明会更简单，一种情况是当操作数有偶数个元素时（对于某个自然数 n，它是 $2n$），另一种情况是当它有奇数个元素时（$2n+1$）。

3. 给出列表 $[x\,y]$，$[u]$ 和 $[w]$ 的例子，其中 $[[u]\,[w]] \neq (\mathbf{dmx}[x\,y])$，但下列公式是正确的：

$$\forall v.(((\mathbf{occurs\text{-}in}\;v\,[u]) \vee (\mathbf{occurs\text{-}in}\;v\,[w])) \leftrightarrow (\mathbf{occurs\text{-}in}\;v\,[x\,y]))$$

注：这个例子说明，长度和值的保留不足以保证 **dmx** 操作产生正确的值。它们也不足以保证 **mux** 运算符（9.1 节的习题 3）。

4. 在 ACL2 中正式地说明，dmx-val 定理与 mux-val 定理类似。

5. dmx-val 定理（习题 4）说 **dmx** 既不从其操作数中添加值，也不从其操作数中删除值。手工证明 dmx-val 定理。

6. 手工证明 mux-inverts-dmx 定理：mux 是 dmx 的逆运算。

7. 手工证明 dmx-inverts-mux 定理：dmx 是 mux 的逆运算。

8. 手工证明 $(\mathbf{dmx2}\,xs) = (\mathbf{dmx}\,xs)$。

注：**dmx**2 的定义在信息框 9.3 中，**dmx** 的定义在 9.1 节。

175

排　　序

　　记录按照所需的顺序（如字母顺序、时间顺序或标识键数字顺序等）排序是计算机科学中最常见的研究问题之一。排序的解决方案有很多，一个优良的解决方案可以节省大量的时间。当重新排列几百条记录时，优良排序运算符的速度是较慢运算符的两倍；对于数千条记录，优良排序运算符的速度通常比较慢运算符快许多倍；而对于数百万条记录，优良排序运算符的速度则要快数千倍。有成千上万条记录的数据档案是很常见的，因此排序过程十分重要⊖。

　　本章将讨论两个排序运算符，它们生成相同的排序结果，但在完成工作所需的时间上有很大的差异。由于它们生成了相同的结果，因此它们在数学意义上是等价的运算符，但在计算上却有很大的不同。我们将讨论计算上的差异和数学上的等价性。

　　从定义运算符的等式中推导运算符的资源需求类似于推导其他属性。在此之前，我们主要关心的是如何满足人们对操作结果形式的期望，而不是生成这些结果所需的时间。现在我们将讨论随着数据量的增加而影响软件可用性的工程选择。工程不仅需要生成预期的结果，而且需要以有效的方式处理规模性问题。

10.1　插入排序

　　为了将我们的注意力集中在按键顺序排列记录的要点上，我们将假设一条记录的全部内容都存在于它的键中。实际上，在一个记录中通常有很多信息，不仅仅是一个标识键，而且不管与每个键相关联的是什么信息，按键顺序排列记录的过程都是相同的。为了简化讨论，我们将使用数字作为键，并讨论将数字列表按递增顺序重新排列的运算符。例如，如果排序运算符的操作数是列表 [5 9 4 5 6 2]，排序运算符将生成列表 [2 4 5 5 6 9]，其中包含相同的数据，但将最小的数排在前面，逐渐增大，最大的数在最后。

　　事实上，键不一定是数字，但是它们确实需要具有可比性来确定顺序（字母顺序、时间顺序等）。如果键不是数字，那么我们所讨论的数字比较（<，>）将被其他运算符替代，这些运算符用于比较键的大小，来查看哪个键的顺序优先于另一个键。无论采用何种方式实现对键的比较，排序方法都是相同的。

　　⊖　使用快速排序操作符和使用慢速排序操作符之间的差别可能非常大。几年前，一位作者帮助美国林务局找出了他们的中央计算系统瘫痪的原因。罪魁祸首是他们道路设计系统中的大约二十几行代码。这些代码定义了一种称为冒泡排序的慢速排序方法。该作者使用一种被称为快速排序的快排序方法来替代慢速排序方法，它将道路设计系统的计算量从 8 台大型计算机每台每周 100 多个小时减少到一台计算机每周几个小时。

假设有人定义了一个运算符，给定一个已按递增顺序排列的数字列表，以及一个要放入列表的新数字，该运算符将新数字插入一个能使列表保持顺序的位置，从而生成一个新列表。如果我们调用 **insert** 运算符，那么公式 (**insert 8[245569]**) 将生成列表 **[2455689]**。

我们期望 **insert** 运算符满足哪些等式？如果列表是空的，那么该运算符将生成一个列表，其中唯一的元素将是要插入到列表中的数字。

$$(\textbf{insert } x \textbf{ nil}) = (\textbf{cons } x \textbf{ nil}) \qquad \{ins0\}$$

如果要插入的数字小于或等于列表中的第一个数字，则运算符可以简单地将该数字插入列表的开头。

$$(\textbf{insert } x(\textbf{cons } x_1 \ xs)) = (\textbf{cons } x(\textbf{cons } x_1 \ xs)) \quad \text{如果 } x \leqslant x_1 \qquad \{ins1\}$$

如果要插入的数字大于列表中的第一个数字，我们不知道它将插入在列表中的什么位置，但我们知道它不会排在最前面。在新数字插入到列表的某个位置之后，原来列表中的第一个数字仍然是第一个数字。如果我们相信此运算符会将它放在正确的位置，那么我们可以创建一个以相同的第一个数字开始的新列表，然后让插入运算符将新数字放在第一个数字之后它所属的位置。这就得到了 **insert** 运算符的一个归纳等式。

$$(\textbf{insert } x(\textbf{cons } x_1 \ xs)) = (\textbf{cons } x_1(\textbf{insert } x \ xs)) \quad \text{如果 } x > x_1 \qquad \{ins2\}$$

等式 {ins0}、{ins1} 和 {ins2} 是完备的、一致的和可计算的，因此它们定义了运算符 **insert**（满足图 4.10 的 3C 准则）。下列 ACL2 的定义直译了这三个等式，但通过观察可发现，两个等式的右边都是相同的公式：(**cons** x s)，其中 s 是左边的第二个操作数（它在等式 {ins0} 中为 **nil**，在 {ins1} 中为 (**cons** x_1 xs)），将 {ins0} 和 {ins1} 合并成一个等式。

178

```
(defun insert (x xs) ; assume x1 <= x2 <= x3 ...
  (if (and (consp xs) (> x (first xs)))
      (cons (first xs) (insert x (rest xs))) ; {ins2}
      (cons x xs)))                          ; {ins1}
```

现在假设有人定义了一个名为 **isort**（插入排序）的排序运算符。默认情况下，空列表和单元素列表的元素已经按顺序排列。因此，公式 (**isort nil**) 将生成 **nil**，而公式 (**isort**(**cons** x **nil**)) 将生成 (**cons** x **nil**)。也就是说，当 xs 只有一个元素或者没有元素时，(**isort** xs) = xs。

$$(\textbf{isort nil}) = \textbf{nil} \qquad \{isrt0\}$$

$$(\textbf{isort}(\textbf{cons } x \textbf{ nil})) = (\textbf{cons } x \textbf{ nil}) \qquad \{isrt1\}$$

如果要排序的列表有两个或多个元素，则其形式为 (**cons** x_1(**cons** x_2 xs))（公理 {consp}）。如果 **isort** 运算符运行正常，则公式 (**isort**(**cons** x_2 xs)) 将生成一个由数字 x_2 和列表 xs 中的所有数字组成的列表，并按递增顺序排列。给定该列表，**insert** 运算符可以将数字 x_1 放在正确的位置，生成一个由原列表中的所有数字重新排列成递增顺序的列表。

$$(\text{isort}(\text{cons } x_1(\text{cons } x_2 \text{ } xs))) = (\text{insert } x_1(\text{isort}(\text{cons } x_2 \text{ } xs)))\qquad\{\text{isrt2}\}$$

等式 {isrt0}，{isrt1} 和 {isrt2} 是完备的（操作数要么是空的，要么有一个元素，要么有多个元素），并且是一致的（没有重叠的情况）。它们是可计算的，因为在归纳等式 {isrt2} 右边的 **isort** 操作数，即 (**cons** x_2 xs)，比左边的操作数 (**cons** x_1(**cons** x_2 xs)) 的元素更少。因此，右边的操作数比左边的操作数更接近于一个 (**cons** x **nil**) 形式的列表，它是非归纳等式 {isrt1} 左边的操作数。因此，等式满足 3C 准则的要求（图 4.10），这意味着它们定义了运算符 **isort**。这三个等式可以合并成两个，因为 {isrt0} 和 {isrt1} 都是同一个等式：(**isort** xs) = xs，其中 xs 在等式 {isrt0} 中为 **nil**，在等式 {isrt1} 中为 (**cons** x **nil**)。

```
(defun isort (xs)
  (if (consp (rest xs)) ; xs has 2 or more elements?
      (insert (first xs) (isort (rest xs))) ; {isrt2}
      xs))                ; (len xs) <= 1     ; {isrt1}
```

我们期望插入排序运算符保留操作数中的元素数量，并且既不向列表中添加值，也不从列表中删除值。阐述这些定理的性质会与第 9 章讨论过的相应多路复用器和解复用器运算符的定理相似。值保留的定理被阐述为布尔等价，并使用 **occurs-in** 谓词（信息框 9.1）来确定一个值是否出现在列表中（信息框 9.1 和 9.1 节的习题 2）⊖。

```
(defthm isort-len-thm
  (= (len (isort xs)) (len xs)))

(defthm isort-val-thm
  (iff (occurs-in e xs)
       (occurs-in e (isort xs))))
```

我们还期望 **isort** 运算符生成的列表中的数字是递增的。为了声明这个属性，我们需要一个谓词来区分包含递增顺序数字的列表和包含无序数字的列表。只有一个元素或没有元素的列表将默认是有序的。如果列表的第一个元素不大于第二个元素，且第一个元素之后的所有元素都是按顺序排列的，则此具有两个或多个元素的列表是按顺序排列的。这些观察到的结果引出了下列 ACL2 对谓词 **up** 的定义，当其操作数是按递增顺序排列的数字列表时为真，否则为假：

```
(defun up (xs)      ; (up[x1 x2 x3 ...]): x1 <= x2 <= x3 ...
  (or (not (consp (rest xs)))      ; (len xs) <= 1
      (and (<= (first xs) (second xs)) ; x1 <= x2
           (up (rest xs)))))        ; x2 <= x3 <= x4 ...
```

我们期望 **isort** 运算符生成的列表中的排序可以用 ACL2 的 **up** 谓词形式化表示。ACL2 在没有帮助的情况下成功地证明了长度保留、值保留和排序三个属性。证明可以根据 **isort** 运算符提供的列表的长度进行归纳。

```
(defthm isort-ord-thm
  (up (isort xs)))
```

⊖ 保留长度和值并不保证运算符生成正确的结果。例如，列表 [1 1 2] 和 [1 2 2] 具有相同的长度和相同的值，但是 (**isort** [1 1 2]) ≠ [1 2 2]。排序后的列表必须是原始列表的一个排列。排序属性并不比长度和值的保留更难证明，但是它确实需要一个排列的定义（10.1 节的习题 6）。

稍后，我们将分析 **isort** 运算符的可计算性行为，并发现它处理长列表的速度非常慢。下一节将开始讨论一个即使在很长的列表中也能快速排序的运算符。

习题

1. 手工证明 **isort** 运算符保留了操作数中的值（**isort-val-thm**，如前）。

2. 手工证明 **isort** 运算符保留了操作数的长度（**isort-len-thm**）。你可以假设定理 {insert-len} 为（len(insert x xs)) = 1 + (len xs)。

3. 手工证明 **isort** 运算符生成了一个按递增顺序排列的列表（**isort-ord-thm**）。

4. 假设 (**ct** x xs) 生成了一个等于 x 在列表 xs 中出现的次数的计数。

   a）如果 xs 没有元素，运算符 **ct** 应该生成什么值？

   b）在 ACL2 中阐述一个用 x 在 xs 中出现的次数来表示 x 在列表中出现的次数 (**cons** x xs) 的定理。

   c）在 ACL2 中阐述一个当 y 不等于 x 时，表示 x 在列表中出现的次数 (**cons** y xs) 的定理。

   d）利用上述观察结果定义运算符 **ct**。

   ```
   (defun ct (x xs) ; x 在 xs 中出现的次数
       ...)
   ```

5. 如果 x 存在于 xs 中，**del** 运算符将删除 xs 中的 x。

   ```
   (defun del (x xs)
      (if (not(consp xs))
          nil
          (if (equal x (first xs))
              (rest xs)
              (cons (first xs) (del x (rest xs))))))
   ```

   在 ACL2 中定义一个用 x 在 xs 中的出现次数来表示 x 在 (**del** x xs) 中出现的次数的定理。请参见 **ct** 运算符（习题 4）。

   提示：小心考虑 x 不会出现在 xs 中的可能性。

6. 谓词 **permp** 的定义如下：如果它的第二个操作数是它的第一个操作数的排列，则为真，否则为假[⊖]：

   ```
   (defun permp (xs ys)
      (if (not(consp xs))
          (not(consp ys))
          (and (occurs-in (first xs) ys)
               (permp (rest xs) (del (first xs) ys)))))
   ```

   在 ACL2 中定义一个定理，说明 (**isort** xs) 是 xs 的排列，并使用 ACL2 来证明该定理。由于该定理将引用谓词 **permp**，并且 **permp** 引用运算符 **occurs-in** 和 **del**，ACL2 在尝试证明该定理之前，需要在逻辑上接受这些运算符的定义。

10.2　保序合并

多路复用器运算符（**mux**，9.1 节）通过合并操作将两个列表合并成一个。合并运算符是组合列表的另一种方式。它以一种保持顺序的方式组合有序列表。如果两个列表都包含按递增顺序排列的数字，合并运算符 **mrg** 将把两个列表合并为一个列表，其中两个列表中的所有元素都按递增顺序排列。当一个列表为空时，**mrg** 的两个等式将具体指

⊖　谓词 **occurs-in** 的定义在信息框 9.1 中。

定结果。在这些情况下，**mrg** 的等式与多路复用器运算符相应的等式相同（{mux0x} 和 {mux0y}）。

$$(\textbf{mrg nil } ys) = ys \qquad \{mg0\}$$
$$(\textbf{mrg } xs \textbf{ nil}) = xs \qquad \{mg1\}$$

当两个列表都非空时，合并后的列表将从第一个操作列表的第一个元素开始，或者从第二个操作列表的第一个元素开始，具体取决于哪个元素更小。合并后的列表中的其余元素来自于合并列表中第一个元素比另一个列表中的所有元素都要小的列表的其余元素。这将非空情况分成两个子情况，一个情况是第一个操作列表以小于第二个操作列表的数字开始，另一个情况是第二个操作列表以较小的数字开始。

$$(\textbf{mrg}(\textbf{cons } x \; xs)(\textbf{cons } y \; ys)) = (\textbf{cons } x(\textbf{mrg } xs(\textbf{cons } y \; ys))) \quad \text{如果 } x \leqslant y \; \{mgx\}$$
$$(\textbf{mrg}(\textbf{cons } x \; xs)(\textbf{cons } y \; ys)) = (\textbf{cons } y(\textbf{mrg}(\textbf{cons } x \; xs) \; ys)) \quad \text{如果 } x > y \; \{mgy\}$$

作为一个整体，这四个等式是完备的，因为要么一个列表是空的，或者另一个是空的，抑或两个列表都是非空的，在这种情况下，其中一个列表的第一个元素小于或等于另一个列表的第一个元素。它们是一致的，因为与 **mux** 运算符一样，唯一的重叠情况是两个列表都是空的，在这种情况下，等式 {mg0} 生成的结果与等式 {mg1} 相同。

其中两个等式（{mgx} 和 {mgy}）具有归纳性，因此我们需要确保它们是可计算的。在这两个等式中，右边操作列表中的元素比左边的少。也就是说，在归纳等式 {mgx} 右侧合并的元素总数小于在归纳等式 {mgx} 左侧合并的元素总数。这使得右侧的操作列表比左侧的操作列表更接近于非归纳情况。因此，这些等式是可计算的。这涵盖了 3C 准则（图 4.10），因此我们可以将这些等式作为定义 **mrg** 运算符的公理。

ACL2 中的形式化定义可以由 {mg0}、{mg1}、{mgx} 和 {mgy} 构成。然而在找到一个归纳方案方面，ACL2 需要一些帮助来证明这些等式会导致计算终止。我们推论合并等式是可计算的，因为归纳等式右边的元素总数比左边的小。下面 ACL2 定义中的 **declare** 指令建议在此基础上进行归纳证明，该建议在机械化逻辑上成立。

182

```
(defun mrg (xs ys)
  (declare (xargs :measure (+ (len xs) (len ys)))); induction scheme
  (if (and (consp xs) (consp ys))
      (let* ((x (first xs)) (y (first ys)))
        (if (<= x y)
            (cons x (mrg (rest xs) ys))   ; {mgx}
            (cons y (mrg xs (rest ys))))) ; {mgy}
    (if (not (consp ys))
        xs   ; ys is empty              ; {mg0}
        ys))) ; xs is empty             ; {mg1}
```

mrg 运算符保留其操作列表的总长度，并且既不添加也不删除这些操作数中的任何值。这些等式的具体性质类似于 **mux** 运算符的相应性质，即 mux-length 定理和 mux-val 定理⊖。

⊖　与定理 **mux**，**dmx** 和 **isort** 一样，长度和值的保留并不保证 **mrg** 生成正确的结果。结果一定是待合并列表的元素的一个排列，这是比保留长度和值更严格的属性（参见 10.1 节的习题 6）。

mrg 运算符也保持顺序。如果两个操作列表中的数字是递增的，则它所生成的列表中的数字也是递增的。此属性的形式化阐述可以使用与说明 **isort** 运算符类似属性相同的顺序谓词 (**up**)。但是，在 **mrg** 运算符的情况下，只有在两个操作数都已按顺序排列的情况下才能保证该属性，因此该属性被声明为一个蕴含属性。

```
(defthm mrg-ord-thm
  (implies (and (up xs) (up ys))
           (up (mrg xs ys)))))
```

ACL2 可以在没有帮助的情况下验证此属性。证明 **mrg** 运算符终止的归纳方案，即对操作列表中元素总数的归纳，也适用于合并顺序定理的证明。手工证明也可以采用同样的策略。

习题

1. 以 mux-length 定理为模型，对 mrg-length 定理做一个形式化的 ACL2 阐述。
2. 手工证明习题 1 中的 mrg-length 定理。
3. 手工证明 **mrg-ord-thm**（见上述的 **defthm**）。
4. 以 mux-val 定理为模型，对 mrg-val 定理进行形式化的 ACL2 阐述。
5. 手工证明习题 4 中的 mrg-val 定理。

183

10.3　归并排序

我们可以使用 **mrg** 运算符和解复用器（**dmx**）来定义一个排序运算符 **msort**（归并排序），它可以快速处理长列表。**msort** 运算符使用 **dmx** 将列表分成两个部分，将每个部分归纳为递增的顺序，最后使用 **mrg** 运算符将排序后的部分合并为一个列表。

如果 **msort** 的操作列表只有一个元素或没有元素，且它已经处于递增顺序，那么这种情况下的等式不是归纳的，比如 10.1 节中 **isort** 的等式。如果 **msort** 的操作列表有两个或多个元素，则定义的等式是归纳的，并涉及两个排序操作。通过将 **dmx** 应用于操作列表，生成的两个列表各有一个排序操作。

$$(\textbf{msort nil}) = \textbf{nil} \qquad\qquad \{\text{msrt0}\}$$

$$(\textbf{msort}(\textbf{cons } x \textbf{ nil})) = (\textbf{cons } x \textbf{ nil}) \qquad\qquad \{\text{msrt1}\}$$

$$(\textbf{msort}(\textbf{cons } x_1(\textbf{cons } x_2 \, xs))) = (\textbf{mrg } (\textbf{msort odds})(\textbf{msort evns})) \qquad \{\text{msrt2}\}$$

其中

$$[\textbf{odds, evns}] = (\textbf{dmx}(\textbf{cons } x_1(\textbf{cons } x_2 \, xs)))$$

只有当 **dmx** 生成的两个列表都严格小于 **msort** 的操作数时，归纳等式才具有可计算性。我们期望这是真的，因为每个列表中都有其中一半的元素（**dmx** 长度定理）。下面形式化的定义阐述了 ACL2 中的 **msort** 等式（{msrt0}、{msrt1}、{msrt2}），但像 **isort** 的 ACL2 定义的方式一样，将只有一个元素或没有元素的列表的等式进行了合并：

```
(defun msort (xs)
  (declare (xargs
```

```
                :measure (len xs)
                :hints (("Goal"
                          :use ((:instance dmx-shortens-list-thm))))))
    (if (consp (rest xs))      ; 2 or more elements?
        (let* ((splt (dmx xs))
               (odds (first splt))
               (evns (second splt)))
          (mrg (msort odds) (msort evns))) ; {msrt2}
        xs))                    ; (len xs) <= 1    ; {msrt1}
```

　　msort 的定义包括一个用于帮助 ACL2 验证 **msort** 是否终止的声明指令。该指令建议根据操作列表的长度进行归纳。为了成功地应用这种归纳度量，ACL2 需要使用引理⊖作为提示，声明 **dmx** 运算符将其操作列表拆分为两个列表，这两个列表都是严格地比其操作列表短。ACL2 在没有帮助的情况下证明了引理：生成的列表比它的操作列表更短，然后（借助 **declare** 指令）使 **msort** 的定义在机械化逻辑上成立。

```
(defthm dmx-shortens-list-thm ; 引理帮助 ACL2 接受 msort 的定义
  (implies (consp (rest xs))  ; 不能缩短 0 或 1 个列表的元素
           (let* ((odds (first  (dmx xs)))
                  (evns (second (dmx xs))))
             (and (< (len odds) (len xs))
                  (< (len evns) (len xs))))))
```

　　与 **isort** 类似，**msort** 运算符将其操作列表的元素按递增顺序排列，并保留长度和值。与 **isort** 的类似，下列阐述的这些属性使用谓词 **up** 和 **occurs-in** ⊖。与 **isort** 类似，(**msort** *xs*) 生成了一个 *xs* 的排列（10.1 节的习题 6），但是对于 **msort** 而言，证明更加复杂。对于有兴趣的读者来说，这可能是一个很好的项目。ACL2 可以在没有帮助的情况下验证 **msort** 的排序属性，但是它需要一些引理来阐述基本情况和用于证明长度属性的归纳情况。ACL2 在证明保留值的属性过程中失败了，因此我们将安排手动的方式证明它（习题 3）。图 10.1 阐述了 ACL2 中的 **msort** 定理和引理。

```
(defthm msort-order-thm
  (up (msort xs)))
(defthm msort-len-lemma-base-case
  (implies (not (consp (rest xs)))
           (= (len (msort xs)) (len xs))))
(defthm msort-len-lemma-inductive-case
  (= (len (msort (cons x xs)))
     (1+ (len (msort xs)))))
(defthm msort-len-thm
  (= (len (msort xs))
     (len xs)))
(defthm msort-val-thm
  (iff (occurs-in e xs)
       (occurs-in e (msort xs))))
```

图 10.1　关于归并排序的定理和引理

⊖　由于 **dmx** 生成的列表长度定理在另一个定理（即 **msort** 终止的定理）的证明中被引用，因此我们将其称为引理。该引理可以从 9.2 节中所证明的关于 **dmx** 的长度定理得到，但是这些定理的一种较弱的形式恰好满足 ACL2 证明 **msort** 终止的需求。

⊖　定理的阐述中使用了 ACL2 运算符 **iff**，它是布尔等价的（信息框 2.5）。

习题

1. 手工证明在某些情况下 **dmx** 运算符生成的列表短于其操作列表（**dmx-shortens-list-thm**，如上所述）。

2. 手工证明 **msort** 运算符生成了一个递增顺序的列表（**msort-order-thm**，如上所述）。你可以引用 **mrg-ord-thm**（10.2 节的习题 3）。

3. 手工证明 **msort** 运算符保留了操作列表中的值（**msort-val-thm**）。你可以引用 mr-val 定理（10.2 节习题 4）。

4. 手工证明 **msort** 运算符保留了操作列表的长度（**msort-len-thm**）。你可以引用 merge-length 定理（10.2 节习题 1）。

5. 手工证明 **msort** 运算符生成了其操作列表的一个排列（参见 10.1 节的习题 6）。注意：这是一个项目，不是练习。

10.4 排序算法分析

在本节中，我们将讨论 ACL2 的计算模型，该模型为我们提供了一种计算步数的方法，该方法需要计算公式表示的值。首先，我们使用 **msort**（归并排序）运算符推导出计算步数的归纳公式，其中 **msort** 需要将列表重新排列为递增次序。然后，我们为 **msort** 所需的计算步数确定一个公式，并通过数学归纳法证明该公式是正确的。事实证明，计算的步数 ($\mathbf{msort}[x_1, x_2, \cdots, x_n]$) 与 $n\log n$ 成正比。

isort 也是如此，根据操作数中值的顺序，**isort** 计算的步数变化很大，因此我们估计随机列表的平均值。事实证明，该平均值与操作数中元素个数的平方成正比。最后，我们比较了两个运算符 **msort** 和 **isort** 所需的计算步数，发现对于长列表而言，**msort** 的计算速度更快。

10.4.1 计算步骤的计数

ACL2 中运算符的定义是一组等式，这些等式将对运算符的调用简化为对结果的计算。谓词决定从定义中选择哪些等式。计算结果的等式和控制其选择的谓词等式都将调用其他运算符。在归纳等式的情况下，所选公式可以调用定义的运算符。计算最终归结为一系列基本的单步操作。分析计算结果所需的步数相当于计算该序列的步数。

详细的分析将为每个基本运算符提供不同的计算时间。也就是说，用于详细分析的模型可以将几个计算步骤与一个基本运算符进行关联，也可以只将几个步骤与另一个运算符相关联。这样就可以在计算步数和计算时间之间建立一个比例关系。

由于我们将假设每个基本运算符仅在一个计算步骤中生成其结果，因此我们的分析将提供一个比这个模型更不精确的情况。在最坏的情况下，最慢的基本运算符和最快的基本运算符所需的时间之间的比率将偏离不同计算中的步数。也就是说，基于我们这种粗糙模型的比较将会有一些较小的偏差，但是它们提供一个关于一个运算符与另一个运算符计算速度之比的粗略估计。

图 10.2 指定了计算模型的基本单步操作。公式中的每个基本运算符都为计算贡献一个步骤，因此，如果定义的运算符仅引用图中列出的运算符，那么计算步骤的数量是很简单的。例如，分析构造列表 **[1 2 3 4]** 的公式揭示了一个 4 步计算。

$$[1\,2\,3\,4]\ 表示\ (cons\,1(cons\,2(cons\,3(cons\,4\,nil))))$$

4 步：**(cons 4 nil)**，**(cons 3 [4])**，**(cons 2[3 4])**，**(cons 1[2 3 4])**

插入：**(cons** x x_s**)**	
提取：**(first** x_s**)**,**(rest** x_s**)**	添加一个步骤的运算符
四则运算：**(+** x y**)**,**(−** x y**)**,**(∗** x y**)**,…	进行计算
逻辑：**(and** x y**)**,**(or** x y**)**,**(not** x**)**,…	（在计算所需的操作数之后）
比较：**(<** x y**)**,**(≤** x y**)**,**(=** x y**)**,…	
反谓词：**(consp** xs**)**	
选择：**(if** p x y**)**	计算 p，然后计算 x 或 y，但不能同时计算

图 10.2 基本单步操作

图 10.3 对一些由基本运算组成的公式进行了类似的分析。当公式调用已定义的运算符而不是内部运算符（如 **cons**、**first** 和 **rest**）时，也会进行类似的分析。例如，运算符 **F-from-C**（定义如下）将温度从摄氏度转换为华氏度。它将温度乘以 **180/100**（从摄氏度调整到更精确的华氏度），然后加上 32（将冰点从 0 调整到 32）⊖。这总共进行了两个基本操作，因此公式（**F-from-C** 100）代表着一个两步计算。

公式	步数	第一步	第二步…
(cons 1 (cons 2 (cons 3 (cons 4 nil))))	4	(cons 4 nil)，(cons 3…)，cons，cons	
(second[1 2 3])	2	(rest[1 2 3])，(first[2 3])	
(若 (> 7 3)(+3(∗5 4))(+2 2))	4	(>7 3)，(若 T □□)，(∗5 4)，(+3 20)	
(若 (< 7 3)(+3(∗5 4))(+2 2))	3	(<7 3)，(若 nil □□)，(+2 2)	

图 10.3 使用基本运算符的公式计算步数

```
(defun F-from-C (C)
 (+ (* 180/100 C) 32))
```

公式 **(list (F-from-C 0) (F-from-C 100))** 以华氏度为单位列出了温标上两个重要的点：水的冰点（0℃）和沸点（100℃）。为了计算步数，我们需要根据基本运算写出公式。运算符 **list** 是构建列表的一系列嵌套 **cons** 操作的简写。因此，就基本操作而言，公式是 **(cons (F-from-C 0) (cons (F-from-C 100) nil))**。总步数为 6：每一个 **F-from-C** 需要两步，每个 **cons** 需要一步。

另一个例子：**swap2** 运算符定义如下，如果列表至少有两个元素，它将交换列表的前两个元素。如果没有，则保持列表不变。

⊖ ACL2 中的比率由两个用斜线分隔的整数指定。这个符号表示数字本身，而不是计算：**1/2** 表示一半，就像 **2** 表示 2 一样，不涉及计算。

```
(defun swap2 (xs)
  (if (consp (rest xs))
      (cons (second xs) (cons (first xs)) (rest (rest xs)))
      xs))
```

它引用了从列表中提取第二个元素的运算符，这是使用基本运算符 **rest** 删除第一个元素的缩写，然后使用 **first** 运算符提取剩余元素的第一个元素。因此，公式 (**second** xs) 会给计算增加两个步骤。计算步骤的数量 (**swap2** xs) 取决于 xs 有多少个元素。如果 xs 有两个或多个元素，那么 (**swap2** xs) 需要十个步骤：**if**、**consp**、**rest**、**cons**，两步 **second**，再一次 **cons**，**first** 和两次 **rest**。如果 xs 的元素少于两个，那么 (**swap2** xs) 需要三个步骤：**if**、**consp** 和 **rest**。

习题

1. 计算 (−(**F-from-C** 100) (**F-from-C** 0)) 的步数。

2. 计算 (**swap2**(**list1** 2 3)) 的步数。

注：(**list1** 2 3) 是嵌套 cons 操作的简写（图 4.1）

3. 计算 (**swap2**(**list1**)) 的步数。

4. 计算 (**list** (**third** xs) (**second** xs) (**first** xs)) 中的步数，其中公式 (**third** xs) 是 (**first** (**rest** (**rest** xs))) 的简写。

5. 定义将华氏度转换为摄氏度的运算符 **C-from-F**，并计算 (**C-from-F** (**F-from-C** 20)) 步数。

6. 什么是 (**C-from-F** (**F-from-C** x))？什么是 (**F-from-C** (**C-from-F** x))？

7. 定义一个关于 (**C-from-F** (**F-from-C** x)) 的定理，并用 ACL2 进行证明。

注：复杂的公式必须置于等式的左边[⊖]。

注：如果谓词 **ACL2-numberp** 的操作数是数字，则为真，否则为假。定理必须将定义域约束为数字（使用 **ACL2-numberp** 和 **implies**）。

10.4.2　计算解复用的步数

解复用器运算符，即 **dmx**，将一个列表中的元素分成两个单独的列表，每个元素分别进入一个列表，其余元素进入另一个列表。为了方便计算步数，我们在此重复其定义。

```
(defun dmx (xys)
  (if (consp (rest xys))    ; 2 or more elements?
      (let* ((x (first xys))
             (y (second xys))
             (xsys (dmx (rest (rest xys))))
             (xs (first xsys))
             (ys (second xsys)))
        (list (cons x xs) (cons y ys)))    ; {dmx2}
      (list xys nil)))    ; 1 element or none ; {dmx1}
```

从 **dmx** 的归纳等式出发，推导出计算步数的相应等式。当 xs 有 n 个元素时，令 D_n 代表计算 (**dmx** xs) 所需的步数。如果 n 为 0 或 1，则 (**consp**(**rest** xs)) 为假，因此 **dmx** 选择 **if** 运算符的第三个操作数作为结果。计算需要五个步骤：选择 (**if**)、**consp** 和 **rest**

188

⊖ 对等式中操作数顺序的约束必须与 ACL2 定理引擎中的战略考虑有关，这不在本书的讨论范围之内。如果要详细了解这些想法，请阅读 ACL2 文档中的重写规则。

各一步，需要加上 (**list** *xys* **nil**) 的两步因为它是 **cons** *xys* (**cons nil nil**) 的简写。因此，$D_0 = D_1 = 5$。

当 *xs* 有两个或多个元素（即 $n + 2$ 个元素，n 是自然数），那么计算将需要 D_{n+2} 步。从 **dmx** 的定义可以看出，计算分为如下几个部分：选择（**if**），一步；**consp**，一步；提取（**first**），一步；两步提取（**second**），两步；两步提取（**rest**）两次，两步；因为 (**rest**(**rest** *xs*)) 有 n 个元素，所以计算 (**dmx**(**rest**(**rest** *xs*))) 为 D_n 步；另一种提取（**first**），一步；另一种两步提取（**second**），两步；一个双重 **cons**（**list** 运算符有两个操作数），两步；两个插入（**cons**），两步。总共是 $D_n + 14$ 步。将这两种情况结合起来，我们得到如下递推等式[一]：

$$D_0 = D_1 = 5 \qquad \{d1\}$$
$$D_{n+2} = D_n + 14 \qquad \{d2\}$$

189

有时我们可以猜测一个由递归等式定义的数列的闭式公式，然后通过归纳法证明该公式是正确的[二]，对于公式 $\{d1\}$ 和 $\{d2\}$，$D_n = 14(\lfloor n/2 \rfloor + 1) + 5$ 是正确的猜测[三]。图 10.4 使用强归纳法（图 6.4）证明了这个猜想。

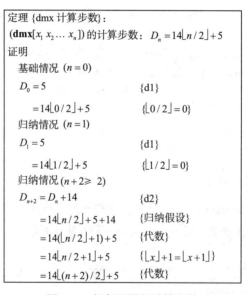

定理 {dmx 计算步数}：
(**dmx**[$x_1\ x_2 \ldots x_n$]) 的计算步数：$D_n = 14\lfloor n/2 \rfloor + 5$
证明
　基础情况（$n = 0$）
　$D_0 = 5$ 　　　　　　　　$\{d1\}$
　　$= 14\lfloor 0/2 \rfloor + 5$ 　　$\{\lfloor 0/2 \rfloor = 0\}$
　归纳情况（$n = 1$）
　$D_1 = 5$ 　　　　　　　　$\{d1\}$
　　$= 14\lfloor 1/2 \rfloor + 5$ 　　$\{\lfloor 1/2 \rfloor = 0\}$
　归纳情况（$n + 2 \geqslant 2$）
　$D_{n+2} = D_n + 14$ 　　　$\{d2\}$
　　$= 14\lfloor n/2 \rfloor + 5 + 14$ 　$\{$归纳假设$\}$
　　$= 14(\lfloor n/2 \rfloor + 1) + 5$ 　$\{$代数$\}$
　　$= 14\lfloor n/2 + 1 \rfloor + 5$ 　$\{\lfloor x \rfloor + 1 = \lfloor x + 1 \rfloor\}$
　　$= 14\lfloor (n+2)/2 \rfloor + 5$ 　$\{$代数$\}$

图 10.4　解复用器的计算步数

习题

1. 从 **len** 运算符的公理（图 4.5）推导计算 (**len** *xs*) 步数的递推等式。假设在这两个公理之间进行选择是一个两步计算（一步是确定 *xs* 是否有元素，另一步是使用该确定结果来选择适当的公理）。

2. 使用习题 1 中的递归等式来猜测计算 (**len** *xs*) 步数的公式。证明这个公式是正确的。

　　[一] 数值领域中的归纳等式称为递归等式。
　　[二] D_n 的闭式公式是指对任何 m 都不引用 D_m 的公式。
　　[三] 在本章中，我们将广泛使用向下取整 $\lfloor x \rfloor$ 和向上取整 $\lceil x \rceil$（信息框 3.5）。

3. 根据图 4.11 中 **append** 的定义，推导计算 (**append** *xs ys*) 步数的递推等式。

4. 使用习题 3 中的递归等式来猜测 (**append** *xs ys*) 计算步数的公式。证明这个公式是正确的。

190

10.4.3 计算归并的步数

我们的下一个目标是计算 (**mrg** *xs ys*) 的步数。我们不会尝试计算确切的步数，但会寻找一个上界。我们的分析将确保步数不会超过我们根据操作数中的元素数量计算出的数量。

首先，将 $M_{j,k}$ 定义为把 j 个元素的列表与 k 个元素的列表合并所需的最大步数⊖。我们还将 A_n 定义为合并两个列表（总共 n 个元素）所需的最大步数。

$M_{j,k} \equiv$ 计算最大步数（**mrg** $[x_1\ x_2\ \cdots\ x_j][y_1\ y_2\ \cdots\ y_k]$）

$A_n \equiv$ 最大值 $\{M_{j,k} \mid j+k=n\}$

将通过归纳法证明 $\forall n.(A_n \leq 10(n+1))$。对于基本情况（即 $n=0$ 的情况），此时 $A_0 = M_{0,0}$。因为 $j+k=0$ 的唯一的自然数对是 $j=k=0$。因此，当 (**consp** *xs*) 和 (**consp** *ys*) 为假时，计算 (**mrg** *xs ys*) 的步数为 A_0。让我们看看 **mrg** 的定义并计算这些步数⊖。在这种情况下，计算由 7 个或更少的单步操作组成（**if, and，**两次 **consp**，再一次 **if**，**not**，和再一次 **consp**）⊕。因此，$A_0 \leq 7 < 10 \cdot (0+1)$，证明了基本情况。

现在，考虑归纳情况：$\forall n.((A_n \leq 10(n+1)) \rightarrow (A_{n+1} \leq 10((n+1)+1)))$。归纳假设为 $(A_n \leq 10(n+1))$。当 $j+k=n+1$，且 $M_{j,k}$ 表示计算 **mrg** $[x_1\ x_2\ \cdots\ x_j][y_1\ y_2\ \cdots\ y_k]$ 的最大步数时，A_{n+1} 是 $M_{j,k}$ 的最大值。

```
(defun mrg (xs ys)
  (if (and (consp xs) (consp ys))
      (let* ((x (first xs)) (y (first ys)))
        (if (<= x y)
            (cons x (mrg (rest xs) ys))    ; mgx
            (cons y (mrg xs (rest ys)))))  ; mgy
      (if (not (consp xs))
          xs    ; ys is empty                ; mg0
          ys))) ; xs is empty                ; mg1
```

如果其中一个操作数为空，就像在基本情况中一样，在计算中最多有 7 个步骤。如果两个操作数都不为空，则有 8 个单步操作（**if, and，**两次 **consp**，两次 **first**，再次 **if**，和比较操

⊖ 这样的列表有无数个，而无数个列表的最大值是不确定的。但是，合并计算仅取决于操作数中数字的顺序，而不取决于它们的特定值。列表中元素的排列数量有限，因此在计算最大值时要考虑的组合集合是有限的。类似的警告适用于我们的大多数证明。我们已经根据列表元素的数量定义了包括步数计算公式在内的属性，而没有考虑这些元素的值。形式 $P_n \equiv (\cdots [x_1\ x_2\ \cdots\ x_n]\cdots)$ 的属性更合适采用形式 $P_n \equiv \forall x_1 \forall x_2 \cdots \forall x_n.(\cdots [x_1\ x_2\ \cdots\ x_n]\cdots)$。然而，尽管属性定义忽略了这个问题，证明本身与值 X_k 无关。即证明是正确且严密的，但省略了某些细节。幸运的是，类似 ACL2 这样的机械化逻辑引擎进行的证明考虑到了细节。

⊖ 我们在此重复定义了 **mrg**，使计数操作更加方便。之前的定义（参见 10.2 节）声明了一个归纳方案来帮助 ACL2 将该定义纳入其机械化逻辑。这里我们省略了声明，因为我们是在没有 ACL2 的帮助下分析计算的。

⊕ 实际上是六步。如果第一个操作数为假，**and** 运算符将不计算第二个操作数。

作 $x \le y$），最终选择两个归纳公式之一：**(cons** x**(mrg(rest** xs**)** ys**)** 或 **(cons** y**(mrg** xs**(rest** ys**)))**。这两个公式有两个单步操作**(cons和rest)**，包括前面的 8 个单步操作总共有 10 个单步操作。还有一个归纳调用来说明：**(mrg(rest** xs**)** ys**)** 或 **(mrg** xs **(rest** ys**))**。

　　mrg 归纳调用操作数中的元素总数为 n，因为这两个列表 xs 和 ys 中总共有 $n + 1$ 个元素，在归纳调用中，运算符 **rest** 从其中一个列表中删除了一个元素。也就是说，调用 **(mrg(rest** xs**)** ys**)** 的操作数中共有 n 个元素，**(mrg** xs **(rest** ys**))** 也是如此。因此，根据 A_n 的定义，无论选择哪一个，归纳调用的计算步数都不能超过 A_n。我们得出 $A_{n+1} \le A_n + 10$（归纳调用的步数 A_n 加 10 个单步操作）。根据归纳假设，$A_n \le 10(n+1)$。因此 $A_{n+1} \le 10(n+1)+10$。用代数方法把 10 提出来，我们发现 $A_{n+1} \le 10((n+1)+1)$。这就完成了归纳情况的证明，我们通过归纳法得出结论 $\forall n.(A_n \le 10(n+1))$。

　　定理 {mrg计算步数}：

$$((\textbf{len } xs)+(\textbf{len } ys) = n) \to (\text{计算步数}(\textbf{mrg } xs \; ys) \equiv A_n \le 10(n+1))$$

习题

1. $M_{j,k}$ 的双变量使证明变得有些复杂。另一种方法是使用双重归纳法（图 10.5），它重新构造了双变量谓词的数学归纳法。假设 P 是一个谓词，其论域是成对的自然数。也就是说，对于每对自然数 m 和 n，$P(m, n)$ 选择谓词中的一个命题。使用谓词 P 来定义另一个具有自然数作为其论域的谓词 Q，并且具有以下属性：
   a. $Q(0)$ 是对 P 进行双重归纳法的基本情况。
   b. $(\forall n.(Q(n) \to Q(n+1)))$ 是对 P 进行双重归纳法的归纳情况。
   注：这个练习比较困难，也不是特别有意义。重点是双重归纳法可以简化为一般的数学归纳法。

证明 $(\forall m.\, P(m, 0)) \land (\forall n.\, P(0, n))$	基本情况
证明 $(\forall m.\, (\forall n.\, ((P(m+1, n) \land P(n, m+1)) \to P(m+1, n+1))))$	归纳情况 {dbl ind}
推出 $(\forall m.\, (\forall n.\, P(m, n)))$	

图 10.5　双重归纳法：推理的规则

10.4.4　计算归并排序的步数

　　我们一直在努力实现使用 **msort** 运算符⊖将列表中的元素按升序排列所需的步数上限。

```
(defun msort (xs)
  (if (consp (rest xs))        ; 2 or more elements?
      (let* ((splt (dmx xs))
             (odds (first splt))
```

⊖　与 **mrg** 的定义一样，我们重复了 **msort** 的定义来方便计算步数，但是我们省略了前面定义中提供的提示，来帮助 ACL2 证明终止。

```
        (evns (second splt)))
      (mrg (msort odds) (msort evns)))) ; {msrt2}
    xs))                  ; (len xs) <= 1 ; {msrt1}
```

令 S_n 表示 (**msort** $[x_1\ x_2 \cdots x_n]$) 计算的步数。如果 n 为 0 或 1，**msort** 选择一个非递归公式，这需要三个单步操作：**if**、**consp** 和 **rest**。如果 n 大于等于 2，情况就更复杂了。图 10.6 从 **msort** 的定义得出递归。

关键的步骤是 **msort** 的两个归纳调用。第一次调用的操作数是一个列表，作为在具有 n 个元素的多路分解列表中的第一个组件。（在 **let*** 公式中称为 **odds**）根据定理 {dmx-len-first}，**odds** 是一个包含 $\lceil n/2 \rceil$ 元素的列表。因此根据 S 的定义，计算 (**msort** odds) 需要 $S_{\lceil n/2 \rceil}$ 个步骤。类似地，定理 {dmx-len-second} 表示，多路分解列表 (**evns**) 的第二个部分有 $\lfloor n/2 \rfloor$ 个元素，这意味着 (**msort** evns) 的计算有 $S_{\lfloor n/2 \rfloor}$ 个步骤。

计算 (**dmx** xs) 需要 $14\lfloor n/2 \rfloor + 5$ 步（定理 {**dmx** 计算步数}，图 10.4）。**mrg** 计算最多需要 $A_n = 10(n+1)$ 步（定理 {**mrg** 计算步数}）。在 (**msort** xs) 中，当 xs 有两个或多个元素时，还需要额外的 6 个步骤，所有这些步骤都是基本操作：**if**、**consp**、**rest** 和 **first** 单步操作，加上 **second** 的两步操作。所有这些步数加起来（两个 **msort**，**dmx**，**mrg** 和 6 个基本步骤），我们发现 $S_n \leqslant S_{\lceil n/2 \rceil} + S_{\lfloor n/2 \rfloor} + (14\lfloor n/2 \rfloor + 5) + 10(n+1) + 6$。

图 10.6 总结了此递归分析。因为我们对 **mrg** 运算符的分析给出了计算步数的上界，而不是确切的计数，所以此递归是上界，而不是等式。当 n 是奇数时，简化的公式 $7n+5$ 大于 $14\lfloor n/2 \rfloor + 5$，但我们得到的是一个上界，所以不等式仍然成立。最后的代数化简 $(14\lfloor n/2 \rfloor + 5) + 10(n+1) + 6 \leqslant (7n+5) + 10(n+1) + 6 = 17n + 21$，得到不等式 {s2}。

运算符	步数 ≤	当 $n \geqslant 2$ 时步数的计算
if	1	图 10.2
consp	1	图 10.2
rest	1	图 10.2
dmx	$14\lfloor n/2 \rfloor + 5$	{dmx 计算步数}，n 个元素
first	1	图 10.2
second	2	图 10.3
mrg	$10(n+1)$	{mrg 计算步数}，n 个元素
msort	$S_{\lceil n/2 \rceil}$	{dmx-len-first}
msort	$S_{\lfloor n/2 \rfloor}$	{dmx-len-second}

总数 $= 1 + 1 + 1 + (14\lfloor n/2 \rfloor + 5) + 1 + 2 + 10(n+1) + S_{\lceil n/2 \rceil} + S_{\lfloor n/2 \rfloor}$

$S_n \equiv$ 计算步数(**msort**$[x_1\ x_2 \cdots x_n]$)

$S_0 = S_1 = 3$ 　　　　　　　　　　　　{s1}

$S_n \leqslant S_{\lceil n/2 \rceil} + S_{\lfloor n/2 \rfloor} + 17n + 21$，若 $n \geqslant 2$ 　　{s2}

图 10.6　归并排序计算步数的递归不等式

现在，我们将猜测关于 S_n 上限的闭式公式（参见 142 页脚注⊜），然后使用强归纳法

（图 6.4）来证明该公式是正确的。递归不等式 {s2} 的右边用 $S_{n/2}$ 表示 S_n 的上界。有解递归经验的人将其视为 S_n 的 $n \log n$ 增长的指标。因此，可以预期能够找到一个乘数 α 使得 $\forall n.(S_{n+2} \leqslant \alpha \cdot (n+2) \log_2(n+2))$ [a]。找到一个有效的乘数，主要是通过反复递归处理，以便对它们产生的数字有一些直觉。这里是我们得出的乘数：$\alpha = 42$。图 10.7 通过强归纳法证明了 $\forall n.(S_{n+2} \leqslant \alpha \cdot (n+2) \log_2(n+2))$ [b]。

定理 {msort $n \log n$}：$\forall n.(S_{n+2} \leqslant 42(n+2)\log_2(n+2))$	
强归纳法证明	
基础情况 $(n=0)$	
$S_{0+2} \leqslant S_{\lceil(0+2)/2\rceil} + S_{\lfloor(0+2)/2\rfloor} + 17(0+2) + 21$	{s2}
$= S_1 + S_1 + 55$	{代数}
$= 3 + 3 + 55$	{s1}
$< 42(0+2)\log_2(0+2)$	{算术，$\log_2(0+2)=1$}
归纳情况 $(1 \leqslant n \leqslant 18)$	
使用递归（图 10.6）来计算：$S_{n+2}, n = 1,2,3,\cdots,18$	
观察 $S_{n+2} \leqslant 42(n+2)\log_2(n+2), n = 1,2,\cdots,18$	
归纳情况 $(n \geqslant 19)$（使用 $m \equiv n+2$ 来节省空间）	
$S_{n+2} = S_m$	{定义 $m \equiv n+2$}
$\leqslant S_{\lceil m/2 \rceil} + S_{\lfloor m/2 \rfloor} + 17m + 21$	{s2}
$\leqslant 42\lceil m/2 \rceil \log_2\lceil m/2 \rceil +$	{归纳假设，2次（$\lceil m/2 \rceil < m, \lfloor m/2 \rfloor < m$）}
$\quad 42\lfloor m/2 \rfloor \log_2\lfloor m/2 \rfloor + 17m + 21$	
$\leqslant 42\lceil m/2 \rceil \log_2\lceil m/2 \rceil +$	
$\quad 42\lfloor m/2 \rfloor \log_2\lceil m/2 \rceil + 17m + 21$	{$\lceil x \rceil \leqslant \lceil x \rceil \rightarrow \log_2\lfloor x \rfloor \leqslant \log_2\lceil x \rceil$}
$= 42(\lceil m/2 \rceil + \lfloor m/2 \rfloor)\log_2\lceil m/2 \rceil + 17m + 21$	{代数(提出因子 $42\log_2\lceil m/2 \rceil$)}
$= 42m\log_2\lceil m/2 \rceil + 17m + 21$	{$\lceil m/2 \rceil + \lfloor m/2 \rfloor = m$}
$\leqslant 42m\log_2((m+1)/2) + 17m + 21$	{$\log_2\lceil m/2 \rceil \leqslant \log_2((m+1)/2)$}
$\leqslant 42m\log_2((m+1)/2) + 17m + m$	{$m = n+2 \geqslant 19+2 = 21$}
$\leqslant 42m\log_2((m+1)/2) + 18m$	{$17m + m = 18m$}
$= 42m(\log_2((m+1)/2) + (18/42))$	{代数 (提出因子 $42m$)}
$= 42m(\log_2(m+1) - \log_2(2) + (18/42))$	{$\log_2(x/y) = \log_2(x) - \log_2(y)$}
$= 42m(\log_2(m+1) - 1 + (18/42))$	{$\log_2(2) = 1$}
$< 42m(\log_2(m+1) + \log_2(m/(m+1)))$	{$m \geqslant 3 \rightarrow \log_2\dfrac{m}{m+1} > -1 + \dfrac{18}{42}$}
$= 42m\log_2((m+1) \cdot m/(m+1))$	{$\log_2(x) + \log_2(y) = \log_2(xy)$}
$= 42m\log_2(m)$	{代数}
$= 42(n+2)\log_2(n+2)$	{定义：$m \equiv n+2$}

图 10.7 归并排序计算步数的上界

---

[a] 当 n 为 0 或 1 时，公式 $\alpha \cdot n \log_2 n$ 不能成为 S_n 的上界，因为当 n 是 0 或 1 时，$n \log_2 n = 0$，我们知道（图 10.6）$S_0 = S_1 = 3$ 大于零。

[b] 可以找到一个较小的乘数，但是我们不必太担心乘数的大小，特别是因为我们的模型中没有计算步数所花费的时间的比例。我们感兴趣的是 $n \log_2 n$ 部分增长的顺序。42 符合这一巧合或许会逗乐 Douglas Adams 的粉丝。

习题

1. 使用图 10.6 中的递归在 $(\mathbf{S}\,n) = S_n$ 的 ACL2 中定义运算符 $\mathbf{S}$。

2. 对于任何非零正数 x，$\lfloor \log_2(x) \rfloor$ 是最大整数 n，使得 $2^n \leq x$。在 ALC2 中定义一个运算符 **log2**，在 $x \geq 1$ 时计算 $\lfloor \log_2(x) \rfloor$。

194
~
195

3. 如果 $S_{n+2} \leq 42(n+2)\lfloor \log_2(n+2) \rfloor$，那么 $S_{n+2} \leq 42(n+2)\log_2(n+2)$。使用习题 1 和习题 2 中的运算符，比较 1 到 18 之间的每个自然数 n 的 S_{n+2} 和 $42(n+2)\lfloor \log_2(n+2) \rfloor$。解释任何异常。提示：$\log_2 3 > (3/2)$。

10.4.5 计算插入排序的步数

我们希望比较 **msort** 运算符（归并排序）和 **isort** 运算符（插入排序）的性能。这两种运算符的差别可能非常大（参见 132 页脚注⊖）。**isort** 运算符几乎总是比 **msort** 花费更多的时间来排列一组数字，并且随着列表中元素数量的增加，这种差异会迅速增大。

然而，（**isort** xs）运算符计算的步数根据操作数 xs 中的数字排列而差异很大。对于一些情况，（**isort** xs）比（**msort** xs）快，并且当 xs 是一个短列表时，**isort** 可以比任何列表都快。事实上，用于排序的高速通用软件通常将类似于插入排序的方法与类似于合并排序的方法结合在一起。这种混合策略将列表排序为短列表的集合（通常最多约八个元素），对短列表应用类似 **isort** 的运算符，然后使用类似 **msort** 的运算符将它们组合起来。

isort 运算符所需的计算步数差异很大，但对于随机排列的列表，**isort** 所需的平均计算步数的估计值对于进行比较很有用。为了便于分析，我们重述了 **isort** 的定义（图 10.8）。

```
(defun insert (x xs) ; assume x1 <= x2 <= x3 ...
  (if (and (consp xs) (> x (first xs)))
      (cons (first xs) (insert x (rest xs))); {ins2}
      (cons x xs)))                         ; {ins1}
(defun isort (xs)
  (if (consp (rest xs)) ; xs has 2 or more elements?
      (insert (first xs) (isort (rest xs))) ; {isrt2}
      xs))               ; (len xs) <= 1     ; {isrt1}
```

图 10.8　**isort** 的形式化定义

（**insert** x **nil**）的计算需要 4 个步骤（**if**，**and**，**consp**，**cons**）⊖。在计算（**insert** x $[x_1\ x_2 \cdots x_{n+1}]$）时，**insert** 运算符假设 $x_1 \leq x_2 \leq \cdots \leq x_{n+1}$。在最坏的情况下，$x > x_{n+1}$，**insert** 计算将实现列表 $[x_1\ x_2 \cdots x_{n+1}\ x]$。仔细分析表明，最坏情况下的插入需要 $8(n+1)+4$ 步（习题 2）。

对于随机数据，平均而言，我们有理由期望 x 会插入到列表 xs 的一半位置。这意味着计算（**insert** x xs）所需的平均步数是最坏情况（x 超过 xs 所有数字时，将 x 放在列表的末尾）的一半。要证明关于平均值的主张，需要了解随机数据的性质和概率效应，因此我们将不寻求证明，但会假定它是正确的。在该假设和最坏情况插入的计算步

196

⊖　如果 **and** 运算符的第一个操作数为假，则不计算其第二个操作数。

数为 8 $(n+1)$ + 4 的情况下，（ **insert** $x[x_1 x_2 \cdots x_{n+1}]$ ）的平均步数为 $G_{n+1} = (8(n+1)+4) = 2 = 4(n+1)+2 = 4n+6$ 。

这对（ **isort** xs ）意味着什么？从 **isort** 的定义可以看出，当（ **len** xs ）为 0 或 1 时，**isort** 执行 3 个单步操作（ **if**、**consp**、**rest**）。当 xs 有 $n+2$ 个元素（即 2 个或多个元素）时，有 5 个单步操作（ **if**、**consp**、**rest**、**first**、再次 **rest** ），加上一个 **insert** 操作（第二个操作数有 $n+1$ 个元素），平均需要 $G_{n+1} = (4n+6)$ 个计算步骤。最后，仍然存在对 **isort**（操作数具有 $n+1$ 个元素）的递归调用。该分析得到了图 10.9 中计算（ **isort** $[x_1 x_2 \cdots x_n]$ ）平均步数的递归等式，我们用 I_n 来表示。

我们尽管可以猜测到 I_n 的闭式公式并通过归纳法对其进行证明，但我们还是通过分阶段地应用 I_n 的递归等式进行一个分析。图 10.9 显示了递归等式，并给出了分析，使用等式 {i2} 为 I_{n+2} 逐步建立了公式。首先，将等式 {i2} 的右边替换为 I_{n+2}，然后，如果 $(n+1) \geq 2$，再次将 I_{n+1} 代入 {i2} 的右侧，并以此方式继续使用等式式 {i2}，直到公式归结为 $(I_1 + \cdots)$，此时，使用公式 {i1} 将 I_1 替换为 3。

I_n 的递归等式	
$I_0 = I_1 = 3$	{i1}
$I_{n+2} = I_{n+1} + (4n+6) + 5 = I_{n+1} + 4n + 11$	{i2}
I_n 的闭式等式：	
I_{n+2}	
$= I_{n+1} + (4n+11)$	{i2}I_{n+2}
$= I_n + (4(n-1)+11) + (4n+11)$	{i2}I_{n+1}
$\vdots$	
$= I_3 + (4 \cdot 2 + 11) + (4 \cdot 3 + 11) + \cdots (4n+11)$	{i2}I_4
$= I_2 + (4 \cdot 1 + 11) + (4 \cdot 2 + 11) + (4 \cdot 3 + 11) + \cdots (4n+11)$	{i2}I_3
$= I_1 + (4 \cdot 0 + 11) + (4 \cdot 1 + 11) + (4 \cdot 2 + 11) + (4 \cdot 3 + 11) + \cdots (4n+11)$	{i2}I_2
$= 3 + (4 \cdot 0 + 11) + (4 \cdot 1 + 11) + (4 \cdot 2 + 11) + (4 \cdot 3 + 11) + \cdots (4n+11)$	{i1}
$= 3 + 11 + 4 \cdot (1 + 2 + 3 + \cdots + n) + 11n$	{代数}
$= 3 + 11 + 4 \cdot (n(n+1)/2) + 11n$	{三角数}
$= (2n+11)(n+1) + 3$	{代数}
$I_n = (2(n-2)+11)(n-2+1) + 3 = (2n+7)(n-1) + 3$	如果 $n \geq 2$

图 10.9 I_n 为 (**isort** $x[x_1 x_2 \cdots x_n]$) 的平均步数

然后，一些代数重组揭示了（ $1 + 2 + 3 + \cdots + n$ ）用其中一项表示（然后，一些代数重组在总和中的一个项中揭示了一个因子 $(1 + 2 + 3 + \cdots + n)$ ）。这是众所周知的三角数⊖： $(1 + 2 + 3 + \cdots + n) = n(n+1)/2$ 。最后，通过更多的代数重组，我们发现（ **isort** $[x_1 x_2 \cdots x_{n+2}]$ ）平均需要 $I_{n+2} = (2n+11)(n+1) + 3$ 个计算步骤。换句话说，$I_n = (2n+7)(n-1) + 3 (n \geq 2)$ 。

⊖ 在一项针对离散数学教科书的调查中，三角形数的公式可能是最受欢迎的数学归纳法证明范例。要么就是几何级数（ 7.5 节的习题 13 ）。证明三角形数公式是习题 4。

定理 {msort n log n}（图 10.7）提供了计算（msort[x_1 x_2 ⋯ x_{n+2}]）步数 S_n 的一个上界[⊖]：当 n =（len xs）≥ 2 时，S_n ≤ 42n log$_2 n$。为了比较使用 isort 和 msort 对一组数字列表进行排序所需的时间，我们可以计算出插入排序所需的计算步数与合并排序之间比率的下界：当 n ≥ 2 时，I_n / S_n ≥（2n+7）（n−1）/（42n log$_2 n$）。（我们从分子中减去了 +3，但该比率始终是一个下界，因此它仍然是一个下界。）随着 n（要排序的列表中元素的数量）的增加，该比率会快速增大。

197
~
198

平衡点出现在大约 100 个元素处。对于 1000 个元素，这个比例大约是 5。也就是说，对于具有 1000 个元素的列表，msort 比 isort 快约五倍。对于 10 000 个元素，msort 大约快 40 倍。对于 100 000 个元素，msort 速度快 300 倍。对于 1 000 000 个元素，msort 大约快 2000 倍。这些估计是保守的，因为我们没有尝试获得 msort 计算步数数的严格上界，并且我们没有密切关注 isort 和 msort 定义中的计算细节。严谨的排序软件会进行性能调整，使得比例在实践中更加极端。

除了比较归并排序和插入排序的性能之外，本次讨论的主要内容还包括，归纳定义提供了一种直接的方法来推导递归等式，用以计算所定义的运算符执行计算所需的步数。如果可以找到递归的解决方案，无论是通过猜测还是使用超出本书讨论范围的许多解决方案中的一种，那么很有可能通过归纳证明来验证解决方案。这样，使用归纳等式定义运算符有助于分析运算符执行操作所需的计算步数。

习题

1. 根据 insert 的定义，推导计算步数的递推等式（insert x[x_1 x_2 ⋯ x_{n+1}]）（若 x_1 ≤ x_2 ≤ ⋯ ≤ x_{n+1} < x）

2. 利用习题 1 中的递归等式，证明（insert x[x_1 x_2 ⋯ x_{n+1}]）（若 x_1 ≤ x_2 ≤ ⋯ ≤ x_{n+1} < x）小于等于 8(n + 1) + 6，

3. 当 n 增加时，S_n 边界上的乘数 42 变得更不稳定。找出 $β$ < 42 适用于包含 100 个以上元素的列表：S_n ≤ $β·n$ log$_2 n$（若 n > 100）。

4. 用归纳法证明三角形数的公式。

$$(1+2+3+\cdots+n) = n(n+1)/2$$

你可能成为第十亿个证明出来的人。加油。

199

⊖ 结果表明，这个上界接近随机列表中合并排序的平均值。

搜 索 树

11.1 查找事物

请思考这个问题：怎样把东西整理好以方便找到。如果东西不多，那很容易。如果你有十几双袜子，你可以把它们扔进抽屉里，很快就能找到你想要的那一双，而不必真的去找。但是，如果你开一家办公用品商店，里面有成千上万种纸张、信封、铅笔和橡皮，你就需要整齐地摆放它们，这样人们才能找到想要的商品。

整理的重要性随物品数量的增加而增加。如果你管理一个仓库，你可能需要跟踪成千上万种商品。一种较好的解决方案是将库存编号与每种商品关联起来，将每种物品放置在一个箱子里，并根据库存编号摆放箱子。即使有成千上万种商品，这样安排也妥当。当仓库将要存储一种新商品时，你只需在末尾添加一个箱子，并给它贴上比前一个更大的库存编号即可。

然而，如果某件商品断货了怎么办？你可以清空它所在的箱子，但是该怎么处理留下的空隙？在一开始的几次中断中，你可以保留空隙。但是对于成千上万的商品，随着时间的推移，将会发生上千次中断，最终会浪费大量的空间。

此外，虽然库存编号解决了查找商品位置的问题，但是还没有解决记录库存编号的问题，比如 20 磅的白纸和彩色墨盒。为了能够找到与某个商品相关联的库存编号，你需要某种变量将这些物品按照类别、子类别等进行排列，或者按照每个类别中商品名称的字母顺序排列。当仓库中某个商品断货时，你需要在变量中删除它，而当一种新类型的项目出现时，你需要将其写入变量的适当位置。最终，变量将会混乱，需要重新整理。

照这样做，你甚至可以管理成千上万种商品，但是你会发现这种方法并没有得到很好的推广。例如，如果你是一个大公司的数据管理员，当你试图管理数百万个数据时，确保列表按名称或库存编号排序将会变得非常困难。每天甚至每隔几秒都要添加新的数据，并删除旧的数据。因此，在列表中保持项目从第一项开始，然后是第二项、第三项等等，在实践中是行不通的。增大项目之间的空间以插入新项目，或者删除旧项并缩小项目之间的空间需要大量的项目移动。这个问题需要一个更好的解决方案，也就是本章的内容。让我们重述这个问题。

袜子堆法　如果你只需要管理几个项目，那么就可以使用袜子堆法。当你得到一双新袜子时，你就把它扔进抽屉里。旧袜子穿破了，你就把它扔掉。如果你想找到某一双特定的袜子，你只需要翻遍抽屉，一双一双地找，直到你找到你想要的那一双为止。如果你有十双，你看到的第一双、第二双或第三双可能就是你想要的那双。在最坏的情况下，你得找遍所有的十双袜子。平均来说，你可能找了一半才能找到正确的袜子。

二分查找法　如果你的书架上有一千本书，你可以按书名的字母顺序排列。当你有了一本新书，你只需把它插在正确的地方，可能要移动几本书来放置它。如果你拿出一本书，你可以把这个位置空着，或者挪动旁边的书来填补空隙。

要找到一本特定的书，你可能只是猜测它会在哪里，找到那里，然后相应地调整下一个猜测。然而，有一种有效的方法可以管理，保证你只需几步就能找到它。这就是二分查找法。首先，你看中间那本书，如果是你想要的，很好，你就找到了。如果没有，你要找的书名按字母顺序排列要么在它后面，要么在它前面。在这两种情况下，查找的数量减少了一半，你可以重复这个过程，在剩下的可能性中找到你要找的书。因为你每次查找书的数量会减少一半，所以在一千本书中不会超过十次查找就能找到一本特定的书。因为一千削减一半，然后五百削减一半，以此类推，在十步内就能找到一本书。

从另一个方向看，从 1 开始，每一次都翻倍，1，2，4，8，16，32，64，128，256，512，1024。转为 2 的幂：2^0，2^1，2^2，2^3，…，2^{10}。所以，当有 n 个元素时，在二分查找过程中需要查找的元素个数是第一个满足 $2^k \geq n$ 或者 $k \geq \log_2 n$ 的整数 k。也就是说，在 n 个项目中进行二分查找的次数是 $\log_2 n$ 四舍五入到下一个整数。

当把一个数四舍五入到下一个整数时，就得到这个数的上取整：$\lceil x \rceil$ 等于 x 的上取整，等于 x 四舍五入到下一个整数。使用这种符号，包含 n 项的集合的二分查找搜索特定项所需的最大查找次数的公式是 $\lceil \log_2 n \rceil$。

因此，与袜子堆法相比，二分查找法在查找速度上有惊人的优势。在 n 项的集合中搜索特定项使用袜子堆法平均所需的次数为 $n / 2$，使用二分查找法降到了最多 $\lceil \log_2 n \rceil$ 次。这快了 $(n / 2) / \lceil \log_2 n \rceil$ 倍，当有很多项时，$(n / 2) / \lceil \log_2 n \rceil$ 是个非常大的数字。

对于 1000 项，平均来说，二分查找法的速度比袜子堆法快 $(1000 / 2) / \lceil \log_2 (1000) \rceil$ 倍，这大约快了 50 倍。对于 10 000 项，速度要快 350 倍。对于 100 000 项，倍数超过 3000 倍。对于 1 000 000 项，二分查找法的平均速度比袜子堆法快 2.5 万倍以上。项目数越多，速度快的倍数越多。在计算机搜索情形中，从数百万、数十亿甚至数万亿项中搜索一项是很常见的事情⊖。

所以，二分查找法，或者其他类似或更好的方法是必不可少的。优点在于我们可以依靠它。缺点则是虽然这可以很好地处理几千项，但至少来说，当有数百万项时，保持项目有序排列就变得很麻烦。

当元素是包含 n 个元素的数组中的元素时，比如从 0 到 $n-1$，就会发生这种情况。每当你添加一个新元素或删除一个旧元素时，你必须用这样或那样的方式移动元素，以

⊖　根据记载，二分查找法对于 10 亿项来说要快 1700 万倍，对于 1 万亿项来说要快 120 亿倍。如果你每天都要进行数百万次这样的搜索，那么袜子堆法就不可能在数十亿件物品中找到一件。

202

腾出空间或填补空隙，保持数组元素的序号在一个连续有序序列中，0, 1, 2, 3, …。因此，当元素没有改变时，保持元素与变量有序以便使用二分查找法，但当序号发生变化时，这种方法就不可行了。在实践中，元素经常增删，因此我们需要以某种方式来组织元素，而不仅仅是按顺序编号。

11.2 平衡二叉树

当计算机有足够的存储来跟踪上千项目之后，数学家 Adelson-Velskii 和 Landis 设计了一种结构，解决了由于添加新项目（插入问题）或移除旧项目（删除问题）导致的元素移动的问题。这种结构被称为 AVL 树（用"AV"表示 Adelson-Velskii，用"L"表示 Landis），它可以在大约 $\log n$ 次内找到某个项目或插入一个新项目，其中 n 是存储在树中的项目总个数。删除一项所需的次数也大致相同，因此 AVL 法提供了一种实用的方法来完成这三种操作：搜索、插入和删除。Adelson-Velskii 和 Landis 提出的这个方法解决了非常困难的问题，而且他们的解决方案不难理解，这就是本章的内容。

我们需要一些术语来讨论这个概念。树是指空树或称为根的结点。结点由一个或多个称为子树的树的序列组成。⊖我们将关注二叉树，其中每个结点有 4 个部分：

1. 键；
2. 一些与键相关联的数据；
3. 一个称为左子树的搜索树；
4. 另一个称为右子树的搜索树。

搜索树是一种特殊的树，可以方便地找到键。默认情况下，空树也是一个搜索树。结点中的两个子树称为兄弟树。如果该键位于根结点或者出现在根结点的子树中，那么它就会出现在搜索树中。空树中没有任何键。

查找树中的键必须有先后顺序。也就是说，对于任意两个不同的键，必须有某种方法确定哪个键在另一个键之前。例如，当键是由小写字母组成的单词时，默认按照字母顺序排列。如果键是数字，那么默认按照数字大小顺序排列。

由于所有的键都是按特定顺序排列的，因此，对于任意三个键，其中没有哪两个键是相同的，就必须要确定哪个排在前面，哪个排第二，哪个排最后。通常情况下，任何不同的键的集合都可以按递增的顺序排列：按顺序排列，序列中的每个键都排在其后的键之前。

要构建二叉搜索树，搜索树中的每个结点都必须有这样的属性：（按照键的顺序排列）左子树中的键在根结点的键之前，右子树中的键在根结点的键之后。具有此属性的树称为排序树，因此搜索树也是排序树。

要在搜索树中找到键，首先要查看键的根结点（除非树是空的，在这种情况下，你

⊖ 这又是一个有意义的循环（归纳）定义。

可以断定键不在树中）。如果你要查找的键与根结点的键相同，那么你就已经找到了要查找的键。如果它与根结点的键不同，则它按照顺序必定会在根结点的键之前或之后。如果你要查找的键在根结点的键之前，就在左子树中查找。如果它在根结点的键之后，那么就在右子树中查找。

要构建只含一个键的搜索树，只需构造一个结点即可。该结点由键、其关联的数据、空的左子树和空的右子树组成。这相当于将键插入到一个空的搜索树中。若要在非空搜索树中插入键，如果键的顺序在根结点的键之前就将其放在左子树中，如果在根结点的键之后就将其放在右子树中。要构建一个包含列表中所有键的搜索树是很简单的，先把第一个键插入到空树中，再往搜索树中依次插入剩下的键即可。

这是简单的部分。最难的部分在于确保搜索树不会变得太高。搜索树中的所有结点都有子树，每个子树也有其子树，依此类推。最后，在二分查找中，如果所需的键出现在树中，就终将找到它。如果键没有出现在树中，搜索将进入一个空的子树。此时，搜索就停止了，得出结论该键不在树中。

搜索树的高度是二分查找在树中找到一个键可能需要查找的最大次数。稍后，我们将正式定义树的高度。但是现在，只将它看作在二叉搜索树中查找键的最大查找次数。

AVL 树在每个结点上保持左右子树高度的平衡。插入新结点或删除旧结点的 AVL 方法可以保持高度平衡，从而防止树的某一边变得太高。这保持了树中键的数量与树的高度之间的高比率。也就是说，插入过程中确保树的高度小于键的数量。AVL 删除方法也同样如此。

当插入或删除键时，AVL 方法使树的高度不超过键数的以 2 为底的对数的 50%[⊖]。因此，一个包含 n 个键的 AVL 树的二分查找的步数不会超过 $(3/2)\log_2 n$ 步。要了解 AVL 方法的巧妙之处，请尝试找到如何将键插入到搜索树中的方法，并保持以下属性：

1. 每个根结点上的键排在其左子树中每个键之后。

2. 每个根结点上的键排在其右子树的每个键之前。

3. 左右子树的高度差为 0 或 1。

前两个属性要求搜索树有序，这样二分查找就正确有效。最后一个要求是保持平衡，防止树长得太高。为了确保 AVL 树查找的高效性，你需要定义一个插入方法，使得树的高度和插入过程的步数均不超过树的结点数的对数的某个百分比（即不依赖于树的结点数量的百分比）。例如，插入过程的步数可能是树高度的两倍，但不能更大。在努力寻找一种可靠的方法来建立不会太高的搜索树之后，你一定会感谢 Adelson-Velskii 和 Landis 提出的方法，这种方法使得存储大量数据时仍然可以快速查找某个项目，并且使快速插入新项目或者删除旧项目成为可能。

⊖ 这个事实的证明会使我们偏离主题，所以我们不再讨论证明的问题。

11.3 搜索树的表示

任何关于 AVL 方法的详细讨论都需要一种表示搜索树的方法。在我们的表示中，键通常按照自然数排序。也就是说，有两个键 k_1、k_2，按照常规自然数排序，如果 $k_1 < k_2$，那么键 k_1 排在键 k_2 之前。这意味着搜索树结点上的键在顺序上大于该结点左子树中出现的所有键，而在顺序上小于该结点右子树中出现的所有键。空列表 (**nil**) 将表示空树。搜索树中的一个结点将包含四个元素：键（数字）、数据（任何类型）、左子树和右子树。这些是表示的基础。

搜索树的根结点代表整个树。根结点的表示与任何其他结点的表示一样，都有一个键、一个左子树和一个右子树。但是，与其他结点不同的是，根结点不是任何其他结点的子树，树中的所有键都出现在根结点或其中一个子树中。根结点的键是表示树的列表的第一个元素，然后列表的第二个元素是与根结点关联的数据。第三个元素是左子树，列表的第四个元素是右子树。

图 11.1 展示了搜索树的公式，其中的数据是字符串。该图也画出了搜索树的示意图。这种绘图的方式将清晰地阐明搜索树的插入过程。在树的示意图中，根结点是位于顶部的结点，左右子树分别悬挂在左下方和右下方。为了接下来的讨论，你需要能够根据公式绘制树的示意图，反之亦然。

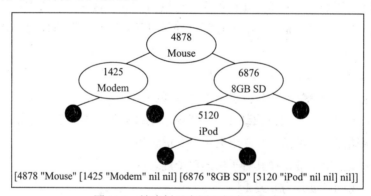

[4878 "Mouse" [1425 "Modem" nil nil] [6876 "8GB SD" [5120 "iPod" nil nil] nil]]

图 11.1　搜索树示意图和相应的公式

空树的高度为零。非空树的高度比它的左右子树高一层。搜索树的大小是树中出现的键的个数。空树中没有键，所以它的大小为零。非空树的大小比其左子树和右子树的大小之和大一。

我们使用 ACL2 来形式化这些定义（图 11.2），从运算符 **mktr** 开始，它表示从四个组件构建一棵树。然后我们定义运算符从结点 (**key**、**dat**、**lft** 和 **rgt**) 中提取键、数据和左右子树。最后，我们定义谓词来识别键和搜索树 (**iskeyp**、**treep**、**emptyp**)，并查明键是否出现在树中 (**keyp**)。

唯一一个高度为 0 的树是空树，因为非空树的高度比其两个子树的高度最大值大 1，所以它至少为 1。定理 {ht-emp} 更严格地说明了这一事实。

定理 {ht-emp}: $(\mathbf{treep}\,s) \to (((\mathbf{height}\,s)=0)=(\mathbf{emptyp}\,s))$

```
(defun mktr (k d lf rt)                      ; 由键、数据、子树构造一棵搜索树
    (list k d lf rt))
(defun key (s) (first s))                    ; 根结点的键
(defun dat (s) (second s))                   ; 根结点的数据
(defun lft (s) (third s))                    ; 左子树
(defun rgt (s) (fourth s))                   ; 右子树
(defun emptyp (s) (not (consp s)))           ; 是空树吗?
(defun height (s)                            ; 树的高度
    (if (emptyp s)
        0                                                           ; {ht0}
        (+ 1 (max (height (lft s)) (height (rgt s))))))   ; {ht1}
(defun size (s)                       ; 键的个数
    (if (emptyp s)
        0                                                       ; {sz0}
        (+ 1 (size (lft s)) (size (rgt s)))))     ; {sz1}
(defun iskeyp (k)
    (natp k))
(defun treep (s)                              ; 是搜索树吗?
    (or (emptyp s)
        (and (= (len s) 4) (natp (key s))
             (treep (lft s)) (treep (rgt s)))))
(defun keyp (k s)                             ; 键 k 在搜索树 s 中吗?
    (and (iskeyp k) (treep s) (not (emptyp s))
        (or (= k (key s)) (keyp k (lft s)) (keyp k (rgt s)))))
```

图 11.2　搜索树的运算符和谓词

11.4　有序搜索树

由于键是自然数，所以如果每个结点的键大于左子树中的所有出现的键，而小于右子树中的所有出现的键，则搜索树是有序的。默认情况下，空树是有序的。下面的等式定义了谓词 **ordp**，因此 $(\mathbf{ordp}\,s)$ 在 s 是有序的情况下为真，否则为假：

$$
\begin{aligned}
(\mathbf{ordp}\,s) = \quad & (\mathbf{emptyp}\,s)\ \vee \qquad\qquad\qquad\qquad\qquad\qquad \{\,\mathbf{ord}\,\} \\
& ((\mathbf{treep}\,s)\ \wedge \\
& (\forall x.((\mathbf{keyp}\,x\,(\mathbf{lft}\,s)) \to x < (\mathbf{key}\,s)))\ \wedge\ (\mathbf{ordp}\,(\mathbf{lft}\,s))\ \wedge \\
& (\forall y.((\mathbf{keyp}\,y\,(\mathbf{rgt}\,s)) \to y > (\mathbf{key}\,s)))\ \wedge\ (\mathbf{ordp}\,(\mathbf{rgt}\,s)))
\end{aligned}
$$

在有序搜索树中不会出现重复键。可以根据下列性质对这一命题作严格证明：

1. 结点上的键不会出现在它的任意一个子树中。

2. 结点的一个子树中的任何键都不等于该结点的键，也不出现在另一个子树中。

定理 {键的唯一性}：

$$
((\mathbf{iskeyp}\,k)\ \wedge\ (\mathbf{ordp}\,s)) \to
$$
$$
(((k=(\mathbf{key}\,s)) \to ((\neg(\mathbf{keyp}\,k\,(\mathbf{lft}\,s)))\ \wedge\ (\neg(\mathbf{keyp}\,k\,(\mathbf{rgt}\,s)))))\ \wedge
$$
$$
((\mathbf{keyp}\,k\,(\mathbf{lft}\,s))) \to ((k \neq (\mathbf{key}\,s))\ \wedge\ (\neg(\mathbf{keyp}\,k\,(\mathbf{rgt}\,s)))))\ \wedge
$$

$(((\mathbf{keyp}\ k\ (\mathbf{rgt}\ s))) \rightarrow ((k \neq (\mathbf{key}\ s)) \wedge (\neg(\mathbf{keyp}\ k\ (\mathbf{lft}\ s)))))$

声明这个定理比证明它要更复杂。通过等式 {*ord*}，如果 $(\mathbf{keyp}\ x(\mathbf{lft}\ s))$，那么 $x < (\mathbf{key}\ s)$。因为 $k = (\mathbf{key}\ s)$，所以得出结论 $x \neq k$。也就是说 $(k = (\mathbf{key}\ s)) \rightarrow (\neg(\mathbf{keyp}\ k(\mathbf{lft}\ s)))$。这证明了定理中的一部分。通过引用谓词 **ordp** 定义的部分内容，可以很容易地证明定理的其他部分。

习题

1. 证明：$(\mathbf{ordp}\ s) \rightarrow (\mathbf{keyp}\ k(\mathbf{lft}\ s)) \rightarrow (((k \neq (\mathbf{key}\ s)) \wedge (\neg(\mathbf{keyp}\ k(\mathbf{rgt}\ s)))))$。

2. 证明：$(\mathbf{ordp}\ s) \rightarrow ((\mathbf{keyp}\ k(\mathbf{lgt}\ s)) \rightarrow ((k \neq (\mathbf{key}\ s)) \wedge (\neg(\mathbf{keyp}\ k(\mathbf{lft}\ s)))))$。

11.5　平衡搜索树

必须对搜索树进行排序，以方便查找。然而，排序是不够的。相对于树中的结点数，树必须比较矮。否则，排序就没用了。平均而言，在一个有序但不平衡的树中查找一个项目所花费的时间与在数据完全乱序的情况下所花费的时间一样长。图 11.3 对比了一些极端情况。

图 11.3 中高度为 7 的树在每一层都是不平衡的。对这棵树进行二叉查找，与袜子堆法逐个查找相比，没有任何优势。图中高度为 4 的不平衡树没有好得多。它的左子树结点数与右子树相同，但是所有的子树都是最大不平衡的，就像一堆袜子。

[208]

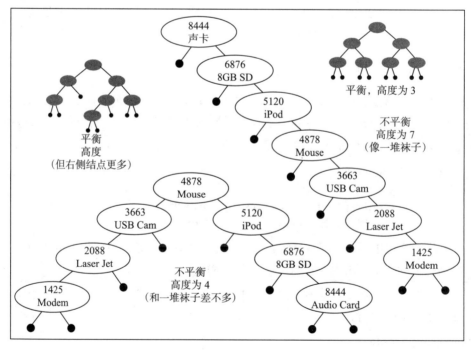

图 11.3　缩短平衡树

平衡能防止耗时的搜索，图 11.3 中的不平衡树显示了它的糟糕程度。如果搜索树的每个结点上都有两个相同大小的子树，那么它在大小和高度方面都是平衡的。图 11.3 中高度为 3 的树具有这种最平衡的形状。然而，在搜索树中找到一个键所需要的步数是由子树的高度决定的，而不是由它们包含的结点数量决定的。而且即使某些结点一个子树比另一个子树含有更多的键，搜索树也可以根据高度平衡。图中高度为 4 的平衡树证实了这点。这棵树的形状在任何结点上都不是对称的，但是没有任何结点的子树高度相差超过 1，这就足够了。我们试图将具有 n 个结点的树的高度保持在 $\log_2 n$ 的某个固定百分比内，而高度平衡足以实现这一目标。搜索树不必要完全对称。

如前所述（参见 11.2 节），具有 n 个键的平衡搜索树的高度小于 $(3/2)\log_2 n$。这使得查找要比最优情况下花费更多的步骤，在最优情况下，每个结点的两个子树都有相同数量的键，但是搜索仍然很快。在十亿个结点中找到某个键可能需要 45 步，而不是 30 步，但是相对于未排列的数据来说，这仍然比平均 5 亿步要快得多。

在查找东西的过程中，我们发现插入新键或删除旧键所需的步数也大大减少了。当顺序排列时，插入点后面的键都需要移动来腾出空间插入新键时，平均需要执行 $n/2$ 步。 209
然而在搜索树中插入一个结点所需的步数与 $\log_2 n$ 成正比，这使得我们在插入速度上具有与二分查找速度相同的优势。删除可以用类似的方法处理，并且具有同样的效率。也就是说，搜索、插入和删除都可以在对数时间内完成。

习题

1. 找到一种将 $2^n - 1$ 个键存放到高度为 n 的二叉搜索树中的方法。

11.6　搜索树中插入新项目

为了提高搜索、插入和删除的效率，搜索树必须是有序且平衡的。关于平衡，我们必须确保在每个结点中，左子树和右子树的高度相差 1 或更小。谓词 **balp** 形式化地表达了这个概念（图 11.4）。

```
(defun balp (s) ; 是平衡树吗?
  (or (emptyp s)
      (and (<= (abs (- (height (lft s)) (height (rgt s)))) 1)
           (balp (lft s)) (balp (rgt s)))))
```

图 11.4　平衡谓词

保持有序并不难。对于新键，你可以根据结点是小于还是大于该键，选择在树中向左或向右移动。当你到达一个空树时，插入一个结点，该结点具有新键及其相关数据，并且其左子树和右子树为空树。由于搜索树插入新键的方式，因此新树将保持有序。但是如果插入新键会使原本已经比它的兄弟树高的子树再增加高度，那么新树就不平衡了。图 11.5 提供了此插入方法的归纳定义。该定义使用非归纳公式将新键插入空树中，对于非空的树使用归纳公式插入新键⊖。

```
(defun hook (x a s) ; 向树 s 中插入键 x 与其相关联的数据 a
  (if (empty s)       ; 保持有序但并不必须平衡
      (mktr x a nil nil)                      ; {hook0}
      (let* ((k (key s)) (d (dat s))
             (lf (lft s)) (rt (rgt s)))
        (if (< x k)
            (mktr k d (hook x a lf) rt)        ; {hook<}
            (if (> x k)
                (mktr k d lf (hook x a rt))    ; {hook>}
                (mktr x a lf rt)))))))         ; {hook=}
```

图 11.5　插入新键，保持有序，但不保持平衡

以这种方式插入新键会使树失去平衡。当插入新键使得原本已经比它的兄弟数高的子树再增加高度，就会发生这种情况。然后该子树比它的兄弟树高两层，造成了树不平衡。在这种情况下，重新调整使它恢复平衡，而且保持有序。

210

信息框 11.1　在小的搜索树中插入新结点

下面的示例从仅包含一个结点的树开始，然后依次插入三个新项目。我们使用公式 (**ins** $x\,a\,s$) 来表示通过将键 x 与相关联的数据 a 插入搜索树 s 而产生的新树。

最终的结果是一个有序的、平衡的、包含 4 个结点的树。如果你为示例中的公式表示的树绘制类似于图 11.3 的示意图，这将有助于理解插入过程。验证每棵树都是有序且平衡的。

(**ins** 1125 "Modem"

　　[8444 "Audio Card"nil nil])

　　⇓

[1125 "Modem" nil [8444"Audio Card"nil nil]]

(**ins** 4878 "Mouse"

　　[1125 "Modem" nil [8444 "Audio Card" nil nil]])

　　⇓

[4878 "Mouse" [1125 "Modem" nil nil]

　　　　　　[8444 "Audio Card" nil nil]]

(**ins** 2088 "Laser Jet"

⊖　如果 **hook** 运算符遇到与它所插入的键相同的键，它应该用该键交付给一个树。但是，与新键关联的新数据将是 **hook** 操作中第二个操作数提供的数据。旧数据遗失了。这提供了一种将新数据与键关联起来的方法。这个定义可能选择了一个不同的替代方法，但是对于我们的目的而言，这是一个可行的方法。

> [4878 "Mouse" [1125 "Modem" nil nil]
>
> 　　　[8444"Audio Card" nil nil]])
>
> ⇓
>
> [2088 "Laser Jet" [1125 "Modem" nil nil]
>
> 　　　[4878 "Mouse" nil [8444 "Audio Card" nil nil]]]

211

在小型树中，我们很容易找到一个特定的重新调整方法，如信息框 11.1 所示，但是我们需要一个适用于所有的搜索树的调整方法，而不仅仅适用于那些小的、容易看出怎么调整的搜索树。本章其余部分的主要内容是给出一个重新调整的过程。

将新结点放在树的底部可能会使树更高，但也不一定。例如，插入点可能位于一个结点的空端，该结点的另一端有一个高度为 1 的树，在这种情况下，插入结点将保持树的高度不变。但是，如果树的高度改变了，它能变化多少？不会超过 1（定理 {i-ht}，下面的习题 4）。

如果带有新键的树比旧树高，则新树可能会不平衡。然而，由于平衡树的左子树的高度与右子树的高度相差不超过 1，又因为新结点的插入不能将任何一个子树的高度增加超过 1，所以新树中左右子树的高度相差不会超过 2。因此，当一个子树比它的兄弟树高 2 时，如果我们能找到重新调整树的方法，那就找到了在插入新结点时保持平衡的方法。

习题

1. 给定任意三个不同的键，只有唯一一个有序的平衡的搜索树恰好包含这三个键，而没有其他键。请解释为什么。

2. 信息框 11.1 中展示了一个有序的、平衡的、包含 4 个结点的搜索树的插入过程。在每种情况下，由插入产生的树都是从一些同样合适的备选树中选择的。请为有序、平衡的树编写公式，并且这些树与示例中的树不同，但仍然包含相同的键。

3. 使用归纳法来证明下列有关高度的定理（在 11.4 节中定义的 **ordp**）：

$$定理\{i\text{-ord}\}:\quad (\mathbf{ordp}\,s) \rightarrow (\mathbf{ordp}(\mathbf{hook}\,k\,a\,s))$$

4. 对树的高度使用归纳法证明新结点的插入不会使树高增加超过 1。也就是说，假设 x 是键，s 是搜索树，**hook** 是图 11.5 中定义的运算符，证明下列定理：

$$定理\{i\text{-ht}\}:\quad (\mathbf{height}(\mathbf{hook}\,x\,a\,s)) \leqslant (\mathbf{height}\,s)+1$$

11.7　顺序插入

平衡较小的树是很容易的，因为只需要考虑很少的可能性。高度小于等于 2 的搜索树总是平衡的。

$$定理\{bal\text{-}ht2\}:\quad ((\mathbf{height}\,s) \leqslant 2) \rightarrow (\mathbf{balp}\,s)$$

212

考虑所有的可能性，就可以证明这个定理。高度为 0 的树是空的（定理 {ht-emp}）。

根据定义（图 11.4）可知，**(balp nil)=(emptyp nil)** 为真。任何高度为 1 的树都只包含一个结点 [*k d* **nil nil**]，这是平衡的，因为左右两个子树具有相同的高度（即 0）。高度为 2 的树的公式必须符合下列情况之一：[*k d* [*jc* **nil nil**] **nil**]，[*k d* **nil** [*i b* **nil nil**]]，或 [*k d* [*jc* **nil nil**] [*i b* **nil nil**]]。应用谓词 **balp** 检验所有这些树都是平衡的，从而完成了证明。

对于较高的树，有更多的可能性，但我们可以将问题的一部分简化为较矮的树，依靠归纳法来处理这棵树，并使用较矮的树产生的解决方案来组合成完整的解决方案。我们需要定义一个插入运算符 **ins**，将一个新键放入一个有序的、平衡的搜索树中，生成一个有序的、平衡的、包含新键和所有旧键的新的搜索树。运算符 **hook**（图 11.5）对高度为 0 或 1 的树执行该操作。新树是有序的（定理 {i-ord}），且高度不超过 2，它也是平衡的（定理 {i-ht} 与定理 {bal-ht2}）。因此，对于高度为 0 或 1 的树，**hook** 运算符本身就可以插入新键。

这样就只剩下高为 2 或 2 以上的树了。我们想定义一个插入符 **ins**，如果 *s* 是一个有序的、平衡的、高度为 *n* +2 的搜索树（其中 *n* 是一个自然数），那么树 **(ins** *x a s* **)** 也是有序的、平衡的树，且包含 *s* 中所有的键，也包含键 *x*，却不包含其他的键，并且树高度为 *n*+2 或者 *n*+3。为此，我们将从 **hook** 程序开始（它已经具有 **ins** 所需的顺序和高度属性），然后当生成的树其子树高度相差超过 1 时找到重新平衡的方法⊖。我们对 **ins** 的归纳定义将假设它在高度小于 *n*+2 的树上运行时具有所需的属性，并根据假设证明它在高度为 *n*+2 的树上也具有这些属性。

搜索树的示意图将有助于我们分情况分析。图 11.6 展示了高度为 *n*+2 的搜索树的所有可能情况。每个示意图都将根结点画成一个包含其键名的圆圈，并将左右子树画成悬挂在根结点上的三角形。每个三角形代表一个有序的、平衡的子树。三角形内的标签简化了对子树的引用，三角形底部的公式表明了子树的高度。每棵树作为一个整体，在它的示意图的顶部都有一个标签 (*L, E, R*)。*L* 表示左子树比右子树高一个单位，*R* 表示右子树比左子树高一个单位，*E* 表示左右子树高度相同。

在树 *E* 中插入不会导致树失去平衡，因为在最坏的情况下，插入会使树的一侧比另一侧高一个单位，此时树仍然保持平衡（子树的高度小于 *n*+2，因此归纳假设保证了插

⊖ 我们主要关心的是高度和平衡的问题。其他问题（新键的存在、所有旧键的保存等）很容易根据定义解决。在整个讨论过程中，我们将忽略与键相关联的数据的处理。我们将数据包含在运算符定义中，因为实际上，搜索树需要某种方式将数据与键关联起来。通常，键只是提供了一种查找数据的方法。运算符定义保留每个数据项及其关联的键。每当使用 **mktr** 构建树的时候，我们都将键放在第一个操作数中，将相关联的数据放在第二个操作数中。这将保留键和数据。然而，这已经超出了我们对键 / 数据关联的分析范围。执行更多的操作比较复杂，因为数据域没有约束。这些数据甚至可能来自一个不支持平等推理的领域。例如，如果数据项本身就是运算符，并且使用搜索树来对这些运算符进行管理与访问，那么就会出现这种情况。一般来说，没有确定两个运算符是否表示相同的操作的算法，因此很难推断键 / 数据关联在整个过程中是否保持不变。

入后它们仍然保持平衡）。因此，我们不用考虑含有 E 的树。然而，如果我们向树 L 中插入一个小于 k 的新键，键最终会落在 L 的左子树 kL 中，树可能会失去平衡，因为它的左子树高度可以增加到 $n+2$，而右子树高度仍为 n。同样，向树 R 中插入一个大于 k 的键，可以使其右子树 kR 过高。树 L 和树 R 代表了我们需要研究的情况。

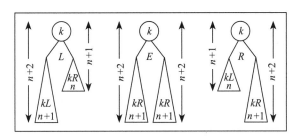

图 11.6　高度为 $n+2$ 的平衡树

图 11.7 将会引入更深入的分析。在图中，展开了图 11.6 中的 L 和 R 的某些子树以显示更多的细节。新的示意图扩展了树 L 中的子树 kL 和树 R 中的子树 kR。这两个子树的高度都是 $n+1$。因此它们都是非空的，所以他们都必须至少有一个键。这些子树的扩展图显示了它们的键和子树的详细信息。

在树 L 中（图 11.6），子树 kL 的高度为 $n+1$，因此它的一个子树的高度至少为 n。图 11.7 中的图和本章中的其他图使用用 n^- 表示一个值，这个值可以是 n，或者是 $n-1$（前提 $n>0$）。图中用 n^- 表示的值不一定在所有的树形图中都是一样的，但在任何情况下，用 n^- 表示的值都将是 n 或 $n-1$。

214

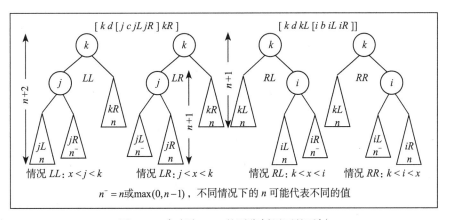

图 11.7　高度为 $n+2$ 的平衡树展开的子树

任何一个子树都可能是较高的那一个子树，因此我们绘制了表示这两种可能性的两个图（树 LL 和树 LR）。类似地，树 R 也有两个图，这使得图 11.7 中总共有四个树的示意图：由图 11.6 的树 L 展开的两个示意图（LL 和 LR）和树 R 展开的两个示意图（RL 和 RR）。

思考这样一个问题：将一个新键 x 插入到一个高度为 $n+2$ 的有序的、平衡的搜索树中，它的根结点的键为 k，键 j 在其左子树的根上，键 i 在其右子树的根上。x 的值将落在四个区间中的一个[$\ominus$]：

1. 情况 LL：$x < j < k$
2. 情况 LR：$j < x < k$ 参见图 11.7
3. 情况 RL：$k < x < i$
4. 情况 RR：$k < i < x$

这种情形的名称对应于图 11.7 中的树形图。例如，如果新键 x 小于 k，除非左子树比右子树高，否则插入就不会导致树失去平衡，这将集中分析图中的树 LL 和树 LR。我们在新键 x 小于键 j（$x < j < k$）的情况下使用 LL，因为这会将键插入子树 jL 中，如果插入增加了 jL 的高度，树 LL 肯定会失去平衡。情形 LL 的分析包括高度为 $(n-1)$ 和高度为 n 的子树 jR。

如果新键 x 在 j 和 k 之间（$j < x < k$），它会插入子树 jR。即使这增加了子树 jR 的高度，也可能不会导致树 LL 失去平衡；因为在树 LL 中，子树 jR 可能比它的兄弟树矮。所以，我们画出树 LR 的示意图（插入子树 jR 增加了它的高度肯定会导致树不平衡）来分析在 j 和 k 之间的键 x 的插入位置。情况 LR 的分析包括了高度为 $(n-1)$ 和高度为 n 的子树 jL。

与 RR 类似的情况 LL 用来处理当新键 x 大于 i 的情况（$k < i < x$）。与 RL 类似的情况 LR 用来处理当新键 x 介于 k 和 i 之间的情况（$k < x < i$）。总而言之，我们从 $j < k < i$ 和新键 x 开始讨论。新键必须在 4 种情况之中：$x < j < k$（LL 情况）、$j < x < k$（LR 情况）、$k < x < i$（RL 情况）、或者 $k < i < x$（RR 情况）。这四种情况涵盖了所有的可能性，所以对这四种情况的分析就是对插入过程的全部分析。

情况 LL 是将小于 j 的键 x 插入树 LL 导致的情况。新键将进入子树 jL。由于 jL 的高度 n 小于 $n+2$，归纳假设法表明插入后的新子树是平衡的，且高度为 n 或 $n+1$。如果树的高度为 n，则整个树保持平衡，不需要做任何调整。如果树的高度是 $n+1$，那么整个树就会失去平衡（左边太高）。它需要重新平衡。

图 11.8 展示了插入之前的树 LL（图 11.7）和一个新的不平衡树 $LLout$，$LLout$ 表示将一个新的键 x（$x < j$）插入到树 LL 的新树。在 $LLout$ 的示意图中，子树 jLx 是带有新键的那个子树。它的高度为 $n+1$，这使得 $LLout$ 左子树过高。图 11.8 还展示了将键 x（$i < x$）类似地插入到 RR 中，从而生成一个右子树过高的 $RRout$ 树。

因为这些插入会导致树不平衡，所以我们需要以某种方式重新调整它们，图 11.8 展示了如何去做。在 $LLout$ 的情况下，键 j 可以挂在根上，而之前的根结点的键 k 可以挂在新的根结点的右边。如果我们将这个子树插入进去就可以保持有序，而且得到的树 $rLLout$（图 11.8）是平衡的，高度为 $n+2$。看！非常神奇。

[$\ominus$] 我们可以忽略 x 与 k、j 或 i 相同的可能性，因为插入与树中已有的键相同的键不会改变树，除非替换与键相关的数据。因此，树将保持平衡，不需要进一步的讨论。

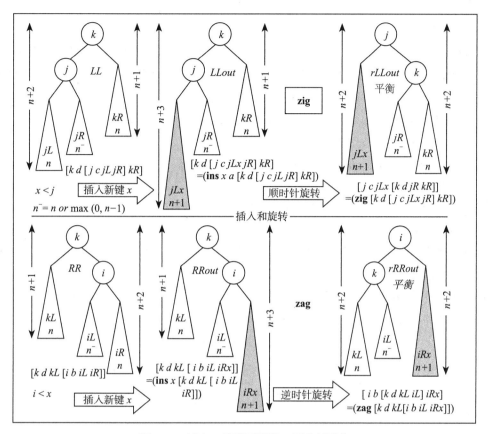

图 11.8 插入，导致不平衡，再重新平衡

如图所示，这种顺时针旋转的树 *LLout*，习惯被称为 **zig**。类似的操作 **zag** 是以逆时针方向旋转来调整右子树过高的树 *RRout*。这些旋转运算符的形式化定义见图 11.9。从图 11.8 中的示意图中可以直接得到定义。

旋转操作调整了情况 *LL* 和 *RR* 的不平衡树。这就剩下了另外两种情况：情况 *LR*（$j < x < k$）和情况 *RL*（$k < x < i$）。我们将在下一节中讨论这些情况。

```
(defun zig (s) ;顺时针旋转
  (let* ((k  (key s)) (d (dat s))
         (j  (key (lft s)) (c  (dat (lft s)))
         (jL (lft (lft s))) (jR (rgt (lft s)))
         (kR (rgt s)))
    (mktr j c jL (mktr k d jR kR))))
(defun zag (s) ;逆时针旋转
  (let* ((k  (key s)) (d (dat s))
         (kL (lft s))
         (i  (key (rgt s))) (b (dat (rgt s)))
         (iL (lft (rgt s))) (iR (rgt (rgt s))))
    (mktr i b (mktr k d kL iL) iR)))
```

图 11.9 旋转运算符 zig 和 zag

习题

1. 证明定理 {unbal-ht3}：如果 *s* 是高度为 3 的不平衡树，那么 *s* 的一个子树是空的，另一个子树的高度为 2。即证明以下推论：

$(((\textbf{height } s) = 3) \land (\neg (\textbf{balp } s))) \rightarrow$
$(((\textbf{height}(\textbf{lft } s)) = 2) \land (\textbf{emptyp } (\textbf{rgt } s))) \lor ((\textbf{emptyp}(\textbf{lft } s)) \land ((\textbf{height}(\textbf{rgt } s)) = 2)))$

216
~
217

11.8　双旋转

情况 *LR* 和 *RL* 是我们探讨插入问题的最后两种情况。我们之前已经解决的情况（情况 *LL* 和情况 *RR*）被称为"外部情况"，因为它们插入新键而变得过高的子树位于图的外部边界上。而在情况 *LR* 和 *RL* 中，因为有问题的子树远离边界位于树形图的内部，因此被称为"内部情况"。换个角度来看，在外部情况中 x 介于 j 和 i 的区间之外，而在内部情况中 x 介于 j 和 i 的区间之内。

内部左侧情况 *LR*：　（**ins** x a *LR*）, $j < x < k$　　　　参见图11.7

内部右侧情况 *RL*：　（**ins** x a *LR*）, $k < x < I$

内部情况更加棘手。图 11.10 分别展示了按照 *LR* 和 *RL* 的方式插入节点到树中使得内部子树过高的情形。

对于图 11.10 中的树 *LRin*，我们首先尝试通过顺时针旋转来调整树 *LRin*，然而这将生成一棵高度为 n 或 $n+1$ 的左子树和一棵高度为 $n+3$ 的右子树（参见图 11.11）。也就是说将旋转运算符 **zig** 用到 *LRin* 上，会产生至少与 *LRin* 一样不平衡的树，因此顺时针旋转操作是无效的，我们需要其他的方法来平衡 *LRin*。

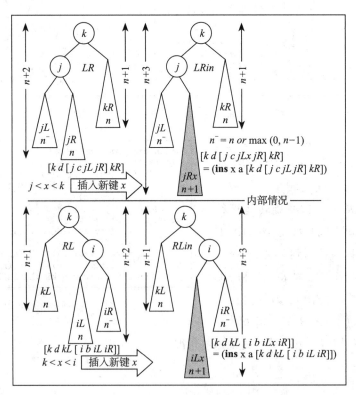

图 11.10　内部情况

子树 *jRx*（图11.10）的高度为 $n+1$，所以其子树中至少有一棵高度为 n。如图 11.12 左侧的图所示，将 *jRx* 扩展后其根节点为 y，左子树为 *yL*（高度为 n^-），右子树为 *yR*（高

度为 n)。子树 yL 和 yR 的高度要么相同，或者 yL 要比 yR 短一个单位，当然也可以是另外一种情况，即 yL 高度为 n ， yR 高度为 n^- ，但是分析的方法是完全相同的。我们将采用图 11.12 所示的替代方法来平衡树，另外一种方法留给你去实现。你需要画出示意图，并确保它是正确的。这对你来说将是一次很好的练习。

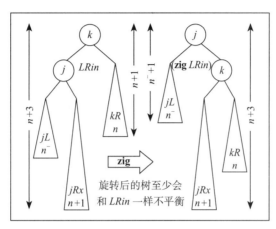

图 11.11　使用错误的旋转会使情况变得更糟

从图 11.12 可以清楚地看到，我们可以对 $LRin$ 的左子树应用 **zag**（逆时针旋转）。这是一个违反直觉的举动，可能不会有帮助，甚至会使得情况变得更糟，但尽管如此，它仍可能有用[○]。图 11.12 中的代数公式 $[y\ p\ yL\ yR]$ 是子树 jRx（图 11.10）的扩展，用来显示它的键值（ y ）和它的子树（ yL 和 yR ）。该公式使用 p 表示与键值 y 相关的数据。

将 **zag** 运算符应用到树 $LRin$ 的左子树之后（图 11.12），新的树 $rLRin$ 将显示在图的中间。新树 $rLRin$ 的左子树为

$$(\textbf{zag}(\textbf{lft}\ LRin)) = (\textbf{zag}[j\ c\ jL\ [y\ p\ yL\ yR]]) = [y\ p[j\ c\ jL\ yL]yR]$$

重复一遍，从图 11.12 左侧的非平衡搜索树 $LRin$ 开始，图中间部分为树 $rLRin$ ，即 **zag** 应用于其左子树的 $LRin$ 。树 $LRin$ 是不平衡的，但是子树太高（即 $[y\ p[j\ c\ jL\ yL]yR]$ ），在 $rLRin$ 的左外侧。因此，我们可以将 **zig** 应用于 $rLRin$ 整棵树上，使其恢复平衡。

$$(\textbf{zig}\ rLRin) = (\textbf{zig}[k\ d\ [y\ p\ [j\ c\ jL\ yL)\ yR]\ kR] = [y\ p[j\ c\ jL\ yL][k\ d\ yR\ kR]] = rrLRin$$

对树 $rrLRin$ 进行第二次旋转，如图 11.12 右侧的图所示，树已经达到了平衡，且右侧高度为 $n+2$ 。天啊！奇迹总会发生。

图 11.13 的定义形式化地展示了某棵树再平衡的过程，该树由于插入了一个键值小于根结点键值的结点而导致其左子树过高，图中定义的运算符 **rot+** 可以选择应用单旋转、双旋转和不旋转（基于子树高度），此外如果有必要的话可以使用 **zig** 和 **zag** 运算符（图 11.9）执行旋转操作。

○　若 jRx 为空，则无法执行 **zag** 旋转。

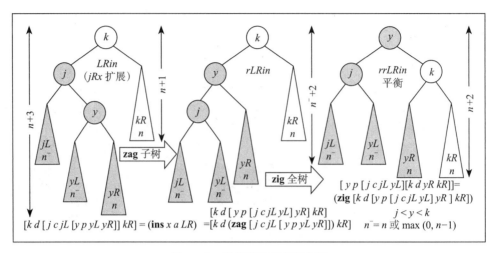

图 11.12　双旋转重新平衡内部

```
(defun rot+ (s)                    ; 如果左侧过高，顺时针旋转
  (let* ((k  (key s)) (d  (dat s)) ; rot+ 假定 S 非空
         (kL (lft s)) (kR (rgt s)))
    (if (> (height kL) (+ (height kR) 1))            ; 不平衡?
        (if (< (height (lft kL)) (height (rgt kL)))) ; lft 内部?
            (zig(mktr k d (zag kL) kR))              ; dbl 旋转
            (zig s))                                 ; sngl 旋转
        s)))                                         ; 不旋转
```

图 11.13　顺时针旋转运算符的形式化定义

　　运算符 **rot+** 对左侧过高的树执行顺时针旋转（即左子树的高度比右子树高 2）。假设在旋转之前，树是有序的，且所有的子树都是平衡的，那么经过 **rot+** 调整之后的树将是有序且平衡的，正如我们前面逐个情况分析的那样。如果 **rot+** 应用于一棵左子树与右子树高度相同的树，或者左子树比右子树高一个单元，则 **rot+** 运算将不会改变树，因为它已经是一棵平衡树了。同理，若左子树比右子树矮，那么 **rot+** 运算也将不会对树造成改变。逆时针旋转操作是 **rot+** 操作的镜像。我们使用 **rot-** 作为逆时针旋转运算符的名称，并将其定义留作练习。

　　在其他情况下，插入操作不会导致树失去平衡，因此，通过归纳插入运算符 **ins** 的顺序、平衡和高度属性完成的证明过程是完备的，图 11.14 给出了 **ins** 的形式化定义。

```
(defun ins (x a s)
  (if (emptyp s)
      (mktr x a nil nil)                          ; 单结点树
      (let* ((k  (key s)) (d  (dat s))
             (kL (lft s)) (kR (rgt s)))
        (if (< k x)
            (rot+ (mktr k d (ins x a kL) kR))      ; 插入左侧
            (if (> k x)
                (rot- (mktr k d kL (ins x a kR)))  ; 插入右侧
                (mktr x a kL kR)))))))             ; 新根数据
```

图 11.14　插入运算符的形式化定义

该定义是通过归纳得来的。若新插入的键小于根结点上的键，则插入左子树；若大于根节点上的键，则插入右子树。若新键与根上的键相同，则插入运算符将新结点连同键值放到根节点之上[⊖]。若插入操作导致树的平衡被破坏，则通过 **rot+** 或 **rot-** 重新平衡此树。

为了使搜索树更具可用性，我们也需要实现删除结点的操作。删除操作比插入操作稍微复杂一点，但是它同样使用基本旋转运算符。现在你已经有了足够多的知识储备，能够独立探索出 AVL 删除运算符的定义。你可以通过互联网或者查阅相关书籍检查你的定义是否正确。

习题

1. 11.6 节的脚注指出，无法将 **zag** 运算符用于右子树为空的树。同理，**zig** 也不适用于左子树为空的树。请解释原因。
2. 证明 (**ins** k d **nil**) 产生一棵有序且平衡的树。
3. 证明当高度 $s=1$ 时，(**ins** k d s) 产生了一棵有序的、平衡的树。
4. 给出 **rot-** 的定义（参照 **rot+** 的定义）。

222

11.9　快速插入

如前所述，旋转运算符 **rot+** 和 **rot-** 通过计算子树的高度来选择适当的旋转。这需要花很多时间，因为它需要遍历从根结点到叶结点的所有路径[⊖]。要做到这一点，必须检查所有结点，因此计算的步骤数与树中的结点数成正比。此外，由于 **ins** 必须在树的每一层检查可能的旋转操作，因此要执行大量的高度计算，这使得插入过程的计算步骤过于繁琐。

幸运的是，有一种方法可以通过记录每个结点的树高以及键、数据和子树来避免高度计算。当从一个键、数据和两个子树形成一个新树时，可以通过提取子树的高度来快速记录它的高度，将子树中高度更大的那一个高度加一，然后用键、数据和子树记录结果。我们使用"提取"这个术语，而不是"计算"，因为子树的高度就在键所在的位置。提取高度是一种方便的操作，就像提取键值一样[⊜]。

223

为了避免使用耗时的计算高度的方法，一些实现 AVL 方法的操作（图 11.2、图 11.13）必须进行更改：

1. **mktr** 运算符必须将高度放在它构建的树中。

⊖　这种对键 / 数据关联的处理与 **hook** 运算符是一致的，原因也是一样的。

⊖　叶子本身是一棵搜索树，因为它的左右子树都为空。

⊜　情况甚至比看起来更好，因为这不是旋转运算符需要知道的高度，它是子树高度的差值，也就是平衡因子。由于 AVL 树是平衡的，所以平衡因子总是为 -1，0 或 $+1$。跟踪平衡因子并不比跟踪高度更困难，并且平衡因子在时间和空间方面更有效，然而，采用这种方法需要对形式化定义进行更多的更改，因此我们将继续使用高度，以避免问题变得复杂。

2. 新的高度运算符 **ht** 可以轻易地提取 **mktr** 在树中记录的高度（而非计算高度）。

3. 谓词 **treep** 用于确定给定的实体是否为树，这必须要查询新表示中的高度记录。

4. **rot+** 和 **rot-** 运算符必须参考 **ht**，而不是参考更耗时的 **height** 运算符。

图 11.15 形式化地给出了 **mktr**、**ht**、**treep** 和 **rot+** 的新版本。其他运算符保持不变，**rot+** 和 **rot-** 中唯一需要更改的是，对高度函数的调用必须使用新的高度提取运算符 **ht**，而不是使用更耗时的计算高度的运算符。

```
(defun ht (s) ; 提取树的高度
  (if (empty s)
      0
      (fifth s)))
(defun mktr (k d lf rt) ; 由键、数据和子树创建树
   (list k d lf rt h (+ 1 (max (ht lf) (ht rt)))))
(defun treep (s) ; 搜索树?
  (or (emptyp s)
      (and (n-element-list 5 s) (iskeyp (key s))
           (treep (lft s)) (treep (rgt s))
           (= (ht s) (+ 1 (max (ht(lft s)) (ht(rgt s))))))))
(defun rot+ (s) ; rotate clockwise if too tall on left
  (let* ((k   (key s)) (d   (dat s)) ; rot+ 假定 S 非空
         (kL (lft s)) (kR (rgt s)))
    (if (> (ht kL) (+ (ht kR) 1))              ; 不平衡?
        (if (< (ht (lft kL)) (ht (rgt kL)))   ; lft 内部?
            (zig(mktr k d (zag kL) kR))       ; dbl 旋转
            (zig s))                          ; sngl 旋转
        s)))                                  ; 不旋转
```

图 11.15　通过修改运算符避免计算高度

新的定义并不比原来的定义更复杂，但是它们在插入速度上有很大的不同。插入具有原始定义的新元素所需的计算步骤数比树中的项数增长得更快。直接记录树的高度而不是计算树的高度，这使得插入的计算步骤数与树中项目数量的对数成比例。

要了解其中的差异，可以调用运算符 time-chk（定义如下）来处理越来越大的树，并度量所需的时间。我们从 100 个键值开始，然后是 200、400、800 等等，每次都使树的大小增加一倍。根据构建树所需的时间绘制元素数量图表。

```
(defun build (n)
  (if (zp n)
      nil
      (ins n nil (build (- n 1)))))
(defun time-chk (n)
  (ht (build n)))
```

使用慢版本的 **ins** 完成计时后，切换到快版本，再次计时。你将看到，当键值较多时，慢版本需要很长时间。从一个空的树开始，一个一个地插入键值，构建一个有 n 个键的树需要花费与 $n \log n$ 成比例的时间，这是插入的快速版本的情况。在慢版本中，构建一个包含 n 个键的树的时间复杂度比 n^2 更高。插入速度上的改进将提高相关软件在实践中的可用性。

AVL 树是支持快速检索与键值相关的数据的几种自平衡树之一。该问题的各种解决方案都有不同的优点，但它们都使快速插入、删除和检索成为可能。

信息框 11.2 检查 AVL 树的高度

之所以 **time-chk** 运算符只提供它构建的树的高度，而不是树本身，是因为它需要花费大量的时间和空间来打印树。我们只对树的构建过程的耗时感兴趣，而不是树本身。我们无法直接计算构建时间，所以我们需要写一个公式进行计算，然后用秒表测量计算机完成这项工作所需的时间。这是一种衡量软件性能的原始方法。由于我们只想知道时间规模的大致估计，因此这种方法符合我们的要求。

生成的树的高度 (**time-chk** n) 应该小于 $(3/2)\log_2(n+1)$，若不满足此条件，则一定有错误。一种近似方法是使用 ACL2 检查树高是否合理并且调用 **height-rightp**，定义如下，其值应为真：

```
(defun log2-ceiling (n)
  (if (posp (- n 1))
      (+ 1 (log2-ceiling(floor (+ n 1) 2)))
      0))
(defun height-rightp (n)
  (let* ((h  (ht (build n))))
    (<  (/ (* 3 (log2-ceiling n)) 2)))))
```

习题

1. 完成本节中的计时实验，并给出实验结果。

2. 使用信息框 11.2 中定义的运算符，观察包含 n 个键的 AVL 树的高度是否超过 $(3/2)\log_2(n+1)$。你的实验结果应当包含许多次观察结果。

225

哈 希 表

在前几章，我们已经了解如何使用列表来存储多个值，比如一个班级中的所有学生或图书馆中的所有书籍。使用运算符可以方便地访问列表中的第一个元素和其后的元素，也可以按顺序依次访问。你可以处理列表中的所有元素，但是如果你只对学号 #93574 的学生或 Mary Shelley 所著的《科学怪人》（又名《现代的普罗米修斯》）感兴趣呢？计算机科学家们设计了许多方法来快速、方便地访问大型数据库中的单个记录。在本章中，我们将研究一种被称为哈希的方法。

12.1 列表和数组

假设我们有一个州及其首府的列表。

$$[\quad [\text{"Alabama"} \quad \text{"Montgomery"}]$$
$$[\text{"Alaska"} \quad \text{"Juneau"}]$$
$$[\text{"Arizona"} \quad \text{"Phoenix"}]$$
$$\vdots$$
$$[\text{"Wyoming"} \quad \text{"Cheyenne"}] \ ]$$

图 12.1 定义了一个运算符，用来查找给定的列表中各个州的首府。虽然该运算符能发挥作用，但是查找速度太慢。找到阿拉巴马州（Alabama）的首府只需要几步，但找到怀俄明州（Wyoming）的首府却需要 50 步。有些州在列表的前面，有些在列表的后面。如果查询的方式是从前一个州到后一个州的顺序查询的话，那么平均需要 25 步才能找到。对于规模更大的问题，例如在城市 / 人口列表中查找一个城市的人口，那么情况会更糟。换句话说，这种方法虽然有用，但是能处理的问题规模太小。

寻找州府的公理
(**capital** s nil) = nil　　　　　　　　　　　　　　　　　　{cap0}
(**capital** s (**cons** [state city] caps)) = city　　　如果 s = state {cap1}
(**capital** s (**cons** [state city] caps)) = (**capital** s caps)　如果 s ≠ state {cap2}

```
(defun capital (s caps)
 (if (consp caps)
    (if (equal (first (car caps)) s)
       (car (rest (first caps)))    ; {cap1}
       (capital s (rest caps)))     ; {cap2}
    nil))                           ; {cap0}
```

图 12.1　查找州首府的运算符

我们在第 11 章讨论了二分查找法，这是一种能够结合一批数据中的搜索键（如州的名称）加快查找数据（州府城市）速度的方法。本章将接着讨论一种被称为"二叉树"的数据结构，它为搜索问题提供了有效的解决方案[⊖]。二叉树可以比图 12.1 中的运算符更快地找到州首府。但是州和首府也需要以特殊的方式进行存储，而不是存储在普通的列表中。二叉树方法可以使找到一个州首府的平均步数由 25 步减少到 6 步，快了 4 倍有余。此外还有一种叫作哈希的方法，不管数据中有多少个搜索键，它甚至能将搜索步数缩短到接近一步。哈希对于不经常变化的数据集（如州首府）非常有效，但是对于频繁变化的大型数据集（如推文），它的效果就没那么好了。你必须为不同的问题选择最合适的方法，哈希算法为此类问题提供了一种可行的方法。

使用 ACL2 列表处理数据会带来一些问题，检索列表的第一个元素很快，但是检索列表的第 *n* 个元素相对较慢。然而还有其他问题。比较搜索键（当前问题中的州名）也需要时间。哈希算法通过将搜索转换为数字变量并将数据放入数组中，提供按变量一步访问的方法来解决这个问题。

有一个名为 **nth** 的 ACL2 运算符，给定一个变量和一个列表，它可以给出列表的第 *n* 个元素。变量从 0 开始，因此变量 0 选择第一个元素，变量 1 选择第二个元素，依此类推[⊖]。如果我们让 **states** 代表州和首府列表，则（**nth 1 states**）是 ["Alaska" "Juneau"]，而（**nth 0 states**）是 ["Alabama" "Montgomery"]。

$$\textbf{nth} \text{ 运算符的公理} \begin{cases} (\textbf{nth}\,0\,xs) = (\textbf{first}\,xs) & \{\text{nth0}\} \\ (\textbf{nth}\,n+1\,xs) = (\textbf{nth}\,n(\textbf{rest}\,xs)) & \{\text{nth1}\} \end{cases}$$

然而，使用 **nth** 运算符方法访问拥有高变量值的列表元素的速度较慢。数组是一种类似于列表的数据结构，但它提供对其元素的快速访问，包括那些具有高变量值的元素。如果将州和首府列表记录为一个数组而不是列表，那么查找第 50 个州（怀俄明州）与查找第 1 个州（阿拉巴马州）的速度将变得一样快。

假设运算符 **nth** 可以实现这个功能：查找变量为 1 000 000 的元素所花费的时间不会比查找变量为 0 的元素所花费的时间更长。我们不需要关心这是怎么做到的，只要假设 ACL2 可以做到。若 **nth** 是这样一个运算符，那么 **capital** 运算符将会快多少？

nth 的快速方法解决了一部分问题，但并非完整的解决方案。我们仍需要找到完整的解决方案，也就是说，找到怀俄明州仍然需要很多步骤。哈希算法解决了快速查找任何搜索键的问题。

⊖ 第 11 章讨论了一种称为 AVL 树的特殊二叉树，但它只是用来解决搜索与键相关的数据问题的许多树中的一种。

⊖ 大多数人从数字 1 开始数东西，但计算机科学家通常从 0 开始。由于某些情况下索引公式的简单性，如索引选择多项式系数或元素分组为块时，从 0 开始而不是从 1 开始计数似乎显得有点奇怪，但这就是运算符 **nth** 执行索引的方式。我们坚持从 0 开始计数。

信息框 12.1 数组和 ACL2

列表是在 ACL2 中维护数据集合的一种方法，但不是唯一的方法。另一种方法是被称为数组的数据结构。它带有一个名为 **aref1** 的运算符，用于从数组元素中检索值。它类似于本节讨论的假设的"fast nth"运算符。然而，使用 ACL2 数组以确保 aref1 快速检索元素的方法是一个复杂的技术过程。获取 ACL2 使用数组所需的专业知识会让我们偏离主题，因此我们将忽略其中的无关细节。

12.2 哈希运算符

我们正在寻找运算符 **capital** 的定义：给定一个州，在州 / 首府的列表中找到正确的项。我们假设公式 (**nth** *n xs*) 一步就能完成了从列表 *xs* 中检索元素 *n* 的工作。也就是说，我们之前假设存在一个快速版本的 **nth**。虽然它并不存在，但是 ACL2 中的数组功能使该运算符功能的实现成为可能，所以当我们写一个像 (**nth** *n xs*) 这样的公式时，我们认为 *xs* 是一个数组，并假设 **nth** 是单步操作。

229 我们解决搜索问题的第一个办法是按字母顺序排列。这不是一个完整的解决方案，但可以帮助我们朝着这个方向前进。我们将使用一个 26 个元素的数组并放置所有的州。以字母 A 开头的州是指针为 0 的元素，以 B 开头的州是指针为 1 的元素，以此类推。由于数组中有 50 个州，而字母只有 26 个，因此有些字母下将有多个州，所以仍然需要像以前那样进行搜索，但搜索时间会缩短。例如，查找堪萨斯州就需要检索与字母 K 相关的数组元素，然后对该数组中的州进行排序。有两个州以 K 开头，所以在检索到 K 的数组元素之后，最多需要两步查找。我们假设这是平均值[⊖]。也就是说，在检索到对应于州名中第一个字母的数组元素之后，盒子中通常会有两个状态。

我们将其称为信箱数组（字母表中每个字母对应的数组元素的集合），并将其命名为 **fcaps**。它表示与前面的列表相同的信息（即 **states**），但其形式使查找州首府变得更快。我们调用新运算符 **fcapital** 来查找州的首府（"f"表示快速）。它提供了与前一个运算符 230 **capital** 相同的结果，但它的步骤更少，因为数组操作数 **fcaps** 是用来缩短搜索时间的。图 12.2 显示了 **fcaps** 中几个信箱数组的内容，并给出了定义 **fcapital** 的一些等式。

fcapital 等式引用了一个名为 **lookup** 的运算符，该运算符与 **capital** 一样，从州 / 首府对列表中返回匹配的元素。我们可以使用前面的运算符，但是 **lookup** 运算符只能用于搜索短列表。通常是 1 到 3 个元素，而 **capital** 必须处理所有 50 个州。在工作系统中，利用数据集的特殊性质可以更好地定义 **lookup** 运算符。

⊖ 若州名的第一个字母均匀分布在字母表中，那么大部分数组只会有两个元素，所以堪萨斯州的步骤数或多或少会比较典型，当然有些字母会与更多的州相关，所以并不总是要在两个状态之间寻找和选择。实际上有 8 个州以 M 开头，所以它的效果可能会差一点，但是由于平均每个数组有 2.6 个州，因此堪萨斯州离平均值并不远。

信箱数组 fcaps	
指针	州府
0	[["Alabama" "Montgomery"] ["Alaska" "Juneau"] ... ... ["Arkansas" "Little Rock"]]
1	[ ]
2	[["California" "Sacramento"] ["Colorado" "Denver"] ... ... ["Connecticut" "Hartford"]]
3	[["Delaware" "Dover"]]
⋮	⋮

州府搜索操作符 fcapital 的公理		
(fcapital s fcaps) = (lookup s (nth (state-idx s) fcaps))		{fcap}
(lookup s nil) = nil		{look0}
(lookup s (cons (cons state city) caps)) = city	如果 s = state	{look1}
(lookup s (cons (cons state city) caps)) = (lookup s caps)	如果 s ≠ state	{look2}

图 12.2　邮箱数组和州府搜索操作

我们想关注 **fcapital** 的定义，它完成了大部分工作。**fcapital** 运算符调用 **lookup** 查找信箱中第一个字母对应的州名。运算符 **state-idx** 计算给定州名的邮箱的变量：0 表示阿拉巴马州或阿肯色州，2 表示加利福尼亚州，3 表示特拉华州，……，22 表示怀俄明州。我们将把 **state-idx** 的具体定义留给那些希望钻研晦涩难懂的细节（比如从字符串中检索第一个字母）的人作为练习⊖。这些细节对于构建一个工作系统是必要的，但是它们并没有更多地讨论如何快速从数据集中检索数据的方法。

公式（**nth (state-idx s) fcaps**）从 **fcaps** 数组中检索一个信箱。我们在这里引用的 **nth** 运算符的版本是我们前面讨论过的假定运算符，它在单个步骤中从数组中找出一个具有指定变量的元素。我们没有讨论这个运算符是如何工作的，但这是可以做到的，对此我们就不做深究了。

我们想要弄清楚，为什么字母表中每个字母下都有一个数组的思想是有用的。现有 50 个州和 26 个字母，但这些字母在州名中出现的频率不同。有 4 种状态以 A 开头，8 种状态以 M 开头，但没有一种状态以 B 或 E 开头。在每个数组元素中放入相同数量的州会更好。例如，我们可以有 25 个盒子，每个盒子里放两个州。或者，我们可以有 50 个盒子，每个盒子里放一个州。我们甚至可以有 100 个盒子，在 50 个盒子里各放一个州，让另外 50 个盒子空着。这听起来并不高明，但实际上并非如此。盒子的分布方式取决于 **state-idx** 运算符是如何定义的，稍后我们将对此进行详细的讨论。

在任何情况下，如果州更均匀地分布在盒子中，**lookup** 查找操作可能会更快。要实现这一功能，**state-idx** 的定义需要更加精密复杂，而不仅仅是根据州名称中的第一个字

⊖　我们用字符串这个术语来表示字符序列。大多数编程语言，包括 ACL2，通过在字符串周围加上双引号来表示字符串："This is a string"。

母来定义。它需要在名称中使用更多的字母来计算包含相应州／首府对的盒子的变量。

选择一种方法将州分布到各个盒子中，并定义一个特殊版本的 **state-idx** 来计算正确盒子的变量。与其说这是科学，倒不如说是一门艺术。这种问题出现在许多表查找问题中。我们正以州首府为例来讨论这些问题，而查找与网站链接相关信息的问题也是一样的，只是问题变得更大、更复杂而已。例如，URL http://www.apple.com/ 中的前十个字符与 http://www.cnn.com/ 中的前十个字符相同。最后五个字符在两个 URL 中也是相同的。因此，如果我们将所有 URL 分布到 URL 盒子的数组中，定义一个称为 **URL-idx** 的运算符，来计算包含给定 URL 的盒子的变量，那么运算符 **URL-idx** 应该考虑 URL 中的所有字符。我们在州名上也有同样的问题，但规模较小，所以我们回到那个讨论。

设置信箱有很多方法。它们不再是"信箱"，而是用来存放州／首府对的盒子，这些盒子使用的不仅仅是州名称中的第一个字母。我们将它们称为哈希表的桶。（没错，我们称之为"桶"，这是术语。）**state-idx** 的定义必须根据州在桶中的分布方式进行调整。一些州的分布和相应的 **state-idx** 定义会比其他的更有效。关键是要查看更多的州名字母，而不仅仅是首字母。选择键的分布细节（在我们的示例中是州名）和变量运算符的定义（在我们的示例中是 **state-idx**）是关键所在。诀窍是选择一个分布和运算符定义，以实现快速的 **state-idx** 操作。

让我们在更普遍的情形下讨论这个问题，其中键是我们将称为*单词*的字符串，即使它们可能是 URL 之类的奇怪字符串。一个常见的解决方案是使用两个步骤。首先，我们把被称为搜索键的单词通过将每个字符映射为一个数字来转换成数字列表。例如，我们可以把 A 转换成 1，B 转换成 2，C 转换成 3，等等⊖。使用 A 1、B 2、C 3 的转换方法，单词"life"被转换为列表 **[12 9 6 5]**，单词"file"被转换为 **[6 9 12 5]**。

第二步是获取与搜索键中的字母对应的数字列表，并将它们组合成一个称为*哈希键*的数字。计算哈希键的运算符称为*哈希运算符*。理想情况下，哈希运算符为每个搜索键关联一个不同的哈希键。从搜索键中的字母对应的数字列表中，计算哈希键的一种方法是加上质数幂的倍数，这称为*哈希基*⊜。

如果我们选择质数 31 作为哈希基，则列表 **[12 9 6 5]** 映射到哈希键 $12+9\times31+6\times31^2+5\times31^3=155\,012$，数字 12、9、6 和 5 用作哈希基的幂的系数⊛。列表 **[6 9 12 5]** 映射到散列键 $6+9\times31+12\times31^2+5\times31^3=160\,772$。如果有成百上千个和变量关联的单词也完全没有问题。例如，如果这些单词是 URL，就会出现这种情况。

⊖ 这不是普遍的方案，我们合并了大写和小写字母，其他数字／字母的转换方法也同样有效。

⊜ 为什么选择质数？这类问题涉及很多数论知识，但也只有在其他书中能详尽介绍了，我们把它留作为一个悬念。

⊛ 此公式与第 6 章中讨论的将基数 10 和基数 2 的数字转换为数字的公式类似。数字中的某些数字可能会超出基数 31 位数的通常范围，但第 6 章中从数字计算数字的方法也适用于哈希键计算，但不是在另一个方向。无法从哈希键计算哈希系数。

在这个问题中，有 50 个州，所以有 50 个搜索键。让我们再回到这个话题。**fcapital** 运算符使用 **state-idx** 返回的数字作为包含州 / 首府对（短）列表的数组中的一个元素的下标，其中 **lookup** 将查找州的首府。一个包含 160 772 个元素的哈希表对于一个包含 50 个搜索键的问题来说有点小题大做。当我们使用州的第一个字母时，我们有一个包含 26 个元素的哈希表。假设我们寻找一个包含 100 个元素的哈希表的解决方案。然后，我们需要从哈希键计算 0 到 99 之间的哈希变量。一种方法是只考虑哈希键的最后两位。然后，哈希键 160 772 的哈希变量将是 72。单词 "life"（不是一个州的名字，但你可以理解这个思想）将与变量 72 一起进入桶中。100 没什么特别的。如果我们想要一个 50 桶的解决方案，我们可以从哈希键计算变量，方法是将分区中的余数⊖除以 50: (160 772 mod 50) = 22。该方法适用于具有任意数量的桶的哈希表。

想要选择一个效果较好的哈希基和哈希表大小，就需要分析我们要查找的单词的哈希键是如何产生的。如果我们想把这个问题扩展到记录加拿大各省或世界上所有的国家，我们可以使用一个数组，例如有 1000 个元素。哈希运算符可以像之前那样由搜索键计算哈希键 h，然后将 ($h \bmod 1000$) 作为哈希变量。

在这一章中，我们讨论了许多在计算机科学中重要且实用的思想。让我们花点时间来回顾一下这些想法。我们着手解决的一般问题是如何快速找到与名称关联的值。通常，我们认为有许多键 / 值对，我们想要做的是找到与给定键相关联的值。这个普遍问题非常重要，许多计算机语言都提供现成的解决方案，这些解决方案有各种名称：关联数组、字典、映射、内存等。在本次讨论中，我们称它们为哈希表，但它们都是类似的概念。

我们讨论的第一个解决方案是将所有键 / 值对保存在一个列表中，并通过逐个遍历列表来搜索键。这是可行的，但是它的速度太慢了。如果所有的键成为搜索目标的可能性都差不多，那么在找到要查找的键 / 值对之前，必须要查看大约一半的键 / 值对。对于许多实际问题来说，这个时间太长了。哈希表通过将键 / 值对列表分割成许多更小的列表来缓解这个问题。每个列表都放到哈希表的一个桶中。通过使用这种方法，在最坏的情况下，查找键所需要的时间与最大桶中的搜索键的数量成正比，最大桶中的搜索键的数量要远远小于搜索键的总数。我们可以在桶的数量和桶的大小之间进行权衡，桶更小，搜索更快，但是总的空间更大，因为根据哈希变量的计算方式，可能会有很多空桶占用空间，即使它们是空的也会占空间。

最大的问题是如何将键 / 值对分配到各个桶中。这是由哈希运算符和通过哈希键计算的哈希变量决定的。设计哈希运算符和哈希表的目标是在每个桶中放置数量大致相同的搜索键。一个流行的哈希字符串运算符是将每个字符作为一个数字，将这些数字作为 31 次幂和的系数，然后通过计算除以哈希表中桶数的余数，得出一个哈希变量。整个过

233

⊖ 信息框 6.3 讨论了除法、余数和 **mod** 运算符。

程如图 12.3 所示。

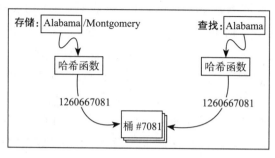

图 12.3　哈希表的存储和检索

　　在我们的州 / 首府示例中，搜索键是州名，关联的值是首府城市。使用一个包含 10 个桶的哈希表和我们讨论的哈希运算符，键 / 值对将与桶相关联，如表 12.1 所示。该表中的州并不是均匀地分布在桶中。桶 7 有 8 个州，而桶 4 只有两个州。保持哈希运算符不变，如果使用 30 个桶而不是 10 个桶，则可以更好地将州分配到桶。将哈希运算符与桶的数量分开，可以根据搜索需要的速度轻松地改变哈希表的大小⊖。

表 12.1　有 10 个桶的州首府的哈希表

桶	[键 值] 对
0	["Washington" "Olympia"] ["Utah" "Salt Lake City"] ["Rhode Island" "Providence"] ["New Hampshire" "Concord"] ["Minnesota" "St Paul"] ["Kentucky" "Frankfort"]
1	["Nebraska" "Lincoln"] ["Louisiana" "Baton Rouge"] ["Hawaii" "Honolulu"] ["Alabama" "Montgomery"]
2	["Pennsylvania" "Harrisburg"] ["New York" "Albany"] ["New Mexico" "Santa Fe"] ["Maine" "Augusta"] ["Indiana" "Indianapolis"] ["Georgia" "Atlanta"]
3	["Missouri" "Jefferson City"] ["Colorado" "Denver"]
4	["Oregon" "Salem"] ["Michigan" "Lansing"] ["Arkansas" "Little Rock"] ["Arizona" "Phoenix"]
5	["Wisconsin" "Madison"] ["New Jersey" "Trenton"] ["Kansas" "Topeka"] ["Florida" "Tallahassee"] ["Alaska" "Juneau"]
6	["Wyoming" "Cheyenne"] ["Tennessee" "Nashville"] ["South Dakota" "Pierre"] ["Oklahoma" "Oklahoma City"]
7	["West Virginia" "Charleston"] ["Vermont" "Montpelier"] ["South Carolina" "Columbia"] ["Ohio" "Columbus"] ["Nevada" "Carson City"] ["Mississippi" "Jackson"] ["Idaho" "Boise"] ["Connecticut" "Hartford"]

⊖　对于像州 / 首府这样的小问题，有一些机械化的方法来设计哈希运算符和哈希数组，这些哈希运算符和哈希数组可以产生完美的哈希，且每个桶中不超过一个键。有时桶是空的，但这并不影响搜索时间，它只会占用更多的空间。一些寻找完美哈希的方法还提供了节省桶数量的方法。哈希是一种重要的搜索方法，你可能觉得更深入地研究这个主题会很有趣。

（续）

桶	[键 值]对
8	["North Dakota" "Bismarck"] ["Montana" "Helena"] ["Massachusetts" "Boston"] ["Maryland" "Annapolis"] ["Iowa" "Des Moines"] ["California" "Sacramento"]
9	["Virginia" "Richmond"] ["Texas" "Austin"] ["North Carolina" "Raleigh"] ["Illinois" "Springfield"] ["Delaware" "Dover"]

习题

1. 想想"age""cage"和"cape"这些词。使用本章中的哈希运算符，计算每个单词的哈希键和单词映射的桶（假设有 10 个桶）。

2. 互联网上有很多包含单词列表的网站：最流行的婴儿名、最流行的英语单词等等。

https://www.babycenter.com/top-baby-names-2017.htm

https://www.englishclub.com/vocabulary/commonwords-100.htm

选择一个单词列表，并探索本章的哈希运算符是如何工作的。使用 31 作为哈希基，尝试使用不同大小的哈希表。试着回答以下问题：

a）最大存储桶有多少个搜索键？

b）桶中搜索键的平均数量是多少？

c）有多少空桶？

d）非空桶的平均长度是多少？

e）哪一种方法能最好地估计这个哈希的工作情况？

你可以使用图 12.4 中定义的运算符开始研究。运算符使用列表而不是数组，因此它们只是用于实验的原型，而不会实际使用。这些定义调用了一些还没有被讨论过的 ACL2 固有运算符，比如 **coerce** 和 **char-code**。**coerce** 运算符将字符串转换为字符列表，而 **char-code** 运算符将字符转换为数字。这些数字不是 A 1，B 2，C 3，…，但那无关紧要。不同的字符与不同的数字相关联，这才是核心。如果你有兴趣，可以在 ACL2 在线文档中找到关于这些内部运算符的更多信息。

234
～
235

```
(defun hash-op (hash-base chars)
  (if (consp chars)
      (+ (char-code (first chars))
         (* hash-base (hash-op hash-base (rest chars))))
      0))
(defun hash-key (hash-base wrd)
  (hash-op hash-base (coerce wrd 'list)))
(defun hash-idx (hash-base num-bkts wrd)
  (mod (hash-key hash-base wrd) num-bkts))
(defun rep (n x)
  (if (posp n)
      (cons x (rep (- n 1) x)) ; {rep1}
      nil))                    ; {rep0}
(defun bump-bkt (idx bkts)
  (if (posp idx)
      (cons (first bkts) (bump-bkt (- idx 1) (rest bkts)))
      (cons (+ 1 (first bkts)) (rest bkts))))
(defun fill-bkt-counts (hash-base num-bkts bkts wrds)
  (if (consp wrds)
      (let* ((idx (hash-idx hash-base num-bkts (first wrds)))
```

图 12.4 哈希运算符原型（慢速：使用列表，而非数组）

```
              (newbs (bump-bkt idx bkts)))
         (fill-bkt-counts hash-base num-bkts newbs (rest wrds)))
       bkts))
(defun hash-bucket-sizes (hash-base num-bkts wrds)
   (fill-bkt-counts hash-base num-bkts (rep num-bkts 0) wrds))
(defconst *example-tbl-25-most-common-English-words*
   (hash-bucket-sizes 31 10
      (list "the" "be" "to" "of" "and" "a" "in" "that" "have" "I"
            "it" "for" "not" "with" "he" "as" "you" "do" "at" "this"
            "but" "his" "by" "from" "they")))
```

图 12.4　（续）

12.3　一些应用

哈希表为搜索问题提供了一个有效的解决方案，在各种应用程序中都能见到哈希表的应用。让我们来讨论一些例子。

在计算机系统中需要找到程序使用的运算符的定义，才能运行计算机程序。使用哈希表有助于快速查找运行计算机程序的运算符定义。例如，计算机需要知道运算符 **append** 的定义才能计算 (append [1 2] [3 4]) 的值。运行程序需要进行大量此类搜索，因此快速的查找过程非常重要。

哈希表提供了一种快速检索的方式。运算符的定义以键/值对的形式存储在哈希表中，其中键是运算符的名称，值是运算符的定义。当运行你的 ACL2 程序时，几乎可以肯定哈希表是你的计算机系统正使用的解决方案。

另一个可行的替代方法是使用二叉搜索树（第 11 章），但是因为哈希表有适量的搜索键（运算符名称），而且不经常变化，所以在这种情况下哈希表工作得更好。使用二叉搜索方法，例如具有几百个键的二叉树，一个二叉搜索将有五到十个计算步骤，而一个好的哈希运算根据相应哈希表可以更快地找到运算符名称。

二叉搜索的步数与键数量的对数成正比。搜索步数比键的数量要少得多，但随着键的数量的增加，搜索步数增长相当缓慢。使用哈希表执行搜索所需的时间与最大存储桶中的键数成正比。当然，哈希键和桶变量的计算也必须考虑在内，但无论是数百个搜索键还是数千个搜索键，查找一个搜索键所需的时间都大致相同。

数据库系统是早期强大的计算应用程序，也是使用哈希技术的另一个常见应用。最早的一些数据库用于跟踪航空公司的预订信息，现在数据库常用于存储和处理各种数据：一所大学的学生记录，沃尔玛超市的每条交易记录，好莱坞每部电影的演员名单，数十亿人的终身医疗记录等。组织机构使用数据库为系统中的每个参与者存储数千条相关记录，对于整个组织来说，这很容易达到数十亿条记录。

但是，什么是数据库系统？数据库系统的核心功能是管理一个或多个表，每个表由一个或多个由若干属性组成的记录组成。将数据库表看作一个电子表格，其中每个记录对应于电子表格中的一行，每个列对应于一个属性。如果表记录了国家及其首都，则每个数据库记录（或电子表格中的行）都将有一个属性表示国家，另一个属性表示首都。

设计数据库表的方式通常是，特定属性中的数据足以识别出数据库中的特定记录。例如，包含学生记录的表可以使用属性"学生ID"来标识每个学生，因此表中会有一列包含学生的ID。给定一个学生ID，数据库系统可以在表中找到该学生的记录，数据库系统的神奇之处在于，它们可以使用称为*数据库变量*的专用数据结构快速检索记录。即使表中有数百万条记录存储在磁盘驱动器上的单独文件中，数据库系统也可以使用变量快速检索特定的记录。

那么，什么是数据库变量？数据库系统提供多种不同的变量，但有两种变量是最常见的。一个基于哈希，另一个基于树。从某种意义上说，数据库表是一个键/值对，其中键是一个足以标识特定记录的属性，值是它标识的记录。

数据库中基于哈希和基于树的变量，本质上类似于本章的哈希表和第11章的树。唯一的实质性区别是，我们的树和哈希表是ACL2对象，它们位于计算机的快速访问内存中，而数据库变量是为检索记录设计的，可以存储在非常大的文件中。 |238|

然而，数据库系统不仅通过键存储和检索记录。它们还擅长通过组合不同表中的记录来查找信息。举个例子，一个表可能包含有关学生永久地址的信息，而另一个表可能包含学生参与的任何给定课程的信息。数据库查询可以组合这些表来查找任何给定课程中的学生来自地区的邮政编码，这可能会发现，该国一个地区的学生比另一个地区的学生更有可能选修了历史课程。这是数据科学家洞察价值的方式。

组合数据库中单独表的成本可能很大。一种方法是考虑所有配对可能。在邮政编码示例中，你可以一次查看一门课程，且考虑每门课程所有可能选修的学生。在一所拥有13 000名学生和80 000份入学记录的中等规模大学，这就需要考虑超过10亿个组合（实际上是1 040 000 000）。

哈希表提供了一种更简单的替代方法。学生信息表和课程注册表通过学生ID连接。因此，在组合这些表之前，使用学生ID哈希这两个表是有利的。哈希完成后，每个桶中包含来自学生表的一些记录和来自课程注册表的一些记录。每个桶中的记录都必须经过详尽的考虑，但是要做的工作比以前少了。为此，假设有1000个桶，每个桶平均有13个学生和80门课程。每个桶包含13×80=1040种组合，共1 040 000种组合。这使得在桶中检索比直接在数据库中检索快一千倍。

哈希表在这种情况下性能优异的原因在于，它们将一个大问题转化为许多较小的问题来处理。你可以组合1000张大小为13×18的表，而不是组合两张大小为13 000和80 000的表。这种简化问题的方法本身就意义重大，如果可以在不同的计算机上执行更小的问题，可能会更有吸引力。例如，如果你有1000台计算机，它们中的每一台都可以在不同的桶中工作，因此找到答案的总时间就是考虑1040个组合的时间，这比直接方法快一百万倍。拥有非常大数据库的公司就是这样做的，比如谷歌、Facebook和亚马逊。他们使用数千台计算机来处理数据库，而哈希表是将工作均匀分布到可用计算机上的关键。

哈希思想的另一个重要应用集中在哈希运算符而不是哈希表上。假设有人给你发送了一个很大的文件。在等待几个小时完成文件传输后，你如何才能知道你收到的文件与发送的原文件相同？由于网络故障，文件中的某个字符可能传输错误。或者是一个黑客重新给你发了一份伪造的副本。

哈希运算符提供了解决此问题的方法。在发送文件之前，发件人可以使用哈希运算符计算文件的哈希值。在您收到它之后，您将使用相同的哈希运算符来创建哈希键，然后您可以比较这些键以确保它们是相同的。虽然两个文件*可能*以相同的哈希键结束，但一个好的哈希运算符使这种情况很难出现。根据它的重要性，哈希运算符可以设计为任意安全级别。给定两个不同的文件，以相同的哈希键结束的几率可能是千分之一，或者一百万分之一，甚至十亿分之一。所需的安全级别决定了入侵的可能性。更高的安全性成本更高，但信息的敏感性可以证明成本是合理的。数字签名就是这个思想的各种变体，另外，保持一个文件的多个副本彼此同步也是基于这种思想。

哈希运算符和哈希表是大规模实用计算的核心。在本书的第四部分中，我们将详细讨论大规模实用计算的更多内容。

计 算 实 践

第 13 章

Essential Logic for Computer Science

Facebook 分片技术

Facebook 拥有数十亿用户，在全球范围内对人、社交、商业和机构都产生了深远的影响，规模远超出其预期的为大学生提供在线社交服务的初衷。如此多的用户也带来了巨大的技术挑战。Facebook 的成功，一部分要归功于其工程师处理这些问题的能力。许多重要的技术创新使得 Facebook 网站的成功成为可能。本章将讨论其中的一些问题。

13.1 技术挑战

为了解 Facebook 面临的挑战，让我们来考虑其中的一个主要功能。Facebook 用户可以频繁地更新他们的动态，也可以通过无处不在的设备（如笔记本电脑、平板电脑和手机）进行在线连接，查看好友的动态。要做到这一点，每个用户需要两个信息列表：（1）用户的好友列表（friends 表）；（2）用户的状态更新列表（status 表）。

这些列表上有成百上千的记录，这一点并不罕见，因此 Facebook 必须让成百上千亿的记录能够快速地在网上被数十亿人访问。那还是今年的记录数量。到了明年，可能会有数万亿条记录。

传统上，这些数据将使用两个表存储在数据库中，一个用于状态更新，另一个用于存储好友。图 13.1 给出了这些表的表现形式。数据库软件通过插入、删除和修改表中的行对表进行更新，并支持检索表中信息的复杂查询。例如，Facebook 可以使用以下查询来确定特定用户登录时要显示的状态更新：

```
SELECT    s.User, s.Time, s.Status
FROM      Friends f, Statuses s
WHERE     f.User='John'
  AND     f.Friend = s.User
ORDER BY  s.Time DESC
```

Statuses		
User	**Time**	**Status**
John	Apr 21, 2011, 10:27 am	Checked into Starbucks in Norman.
Sally	Apr 21, 2011, 10:29 am	Saw Battle: Los Angeles last night. What a waste!
Mary	Apr 21, 2011, 10:32 am	Is anybody going to the carnival this weekend ?
Sally	Apr 21, 2011, 10:33 am	Looks like the fires are getting closer to our house. Thinking about evacuating.

Friends	
User	**Friend**
John	Sally
John	Mary
Mary	Sally
Sally	David

图 13.1　Facebook 样式状态更新表

如果 Facebook 只有少量用户，这种方法将非常有效，但它不能扩展到数十亿用户。其中的问题是，传统数据库无法足够快地处理这个查询，以满足不断涌入的在线需求。

Facebook 并不是唯一面临这个问题的公司。例如，亚马逊出售数百万种商品。它鼓励顾客为每一件商品写评论，并保留顾客购买的历史记录，以便让顾客了解订单的状态，为其他购买提出建议，并提供其他服务。如果信息还是存储在传统的数据库表中，检索它就会花费太长时间。

事实上，这是任何 Web2.0 组织都面临的问题⊖。由用户生成的 Web 内容可以采取用户直接创建的形式，如 Facebook 的更新动态或亚马逊的评论，也可以是间接创建的内容，如亚马逊的购买建议。当一个 Web2.0 公司成功时，它的用户所产生的内容比传统数据库所能处理的要多得多。

244

13.2 权宜之计

13.2.1 缓存

Web2.0 公司不能使用传统的数据库，因为如果检索显示用户欢迎界面所需的信息，那么需要很长时间。解决此问题的一种方法是限制数据库需要执行的查询数。例如，如果许多用户在几分钟内多次检查其主界面，则计算机可以记住以往查询的结果，而不是在每次用户要检查主界面时都要求进行数据库检索。

这被称为缓存数据。缓存是一种键 / 值存储，其中数据（值）与便于查找数据的键相关联，类似第 11 章的搜索树键或第 12 章的哈希键。当执行查询时，数据库首先检查缓存以查看信息是否已经存在。如果已存在，就直接使用缓存数据。否则，数据库将对其底层存储执行查询，并将结果放入缓存中，以便以后可以重新使用它们。缓存数据比底层存储小得多，因此缓存中的数据经常被刷新并替换为其他活动数据。

只有满足下面 3 个条件时，缓存才有作用。第一，将信息放入缓存并从缓存中检索的操作必须快于普通数据库操作。因此当结果在缓存中以弥补不在缓存中的延迟时，会有显著的增益。第二，与数据库的交互必须是经常重复的相同事务，以便存储在缓存中的结果经常被重用。否则，由于缓存数据将在第二个或第三个请求到达之前从缓存中刷新，因此缓存数据就是浪费时间。第三，检索而非更新，必须是数据库事务的主要类型。更新会使缓存中的数据与数据库中的信息不一致，从而强制从底层存储中再次检索数据，就像根本没有缓存一样。如果主要事务不是检索而是更新，那么缓存就是浪费时间和精力。

缓存应用于整个 Web 应用程序。它在网上店铺应用程序中尤其成功，这是因为在网上店铺应用程序中，数据库查询通常涉及特定产品的详细信息。网上店铺提供数十万种产品，但真正受欢迎的只有少数。因此，经常有对相同信息的请求，这使得缓存十分有效。

至少在亚马逊的产品页面普遍存在产品评论和推荐之前，缓存对亚马逊而言非常有

⊖ Web2.0 组织允许大量用户为其网站生成内容。

效。但是缓存在 Facebook 上应用的效果并不好。用户以个人独有的方式查看他们的欢迎页面，并且频繁地发布信息。信息的检索并不是主要的交互模式，而且许多传入的请求并不像网上店铺操作那样重复检索相同的数据。除此之外，Facebook 上的一个更新可以触发网站许多页面的变化。这在 Web2.0 应用程序中是很典型的，而且每个用户都需要频繁更新自定义信息，这就消除了缓存的优势。针对这种情况，这就需要另一种解决方案。

245

13.2.2　分片

分片是将一个数据库分成许多不同的数据库。例如，John 的 Facebook 好友和状态更新可能存储在机器 J 中，而 Mary 的好友和状态更新存储在机器 M 中。像 J 和 M 这样只存储一部分数据的机器称为"分片"。由于数据库存储在许多不同的计算机上，因此没有一台计算机必须承担整个负载。这是有利的一面。缺点是它使数据库自动化交互变得更加困难。程序员必须指定如何在所有可能涉及查询的计算机上分配单个查询。

以计算机需要生成 John 的欢迎页面为例，来说明分片的工作原理。第一步是找到 John 的朋友，这可以通过在机器 J 上执行查询来完成。

```
SELECT    f.Friend
FROM      Friends f
WHERE     f.user='John'
```

查询返回 John 的朋友 Sally 和 Mary。下一步是找到 Sally 和 Mary 的最新状态。这引出了下面的查询：

```
SELECT    s.Time, s.Status
FROM      Statuses s
WHERE     s.User='Sally'
ORDER BY s.Time DESC

SELECT    s.Time, s.Status
FROM      Statuses s
WHERE     s.User='Mary'
ORDER BY s.Time DESC
```

第一个查询应该在机器 S 上执行，而第二个查询应该在机器 M 上执行。最后一步是组合两个查询的结果，然后合并它们，并使合并后的列表按倒序的时间顺序排列。

这个示例展示了分片不利于自动化交互的缺点。因为相关的记录不需要存储在同一个分片中，所以每个查询结果都从不同的表中检索。在这个特定的例子中，返回查询所需的信息分布在分片 J、S 和 M 中，因此程序必须从所有不同的来源收集信息，然后将其组合起来。这使得分片比将所有信息保存在一个地方（如传统数据库）更加复杂。

分片也有分布不均的问题。例如，如果其中一个分片的记录太多怎么办？那个分片需要进一步切分。比方说，系统可以将 M 分成两个分片，Ma-Mp 和 Mq-Mz。这看起来是个好主意，但实际上分割分片是很复杂的，因为需要修改所有访问数据的计算机上的软件，以便计算机能够找到包含他们正在寻找的信息的分片。

246

13.3　Cassandra 的解决方案

面对这些困难，Facebook 的工程师们开发了一种解决方案，保留了分片的好处，同时避免了一些麻烦。目标是将分片分割成多个块，并在软件中隐藏分片的复杂性。

Cassandra 解决方案结合了亚马逊 Dynamo 项目和谷歌 BigTable 项目的内容。Cassandra 从 Dynamo 中借用了复制环的思想，从 BigTable 中借用了一种数据模型。Cassandra 的数据模型将记录分组到不同的表中。表中的每个记录都用一个键标识。在给定表中键必须是唯一的，但同一个键可以在不同的表中使用。每个记录由一个或多个键 / 值对组成，Cassandra 表中的不同记录可以具有不同的键。

例如，John 的朋友可能存储在一个记录中，如图 13.2 所示。重要的是，程序可以通过请求 ID 为 John 的单个记录来检索 John 的所有朋友。一旦检索到 John 的朋友，就有必要检索他们的状态更新。这可以通过在 statua 表中查找对应 id 的记录来完成。图 13.3 显示了状态表的检索结果。

FRIENDS		
Record ID	**Friend1**	**Friend2**
John	Sally	Mary
Mary	Sally	
Sally	David	

图 13.2　存储在 Cassandra 中的朋友列表

我们提出的表结构是假设所有字段都存储在一条记录里。也就是说，假设一条记录可以保存用户的所有朋友或用户的所有状态更新。Cassandra 表的设计可以支持数千个字段。这对大多数用户而言已经足够了，但对于拥有大量用户的 Facebook 而言并不足够。为了应对大量的用户，Facebook 可以对列名重复使用同样的思想。为了支持任意数量的好友或状态更新，可以使用 John1、John2 等 ID 将这些值分散到多个记录中。

要点在于，从 Cassandra 检索信息的工作流与分片的工作流相似。一个主要的区别是，Cassandra 生成的查询不需要知道哪个分片包含它们需要的信息。实际上，Cassandra 在性能和副本机制方面都依赖于分片。其关键的创新是分片以环状排列。为了简单起见，假设分片被标记为 A，B，C，…，Z。环形排列意味着每个分片与下一个分片连接，最后一个分片连接到第一个。例如，A 可以连接到 B，B 连接到 C，依此类推，直到 Z 连接回 A。 247

STATUSES				
Record ID	**Time1**	**Time2**	**Status1**	**Status2**
Sally	Apr 21, 2011, 10:29 am	Apr 21, 2011, 10:33 am	Saw Battle: Los Angeles last night. What a waste!	Looks like the fires are getting closer to our house. Thinking about evacuating.

图 13.3　存储在 Cassandra 中的状态更新

哈希函数按照记录的键计算哈希值，然后根据计算结果确定记录的排列顺序。哈希值用于选择分片标签（如上述例子中的标签 A 到 Z）。所有 Z 到 A 的哈希值映射到分片 B，A 和 B 之间的哈希值映射到 C，以此类推。哈希函数和映射到分片的哈希值对每个分片都是已知的，因此程序可以要求任何一个机器检索给定的值。如果机器没有该值，它可以确定包含该值的分片，并将请求转发给对应的分片。

环状排列可以更容易地重新平衡分片，以防其中一个分片变得太大。例如，假设分片 B 变得太大。为了平衡它，在 B 和 C 之间创建并插入一个新的分片，如 BM。在插入过程中，B 将 BM 和 C 之间的所有记录发送到分片 BM。当这个过程完成时，所有分片都被通知环中已加入新的分片 BM。任何程序在从系统中检索数据时，都会在毫不知情的情况下发生这种情况。

Cassandra 还使用环来进行复制。本应存储在分片 A 上的记录，也会存储在分片 B 和 C 里。这一点很重要，因为计算机和磁盘可能会出现故障，如果分片 A 出现故障，则还有两个副本数据。它也可以用来提高检索高峰时的性能。如果分片 A 变得很忙，分片 B 和分片 C 可以分担一些负载。

复制使分片的切分复杂化。例如，当分片 B 被分成 B 和 BM 时，这也会影响分片 C 和 D，因为它们为分片 B 存储记录的副本。分片 B 完成切分时，需要重组分片，以便 B 的记录在复制到分片 BM 和 C 中。此外，分片 C 和 D 也应该复制分片 BM 的记录。这就意味着分片 C 和 D 需要参与到 BM 插入环的过程。即，分片 C 需要知道它为 B 复制的一些记录现在应该用与 BM 关联替代。分片 D 需要知道，它复制 B 的一些记录现在可以被忘记，其余的需要与 BM 关联。最后，新的分片 BM 不仅需要接收 B 自己本身的记录，还需要接收 B 记录的其他分片的所有记录，以便复制 B 的剩余数据。

这是大量的数据移动，而且它还能派上用场，这一点可能会令人惊讶。它能工作的部分原因在于 Facebook 拥有不必一直获取所有数据的优势。如果朋友的最新帖子发布一小时甚至几个小时后才会被人看到，那也没什么大不了的。用户可能会有一段时间的不同步，但是实时性不是数据的关键。

13.4   小结

Web2.0 应用程序带来了许多规模扩展挑战。这些挑战超出了传统数据库解决方案所能提供的范围。因此，领先的 Web2.0 公司已经开发了定制的解决方案，而分片的思想在其中一些解决方案中扮演着重要的角色。Facebook 的 Cassandra 解决方案成功地迎接了挑战。幸运的是，Facebook 决定通过开源的方式将 Cassandra 提供给编程社区。

程序员可以在 http://cassandra.apache.org 上下载 Cassandra，并使用它来开发新软件。

MapReduce 的并行计算

14.1 水平扩展和垂直扩展

一些重要的大型计算机应用程序在传统的计算机上运行需要很长时间，这是让人无法接受的。例如，个人计算机的功能虽然非常强大，值得你购买它所花的钱，但它并不适用于实时跟踪信用卡的使用情况以检测欺诈行为的金融应用程序。信用卡交易的数量是如此之多，以至于这种大型实时应用对于个人计算机而言负担过于沉重。

在大型应用中，有多种方法可以解决程序的规模问题。传统的方法是垂直扩展，这意味着在更强大的计算机上运行应用程序。这是软件方面最简单的解决方案，因为软件不需要随着机器的扩展而改变。但是当问题大到任何一台计算机都无法处理时，会发生什么？例如，也许一台巨大且运算速度快的计算机一小时能处理 10 亿次信用卡交易，但无法处理每小时 1000 亿次的信用卡交易。在某种程度上，交易发生的速率将压倒任何可用的计算技术。

水平扩展提供了另一种解决方案。应用程序不是在一台计算机上运行，而是被分成更小的块，每一块都在单独的计算机上运行。理想情况下，所有涉及的计算机在大多数方面都与个人计算机类似，因此增加机器的成本只占整个系统成本的一小部分。随着计算需求的增加，扩展硬件平台在经济层面上是可行的。水平扩展已经成为处理快速增长 Web 服务（如 Facebook、谷歌、eBay、亚马逊、Netflix 等公司提供的服务）的实际解决方案。

但是，将应用程序分割成更小的块来进行水平扩展并不容易。事实上，当程序由传统的编程语言编写而成（例如 C++ 或 Java）时，将其进行水平扩展尤为困难。在传统语言中，程序指定大部分存储在快速存储器中记录的更新序列。这使得管理同时处理计算的多台计算机变得困难，因为协作的计算机需要协调它们的更新。合理解决协调问题会使计算速度更快。在适当的时间将正确的数据和正确的软件组件提供给正确的计算机引出了许多问题。

与传统方法相比，基于等式的软件模型的优点在于，软件的不同部分的解耦更加充分。给定具有适当数据的操作数，所有用运算符定义的操作都可以在不与软件其他部分交互的情况下生成结果。因此，在何处或何时执行操作并不重要。虽然把正确的数据放在正确的位置的问题仍然存在，但是管理软件中不同部分之间的大量小型交互任务大大减少。

谷歌的工程师们曾面临着一个大得前所未有的规模问题，即在整个快速增长的全球网络中搜索。为了应对持续增长的大规模数据问题，水平扩展方法是唯一可行的选择。尽管这些工程师的大多数软件使用的是传统的编程方法，但他们发明并采用了一种管理大型组件的方法——MapReduce 编程模型，该模型与基于等式的软件模型有许多共同之处。自从谷歌引入 MapReduce 以来，它已经在许多其他环境中被采用。例如，Apache 基金会实现了 Hadoop，这是 MapReduce 的开源实现，你可以免费下载到计算机上。Hadoop 在商业应用和研究中有着广泛的应用。我们将描述类似于 Hadoop 这样的 MapReduce 系统的一般性质，并解释 MapReduce 框架是如何通过只关注两个操作（Map 和 Reduce）来实现简化水平扩展程序开发的。

14.2　MapReduce 的策略

MapReduce 范式适用于处理可以表示为键 / 值对序列的数据的问题。并非所有的问题都适用于这种表示，但谷歌的工程师们认识到，许多实际问题确实符合这一类别。以下是几个例子：

- 统计文档中的单词数。本例中的数据是文档中单词的集合。它可以组织为单词 / 计数对的列表，其中计数初始值设置为 1。由于任何单词可能在文档中出现多次，因此大多数单词在开始时都会出现在多个单词 / 计数对中。计数的目标是生成一个单词 / 计数对列表，其中每个单词只出现一次。关联计数是文档中该单词出现的次数。

- 查找链接到网页的单词。此操作的目的是查找链接到特定 URL 最常用的单词。例如，你的名字可能是链接到你的 Facebook 页面最常用的短语。谷歌使用这类信息为特定搜索选择需要显示哪些页面。MapReduce 方法就适用于这类问题。MapReduce 处理的数据就是互联网上链接的集合⊖。每个链接都可以表示为一个单词 /URL 对，同一个单词可能出现在许多不同的对中。为了找出哪些单词最常与特定的 web 地址关联，需要将这些数据简化为 URL/ 单词对的集合，其中每个 URL 将出现一次，与链接到该 URL 的最常用单词关联。

- 寻找极值。考虑某个应用程序，它搜索到了美国五十个州的最高或最低温度记录。初始数据由城市 / 温度对列表组成。列表中每一条记录对应一个城市的温度记录。它可能是每天一次、每小时一次、每分钟一次、或者根据城市的不同而有不同的组合。记录会在不同的时间段延伸到不同的城市，有些城市可能是一百年，有些城市可能是十年等等。所以，每个城市都会有很多不同的组合。期望的搜索结果是每个城市只出现一次的城市 / 温度对的集合，并且相关的温度是记录数据中的最高（或最低）温度。

所有这些应用程序的共同点是，数据处理可以分成三个不同的部分，每个部分都涉

⊖ 没有人知道全世界互联网上到底有多少链接，但大多数的链接估计数都是万亿起步，一些可信的估计数则是上千亿。

及一个键 / 值对列表，并且可以处理每个单独的数据记录或键 / 值对，而不必同时检查所有其他记录。例如，对于在 50 个州中的每一个州都能找到有史以来最高温度的计算情况。该计算可以分三个阶段进行：

1. **输入与相关传感器对应的温度数据对**。每一个数据对都可以有一个识别特定温度传感器的键和一个值，该值由传感器所在的城市和州、传感器测量温度的日期和该日期的温度组成。例如，输入数据可以包含以下记录：

- KLAR, Laramie, WY, 2009-05-13, 41
- KLAR, Laramie, WY, 2009-05-14, 47
- KOUN, Norman, OK, 2009-05-13, 76
- KOUN, Norman, OK, 2009-05-14, 70
- ⋯⋯

第一列是每个记录（例如，KLAR）的键，其余列组成值。许多记录在输入数据中可能具有相同的键，因为传感器在一段时间内进行多次测量。其目的是将其减少到每个键只出现一次记录，并与由该传感器测量的最高温度相关联。

2. **中间数据用于将数据从 map 操作传递到 reduce 操作**。map 操作处理输入数据并生成构成中间数据的键 / 值对，reduce 操作处理中间数据以创建输出数据。在这个应用程序中，目标是找到每个州的最高温度，因此 map 操作可以从每个输入数据记录中提取州和温度。然后，中间记录是州 / 温度对。

- WY, 41
- WY, 47
- OK, 76
- OK, 70
- ⋯⋯

尽管在这种情况下，map 操作可以为每个输入记录精确地生成一个中间记录。但是，一般来说，map 操作可以为任何给定的输入数据记录生成任意数量的中间数据点。

3. **输出数据**。输出数据是 MapReduce 计算的最终结果，由 reduce 操作生成。在搜索高温的示例中，这对应于每个状态记录的最高温度，因此对于输入数据中出现的每个状态都将有一个精确的记录。

- WY, 115
- OK, 120
- ⋮

显然，数据记录在很大程度上是相互独立的，所以计算机可以处理 OK（Oklahoma，俄克拉荷马州）的 Norman 在 2009 年 5 月 13 日的温度记录，而不用考虑 WY（Wyoming，怀俄明州）的 Laramie 在 2009 年 5 月 13 日的温度记录。这使得水平扩展成为可能，因为不同的记录可以在不同的机器中得到处理。但是，此应用程序还显示了以后需要组合特定键的记录。例如，为了找到俄克拉荷马州的高温记录，有必要在某个时刻考虑俄克拉荷马州的所有记录。

MapReduce 范式能够很好地应用于这类问题。map 操作接收每个输入键/值对，对其进行处理并产生大量中间键/值对。这些中间键/值对使用的键可能与输入键完全不同，也可能完全相同。在单词计数示例中，中间键可以与输入键相同，即正在被计数的单词。另一方面，在查找用于链接到 URL 的单词时，输入键是单词，而中间键是 URL。MapReduce 框架将这个选择留给软件设计师，这也是 MapReduce 广泛适用的原因之一。

第二步是 reduce 操作，它将中间键的所有记录组合起来，生成零个或多个输出键/值对。与之前一样，输出键/值对可以使用与中间键或输入键/值对相同的键，或者使用与中间键或输入键/值对完全不同的键。例如，考虑文档中单词的计数问题。假设文档已经被读取，并且已经被分解成键/值对，其中每个键都是一个单词，而值只有一个。这些键/值对构成此问题的输入数据。例如，使用记号 (key.value) 表示一个键/值对，《葛底斯堡演说》则可以用一个键/值对列表来表示：

- (four . 1)
- (score . 1)
- (and . 1)
- (seven . 1)
- (years . 1)
- ……
- (from . 1)
- (the . 1)
- (earth . 1)

map 操作接受一个输入键和值，并产生一个包含零个或多个中间键/值对的列表。对于单词计数程序，map 可以提供一个只有一个元素的列表，即相同的输入键和值。在这种情况下，MapReduce 的 map 部分将结果打包成一个列表，这是 MapReduce 系统所期望的格式，但不执行任何额外的计算。

$$\mathrm{map}(k, v) = [(k.v)]$$

在一个更详细的示例中，map 使用提供的键/值对作为其操作数并执行计算，产生一个表示该计算结果的列表。

reduce 操作接受一个中间键和该键的任何 map 操作返回的所有值的列表。它提供一个包含零个或多个最终键/值对的列表。在单词计数的情况下，reduce 只返回一个键/值对，即键和列表中计数的总和。

$$\mathrm{reduce}(k, vs) = [(k.\mathrm{sumlist}(vs))]$$

运算符 **sumlist** 由软件设计师定义，对所有的输入元素执行求和运算。

为了使这一讨论更具体，我们以《葛底斯堡演说》作为示例。该示例中有四个地方包含单词"nation"。因此，map 操作将调用输入键 / 值对 (**nation.1**) 四次，每次返回一个带有单个中间键 / 值对的列表 [(**nation.1**)]。MapReduce 系统收集每个中间键的所有值，并对这些值启动 reduce 操作。在某个时刻，它将收集"nation"的所有四个中间值，并使用运算符 **nation** 和 [**1111**] 调用 reduce 操作。reduce 操作将返回一个包含最终键 / 值对 [(**nation.4**)] 的列表。

255

MapReduce 的大部分价值在于，在整个网络上共享数据的计算机集合中，程序员只需要定义 map 和 reduce 操作，而不需要处理执行 map 和 reduce 操作的具体细节。MapReduce 框架负责在一台计算机或数百台，甚至数十万台计算机的集群中运行程序，计算机的数量取决于问题的大小。它还负责将中间键 / 值对从处理 map 操作的计算机发送到处理 reduce 操作的计算机。

MapReduce 框架接受输入键 / 值对，并将它们拆分到许多不同的机器上。在每台计算机上，MapReduce 对分配给该计算机的每个键 / 值对执行 map 操作。在执行此操作时，它将每个 map 操作返回的中间键 / 值对组合到一个列表中。然后对所有机器产生的列表进行组合。

因为 reduce 操作期望同时看到一个中间键以及与该键关联的所有值，所以必须合并中间列表。例如，要找到键 **OK** 对应的最高温度，reduce 任务需要查看与键 **OK** 相关联的所有记录。不同的中间键是相互独立的，如 **OK** 和 **WY** 的中间键，因此它们可以由不同的机器处理。也就是说，一台机器正在处理键 **OK** 对应的温度时，另一台机器同时正在处理键 **WY** 对应的温度。但是所有键 **OK** 对应的记录必须在同一台机器上执行相应的 reduce 操作。因此，map 操作收集每个中间键的所有值，然后对每个中间键只调用一次 reduce 操作。

一旦收集了给定中间键的所有值，MapReduce 框架就可以对该中间键调用 reduce 操作。结果是输出键 / 值对的列表。MapReduce 收集所有这些结果，并将它们作为计算的最终结果返回。

MapReduce 负责在多台机器上分发程序。这是它提供值的一种方式。工程师可以在本地计算机上开发一个 MapReduce 程序并对其进行修改，直到它在一个小数据集上按要求运行为止。然后，程序可以提交给一个大型 MapReduce 集群来处理一个完整的数据集。MapReduce 系统是在程序开发完成后自动处理扩展问题的。

14.3 基于 MapReduce 的数据挖掘

现在我们已经了解到 MapReduce 的基础知识，接下来通过一个实例来了解如何在实践中使用 MapReduce。我们将要讨论的是一个推荐引擎应用程序，用于根据用户喜欢的内容向其推荐新事物。例如，在亚马逊网站弹出的商品页面通常有一个名为"购买此商品顾客也购买了"的选项来推荐相关商品。基于用户过去的购买和浏览习惯，亚马逊构

256

建了一个含有推荐商品的定制网页。亚马逊是如何做到这一点的？

将这个问题分成两个部分。首先，亚马逊需要找到与你有类似购买习惯的顾客。对于单个商品而言，这指的是已经购买了该商品的其他顾客。更一般地说，它指的是那些与你过去购买的商品相同的顾客。一旦确定了这样的顾客，亚马逊就可以检索这些顾客的购买记录以找到最受欢迎的商品。

查找最受欢迎的商品与统计字符数问题比较类似。亚马逊保存了每个顾客的所有购买记录。为了用 **MapReduce** 处理这一数据，我们可以将其看作由“顾客 / 商品”项目组成的清单，表示在某个时刻特定的顾客购买了特定的商品。map 操作产生类型为“商品 / 一次”的中间条目，这意味着给定的商品被购买（一次），这与统计字符数程序类似。顾客所进行的每一次购买操作都会生成这一条目。也就是说，map 操作会过滤掉与你购买习惯不相似的顾客的购买记录。reduce 操作与统计字符数操作相同，但它计算的是每个商品的购买次数。最后，结合 reduce 操作的结果以选择购买次数最多的商品。

然而，不幸的是，如何找到与你购买习惯最相似的顾客群体这一问题并没有得到解决。这个问题是决定推荐是否有效的关键。例如，假设你在亚马逊主要购买园艺类书籍，你很可能会忽略掉向你推荐的最新的长篇吸血鬼系列小说。更糟糕的是，你可能开始觉得这些推荐是毫无意义的垃圾邮件。

亚马逊是如何找到像你这样的顾客？假设你对所有购买的商品都进行了评级，给每件商品打分，0 分表示讨厌它，5 分表示喜欢它。为简化问题描述，我们假设亚马逊只销售两种商品，你对这些商品的评级可以用一对数字表示，如（2.0）。现在假设其他顾客也对这些商品进行了评级，那些评级接近你的顾客自然就是最像你的顾客。衡量其他顾客与你评级相似性的一种方法是将（2.0）视为二维平面上某一点的坐标，与你喜好越相似的顾客购买商品的历史评级坐标点应该与你的坐标点距离越近⊖。

257

当然，亚马逊出售的商品远不止两件，你和亚马逊的其他顾客也一般不会只对一小部分商品进行评价。但原理是相同的，只需要更高维的坐标即可，这一维度就是亚马逊销售不同商品的数量。这里坐标是多维空间中的一个点，喜好最接近你的顾客仍然可以用距离你最近的点来表示。

剩下的一个难题是，顾客并不总是给他们喜欢的商品打分，这时可以通过使用隐式评分来解决。例如，如果你不想对购买的一件商品进行打分，默认情况下我们可以给它打 4 分，而你未浏览过的商品评分为 0。

现在的问题是要在这个多维空间中找到距离你较近的点。换个角度来说，问题就是要找到一组聚集在一起的点。例如，一个群组由热心的园丁组成，而另一个群组则由吸血鬼小说的粉丝组成。

在大型数据集中寻找簇是科学家和数学家长期以来广泛研究的难题，目前有许多有效的解决方案，比如可以简单猜测一些簇的位置，然后依据猜测数据进行计算，逐步完

⊖ 为了确定哪些点较为“接近”，我们需要知道平面上的距离。这里可以使用标准的欧几里德距离，也可以使用自定义的度量标准。这只是在数据中寻找群集的方法中出现的复杂问题之一。

善猜测。具体过程如下：

1. 首先，猜测每个群集的位置，将这个猜测作为每个群集的估计中心点；

2. 计算数据集中各点与各群集中心之间的距离，并根据距离将其分别划分到群集中心点与其最近的簇中；

3. 分别计算各个群集中所有点数据的均值，并将每个群集所得到的均值作为该簇新的聚类中心；

4. 重复前面两个步骤，直到所有群集不再变化。

中间两个步骤可以使用 MapReduce 实现。map 操作为每个数据点分配群集，reduce 操作通过计算更新每个群集的中心点。数据点与群集中心的距离决定了数据点属于哪个群集，群集决定了特定顾客感兴趣的商品。

map 和 reduce 操作必须符合 MapReduce 框架要求 map 操作基于键 / 值对的规则。在亚马逊推荐商品的应用程序中，程序员定义 map 操作为每个顾客确定哪个群集中心最接近顾客的购买历史。然后，MapReduce 框架将 map 操作遍历所有顾客。

258

假设顾客的购买历史是 map 操作的第一个操作数，群集中心列表是第二个操作数，map 操作选择距离顾客购买历史最近的群集。MapReduce 框架要求 map 操作以键 / 值对列表的形式呈现结果，我们可以通过 map 操作提供仅包括一个元素的列表，这一元素包括群集中心（键）和购买历史（值）。

$$map(hist, centers) = [(closest\_center(hist, centers).hist)]$$

MapReduce 框架对所有顾客应用 map 操作，收集结果并以中间键 / 值对（每个群集（键）中心一条数据）的形式打包，键值分别表示群集中心和购买历史中的点列表。map 操作通过 *closest_center* 运算符传递簇中心，该运算符从提供的列表中选择一个中心作为其第二个操作数。当然，它选择的是最接近提供的顾客历史的操作数作为其第一个操作数。

当我们定义 *closest_center* 操作时，需要考虑如何测量点之间的距离。我们暂不讨论这一操作的具体细节。不管具体细节如何，中间键 / 值对是群集中心（键）和相似购买历史记录列表（值）。每个购买历史是一个点，它的键是到该点最近的簇中心。MapReduce 框架将中间的键 / 值对传递到 reduce 步骤，接下来我们讨论 reduce 操作。

reduce 操作从 MapReduce 框架接收一个中间键 / 值对。其中键是群集中心，并将此键作为群集的标识符。值是群集中心点的列表组成的，reduce 操作通过分别计算各个群集中所有点数据的均值，将其作为该群集新的聚类中心。MapReduce 框架要求 reduce 操作提供一个键 / 值对列表，因此我们将其结果打包为一个列表，该列表只包含一个键值对，即群集标识符和更新后的群集中心。

$$reduce(cluster, points) = [(cluster . average(points))]$$
$$average(points) = avg(points, (0, 0), 0)$$

$$avg(points,sum,count) = \begin{cases} sum/count & \text{如果 } points = [\ ] \\ avg(rest(points), & \text{其他} \\ \quad sum + first(points), \\ \quad count + 1) \end{cases}$$

我们需要解释定义 reduce 操作的等式中的一些运算符和术语，因为它们在所有情况下都不是我们所期望的。reduce 操作中 points 变量指一个点的列表，每个点是一对代表顾客对商品评级的数字。定义了 average 的等式中的操作数 (0,0) 也是一对数字，在本例中都取 0。这些 0 可以作为一个起点，使将商品评级相加并计算其平均值成为可能⊖。

sum 变量也是一对数字。因此，使用 sum 作为左操作数的加法 (+) 和除法 (/) 运算符不是常用的算术运算符。其中表达式 sum+point 等价于 $(s_1, s_2) + (r_1, r_2)$，表示 (s_1+r_1, s_2+r_2)。同样地，sum/count 等价于 $(s_1, s_2)/count$，表示 $(s_1/count, s_2/count)$。这些定义还引用了 first 和 rest 运算符。运算符 first 传递点列表中的第一个点，而 rest 传递列表中第一个点之后的所有点。

最后，定义 avg 的等式根据点的值（即列表）从两个表达式中选择一个。如果列表为空（即 points=[ ]），则选择表达式 sum/count 作为 avg 的值。如果 points 不是空列表，则上述公式第二项作为 avg 的值。

在 MapReduce 计算的 map 阶段，定义运算符 average 的方式（即从分配给群集的点计算一个新的中心点）有一个技巧。计算平均值的任务由 avg 运算符完成。avg 的定义是归纳式的，并使用了一种称为尾部递归的常用技巧，使计算速度超过直接求平均值的速度。MapReduce 的主要目的是能够快速计算，这种看似较为复杂的计算方法值得借鉴。尾部递归技巧避免向另一个运算符的操作数提供 avg 计算的值，这使得计算速度更快。因为当一个归纳调用嵌套在另一个运算符的调用时，计算机能够避免大量的中间值记录工作⊖。

reduce 操作的结果是一个与初始猜测格式相同的新中心点列表，这样 reduce 操作的输出可以作为附加 map 计算步骤的初始猜测，这使得计算机能够执行尽可能多的 map/reduce 循环来查找群集。图 14.1 展示了用于实现前面讨论的四部分群集过程的 MapReduce 过程。

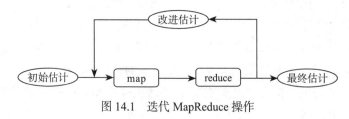

图 14.1　迭代 MapReduce 操作

⊖　为简化示例，上述过程我们只提到两种商品评级，实际情况下，会有许多商品评级，因此表示顾客评级的数据项（以及开始计算的带有 0 的初始项）将有许多条目，每个条目的处理方式类似于示例中的双条目评级。

⊖　5.4 节讨论了一个演示尾部递归有效性的示例。

14.4　小结

对于无法在一台传统机器上解决的大型问题，一般有两个选择：使用大型计算机（如超级计算机），或将问题分解成多个任务，并在单独的计算机上执行每个任务。第一种垂直扩展受到大型计算机的大小和速度的限制，此外，在实践中应用大型计算机存在诸多不便，因为随着问题的增长，可能需要几个扩展步骤，而且每个步骤都需要迁移到大型计算机上。如果试图使用垂直扩展来应对谷歌和亚马逊这样的网站的流量快速增长，我们可能需要每隔几天进行一次升级，而垂直扩展是很难做到这一点的。

另一种方法是水平扩展，它提供了几乎无限的可扩展性。但随着问题规模的增长解决方案成本也会增加，编写跨多台计算机的程序也要困难得多，并且这种解决方案只适用于能够分解为多个小型计算方式执行的大型计算。这类问题通常涉及大量的数据，数据需要集群，可以独立处理。

MapReduce 是与基于等式的软件模型相关的框架，它有助于编写可以分布在大量计算机上的程序。MapReduce 主要围绕两个操作，map 操作对每个输入值生成一个中间结果，中间结果随后使用 reduce 操作进行组合。如果 reduce 操作生成的结果与 map 操作的输入格式相同，则可以执行多个 MapReduce 传递。这对于通过细化初始估计值来估计最优结果的程序非常有用，例如对于在大型数据集中查找计算集群的程序。

261

计算机艺术创作

本书探索了逻辑和计算之间的深层联系，包括使用等式和逻辑来设计和分析计算机程序。我们在本章探讨计算机的艺术创造力。逻辑和等式能够在艺术创作中起到作用吗？

15.1 在计算机中表示图像

要用计算机创造视觉艺术，首先需要使用计算机实现对图像的表示。计算机该如何存储一张图像？这个答案出乎意料地缺乏想象力。我们暂不考虑颜色，可以将计算机显示器（例如计算机或手机上的屏幕）看作数百万个小点的集合。这些小点排列成具有固定行数和列数的矩形网格。不同的显示器有不同的尺寸。假设网格具有 M 行和 N 列，每个点被称为一个"像素"，这一术语现在很常用，曾经是"图片元素"的缩写。

假设一台笔记本电脑显示器的分辨率为 1440×900 像素，即 900 行 1440 列个像素。我们继续忽略颜色表示，每个像素可以是发光（开启）或不发光（关闭），所以计算机可以通过指定哪些像素的开启和关闭来显示图像。一个直接的表示方法是使用一个数字列表，其中每个数字对应一个像素。我们也可以使用一个行列表，每行包含 N 个 0/1 的元素（行中每个像素对应一个元素）。将行中像素的关 / 开状态与列表中的 0/1 元素进行匹配，这样会有 M 个列表，每个列表对应显示器上的一行。这些列表构成了一个矩阵。

图 15.1 用一个 4×4 的正方形网格说明了这个思想，它表示计算机显示器中某个 4×4 像素段。当第 i 行第 j 列项为 1 时，第 i 行第 j 列的像素为"开"（由图中黑色方块表示）。反之为 0 时，像素为"关"（由白色方块表示）。

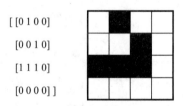

图 15.1　用像素矩阵实现对图像的编码

使用列表是表示图像的一个重要方法，本书第 1 章曾讨论过软件和硬件之间的边界和接口，这幅图像很好地说明了这些概念。从软件的角度看，生成一幅图像相当于生成一个数字列表。由硬件将数字列表解读为图像并显示。

这种分层是计算机科学中处理复杂问题的一种常用策略，每一层都向其临近层提供服务。在本例中，软件层为硬件层生成 0 和 1 的列表，硬件层将 0 和 1 的列表转换为物理图像。这两层分别表示不同形式的图像。软件以 0 和 1 的形式生成图像的一种抽象表示，硬件层则将该抽象表示转换为屏幕上的具体图像。也就是说，硬件构建是软件抽象的具体实现。到目前为止，在这个示例中只有两个层，但是在复杂的系统里可能会有几十层。

到目前为止我们只讨论了黑白图像，接下来介绍彩色图像。人眼通过位于视网膜中央的*视锥*细胞来感知颜色。视锥细胞有三种，每一种都对不同的颜色范围敏感。每种类型的视锥细胞可以探测到的颜色范围有一些重叠，但对红绿蓝三色的感知最为准确。大脑通过对视锥细胞产生的色光强度的测量来形成一幅图像。

类似地，彩色图像可以通过在屏幕上为每个像素使用三个点来创建，一个点表示红色，一个点表示绿色，一个点表示蓝色。如果一个像素中的红点是亮的，而绿点和蓝点是灭的，那么这个像素看起来就是红色的，其他颜色可以通过自红、绿、蓝三点的组合来呈现。我们还记得图 15.1 所示的黑白图像的第一行像素：[0 1 0 0]。

在彩色图像中，像素行可以表示为一个三元列表：[[0 0 0] [1 0 0] [0 0 0] [0 0 0]]，0/1 值的三元组指定了相应像素中颜色点的关 / 开状态。每个列表的三元素分别对应红、绿、蓝三种颜色点，通常使用红绿蓝（RGB）的排列顺序。本例中 [1 0 0] 表示纯红色，因此上述列表中第二个像素为一个红点。

列表三元素的相互组合可以呈现出 8（即 2^3）种颜色，分别为黑色[0 0 0]、白色[1 1 1]、红色[1 0 0]、绿色[0 1 0]、蓝色[0 0 1]、青色[0 1 1]、品红色[1 0 1]、黄色[1 1 0]。与黑白两色相比，这种颜色表现更为丰富，但与眼睛所能感知的颜色相比，它只不过是一种粗略的颜色表现方式。

我们可以通过混合不同强度的红绿蓝色来获得更多的颜色。例如，一个带有红色、绿色但没有蓝色的像素将显示为黄色，但是通过使用一定范围的颜色强度，而不仅仅是使用开和关这两种信号，红色和绿色的混合可以产生其他颜色，比如橙色⊖。大多数计算机屏幕可以产生 256 个不同强度的彩色点。软件将颜色强度表示为 0 到 255 之间的数字，如列表 [255 140 0] 产生一个深橙色。

红绿蓝强度矩阵是对现实颜色的一种抽象，硬件将这个矩阵转换为一种带有彩色像素的显示，这些像素的强度反映了矩阵中的数字。软件中的图像抽象与屏幕上的物理图像之间的附加层会简化对图像的操作。例如，假设一个名为 **line** 的运算符在图像上绘制一条线。

line 运算符将找出线上的像素，并在每个像素处为所选颜色构建一个适当的三重矩阵：(**line** image x_1 y_1 x_2 y_2 color)。image 操作数是表示图像的像素矩阵（红绿蓝三元组），x 和 y 值指定行端点的行 / 列坐标，color 是红绿蓝三元组。**line** 输出一个如 image 操作数一般的全新颜色强度矩阵，但是线上的每个像素都有指定的颜色。

264

⊖　人的眼睛可以探测到每种颜色超过 256 种色度，但 256 种色度足以在计算机屏幕上产生逼真的颜色。

当然，还有许多与 line 运算符类似的有用运算符，可用于绘制三角形、正方形、矩形、多边形、圆、椭圆等等。但是所有这些操作的关键都在于被处理图像的颜色强度矩阵。运算符向系统添加了一个用于理解基本几何形状的层，实现几何抽象与以像素矩阵表示的图像层之间的交互。

不仅仅只有创建形状的运算符。另一种模糊图像运算符能够降低图像的清晰度。如果我们在一幅图像明亮的背景上画一条黑色线条，这样就产生了一个鲜明的边界，但是它可以通过平均相邻像素的颜色变得平滑。边界一侧的亮像素变得稍微暗一些，而另一侧的暗像素变得稍微亮一些，从而得到一个更为柔和的边界。这就是模糊操作的基本思想，即在单个像素及其相邻像素的级别上操作图像。通常称此类图像操作为图像滤波器，图像处理软件中有很多滤波器，它们提供了另一个抽象层，简化了用软件创建图像的表示。

265

信息框 15.1　Bresenham 画线算法

在网格图上从一点画到另一点通常是很困难的。我们需要考虑到很多画线细节，否则很难画出一条直线。如果给定起始点（**1, 1**）和终点（**10, 10**）坐标，那么这条线由点（**1, 1**）、（**2, 2**）、（**3, 3**）等组成，直到（**10, 10**）。

但是，如果终点是（**2, 10**）而不是（**10, 10**），那么为直线选择正确的点就比较困难。画一个 **10 × 10** 的网格，试着画一条从（**1, 1**）到（**2, 10**）的线。这是一个极端的情况，但是许多行会导致类似的问题。网格几何、数字几何提出了很多此类难以解决的问题。

另一个需要考虑的问题是画线速度。在许多图形应用程序中，计算机每秒需要绘制数百万或数十亿条线，因此处理速度尤为重要。在 20 世纪 60 年代，计算机科学家杰克·布雷森汉姆（Jack Bresenham）发明了一种快速计算任意两个给定端点之间最相近直线网格点列表的方法。几十年后的今天，数字图像中的大部分画线仍然采用 Bresenham 算法。

15.2　随机生成图像

生成艺术图像的一种方法是在创建几何形状的图层上插入一个随机层。艺术家可能会用具有特定纹理的画笔在画布上绘画，而画笔的笔触将创建一个比线条更为复杂的图案。图 15.2 展示了两张图像，左图是一条直线，右图则通过在附近位置添加随机方向的短线创建了一个类似于直线的图像，但其纹理更为丰富，像画笔的笔触。类似的操作可以生成具有一定随机性的其他几何形状，例如含有嘈杂点的矩形或者不那么圆的圆形。

但是什么是随机性？我们所研究的数字电路从不表现出随机行为。相反，它们遵循精确的等式，每次提供相同的数据时，总能得到相同的结果。下面的数字序列似乎是随机的：

0, 1, 5, 3, 4, 8, 6, 7, 2, 0

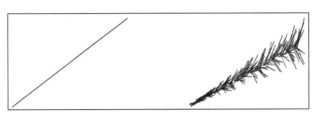

图 15.2　直线与由随机线段组成的直线

然而，它并不是随机的。它是由以下方程定义的运算符 r 产生的，以传统的代数形式和 ACL2 符号表示[⊖]：

$$\frac{公理 r}{\begin{array}{ll} r(n+1) = (4 \cdot r(n) + 1) \bmod 9 & \{r1\} \\ r(0) = 0 & \{r0\} \end{array}}$$

```
(defun r (n)
 (if (zp n)
     0                          ; {r0}
     (mod (+ (* 4 (r (- n 1))) 1) 9)))) ; {r1}
```

上文提到 $(x \bmod d)$ 是除法 $x \div d$ 的余数（信息框 6.3），我们很容易得出 $r(0)=0$，$r(1)=1$，$r(2)=5$，$r(3)=3$，等等。因此，r 是一个产生随机数的运算符，但是这个过程是完全确定的。这些运算符产生的序列称为*伪随机*序列，它们提供了一种将随机性引入图像处理的方法。

产生伪随机序列的方法有很多。这一问题也得到了充分的研究，有着悠久的历史和许多分支。运算符 r 属于一种最常用的伪随机数生成器：线性同余生成器。线性同余生成器有一个*种子*，传递为序列的第一个值。它还具有乘数、增量和模数。序列中第 $n+1$ 个数是通过将第 n 个数乘以乘数，加上增量，然后将总和除以模数的余数得到的。运算符 r 的乘数、增量和模数分别为 4、1 和 9。模数的作用之一是把结果保持在一定的范围内，在运算符 r 的情况下，模数值就是 0、1、…、8 的范围内。

我们已经定义了运算符 r，$r(n)$ 指序列中的第 n 个数字。然而，这并不是产生伪随机序列的常用方法。常用的方法是每个新数字由前一个数字开始计算得出。也就是说，算子将上一次传递的数值作为当前操作数。由于定义不再是归纳式的，这个过程要快得多。下列 rs 的定义采用了这种非归纳策略[⊖]：

$$\frac{公理 \, rs}{rs(s) = (4s + 1) \bmod 9 \quad \{rs\}}$$

```
(defun rs (s)
  (mod (+ (* 4 s) 1) 9)) ; {rs}
```

⊖　如果你还没有学习过介绍 ACL2 的章节，你可以忽略它，并不影响理解本章提出的概念。

⊖　再强调一次，忽略 ACL2 版本的等式不会影响对本章节重点的理解。

因为在运算符 *r* 和 *rs* 中定义的模都是 9，它们总是传递介于 0 和 8 之间的自然数。所有的线性同余随机数生成器都有一个固定的范围（尽管通常比 0 到 8 的范围大得多），因此它们总是传递 0 到 *D-1* 之间的自然数，其中 *D* 是模〇。

图 15.3 中定义的运算符方程通过随机角度的一些短线绘制了从 (x_1, y_1) 到 (x_2, y_2) 不规则的线条。各短线的起点在 *x* 方向上间距一个单位。短线端点的 *x* 坐标比起点的 *x* 坐标大 10（即 x_1+10）。该端点的 *y* 坐标是通过沿目标点 (x_2, y_2) 的大致方向随机调整一小部分计算出来的。随机调整是对斜率 $(y_2-y_1)/(x_2-x_1)$ 加上 -0.5 到 0.5 之间的随机数，然后将该数字乘以 10 来实现。（端点的起始 *x* 坐标和短段的起始 *x* 坐标之间的差值，用通常的方法沿直线计算坐标，用代数方法计算）

公理 **ragged**		
ragged(image, x_1, y_1, x_2, y_2, seed) =		{rg1}
ragged(line(image, x_1, y_1, *rx*, *ry*, black), *x*, *y*, x_2, y_2, *s*)	如果 $x_1 < x_2$	
其中		
s = rs(seed)		
jostle = *s*/9−1/2		
slope = $(y_2-y_1)/(x_2-x_1)$		
rx = x_1 + 10		
ry = y_1 + round(10 · (slope + jostle))		
x = x_1 + 1		
y = y_1 + round(slope)		
b = [**0 0 0**]		
ragged(image, x_1, x_2, y_1, y_2, seed) = image	如果 $x_1 \geqslant x_2$	{rg0}

```
(defun ragged (image x1 y1 x2 y2 seed)
  (if (< x1 x2)
      (let* ((s (rs seed))
             (jostle (- (/ s 9) 1/2))
             (slope (/ (- y2 y2) (- x2 x1)))
             (rx (+ x1 10))
             (ry (+ y1 (round(* 10 (+ slope jostle)))))
             (x (+ x1 1))
             (y (+ y1 (round slope)))
             (black (list 0 0 0)))
        (ragged (line image x1 y1 rx ry black) x y x2 y2 s)) ; {rg1}
      image))                                                ; {rg0}
```

图 15.3 使用随机数画不规则线段的运算符

由两个整数相比计算而来的斜率通常不是整数，但由于网格点的坐标是整数，因此使用斜率计算出的数字需要 **round** 操作四舍五入到最近的整数。这样，所有作为 **line** 运算符和 **ragged** 运算符的操作数的坐标都是代表网格点的整数对。**line** 运算符不会绘制任何超出图像边界的线，因此，如果任何计算得到的坐标超出了范围，所绘制的线段将在图像边界处被截断。

以这种方式在 (x_1, y_1) 和 (x_2, y_2) 之间绘制短线段，其起点的 *x* 坐标便可取 x_1 和 x_2 之间的所有整数值。这使得起始点沿着网格最接近 (x_1, y_1) 和 (x_2, y_2) 的连线，使这些不规则

〇 处理 0 和 1 之间的随机数通常比处理 0 和模数之间的整数更方便，通过用产生的数除以模数可以轻松实现。

线条看起来比简单的直线更为自然。这就是图 15.2 中由随机线段绘制线条的思想。

在运算符 **ragged** 定义的归纳等式 {rg1} 中，伪随机数生成器 rs 用种子操作数生成 0 到 8 之间的数字 *s*。数字 *s* 又将作为调用归纳等式 {rg1} 中 **ragged** 的新操作数（因此它可以用来生成下一个随机数），它还被用来生成运算符 **line** 绘制的短线段的斜率噪声。运算符 **line** 生成一个新图像，它是 {rg1} 中 **ragged** 的第一个操作数。通过这种方式，图像逐步生成了操作 **line** 在每个阶段绘制的线段。

15.3　生成目标图像

随机生成的图像可能看起来很优美，但可以称它们为艺术吗？计算机程序能产生真正的艺术作品吗？这是一个答案不一的哲学问题。但是，不管答案是什么，都有理由认为有一些程序是艺术家，我们来看一个示例。

艺术家哈罗德·科恩（Harold Cohen）花了几十年时间编写出 ARRON 程序，该程度在一定程度上是对艺术创作的探索。科恩最初的目标是确定何时可以认为一组抽象标记是一个连贯的图像。早期版本的程序对艺术所知甚少，且功能并不强大。虽然这些版本的程序能够识别人物和地面，也可以区分开发性图案与封闭性图案，但也仅此而已。

ARRON 早期版本有效之处在于底层绘图层之上的一层。这个层本质上是一个列表，但是该列表包含图形对象及其位置，而非像素颜色。向画布添加新图形是通过向列表添加新对象来完成的。真正的突破是可以在添加对象的过程中查看这个列表，因此 ARRON 可以有效地反馈前面做的工作，然后进行后续工作。这使得软件能够遵循艺术原则（例如平衡和比例）做出决策。事实证明，这一突破是如此成功，以至于它被应用到后来所有版本的 ARRON 中。

一种用于增强 ARRON 的更有效方法是添加更多可以绘制的图形单元。但是 ARRON 的下一步演进意义更为深远。科恩所做的是强化程序，使其可以围绕"核心对象""涂鸦"。这个想法来源于观察到儿童在纸上涂鸦的方式，尤其是在某一时刻儿童似乎意识到自己的涂鸦在某种意义上代表了一个现实的对象。从 ARRON 的视角来看，主要改 270 进是两步策略，将核心对象放置在虚拟世界中，然后通过跟踪核心对象周围的某种路径进行图像演化。这种策略使绘画变得更加复杂但具有真实感，由于受到了现实世界的启发，最终的作品更像真实的物体。当然，如果人类艺术家绘制了这些形状，它们会被认为是真实世界的反映。

从那时起，ARRON 的作品越来越具有代表性，这主要来自于三个方面的改进。第一个是核心对象数据库，将这些核心对象组合在一起代表现实世界中的一些对象。每个核心图形都表示为一个关键点列表，而这些关键点提供了一个轮廓，并且对象在空间和方向上产生关联。例如，植物可以由树干、树枝和叶子来表示，都可以将其视为核心图形，并且这些图形将在几何上彼此相连。也就是说，树枝与树干相连，树叶与树枝相连。这种基本策略可以模拟复杂的物体，比如基本的人类姿态和自由女神像。

第二个改进是通过一系列算法，创建由核心图形组成的对象。使用核心图形来模拟所有可能的物体是不可行的，因此科恩编写了一些算法，使 ARRON 可以构想植物，他称其为类-植物。这些算法大量使用了伪随机数，你可能已经不会感到惊讶了。在这一点上，ARRON 的画作特点在于可以在包括许多类似植物的形状的环境中识别人类外形。

最后，第三项改进是制定了一组规则，使 ARRON 可以根据核心对象描述的世界，渲染成图像。至关重要的是，这些规则构成了绘图层面的基础知识。例如，核心对象在三个维度上占据一个空间，规则决定了 ARRON 如何处理诸如透视和遮挡之类的几何问题。也就是说，距离较远的图形较小，靠前的核心图形可能会遮挡靠后的图形。ARRON 正在成为一个真正的画家，这是成为艺术家的一个因素。

ARRON 这一时期的画作到达了其作品的高潮并在博物馆展出。然而，其画作存在一个隐藏的局限性，即用来建立 ARRON 世界模型的核心对象是二维的，这些对象可以放置在三维世界中，但其绘画的比例限制了 ARRON 作品的真实感。科恩想创作更大，更复杂的画作，他认为要想增大比例就要在 ARRON 数据库中建立一个更详细的现实世界模型。

271 因此，科恩开始了一个新的建模阶段，用更详细、更完整的三维模型来模拟 ARRON 绘制的物体，比如人体。这些模型由一组相互关联的三维点构成，类似于早期的核心对象创建方式。从达芬奇和米开朗基罗的传统视角出发，人体模型的直接来源是解剖学研究。这种转变产生了许多复杂的问题，因为 ARRON 的模型现在是三维的，所以在绘制一幅画之前，它必须创建核心图像的二维投影。

这一过程的复杂程度可能超乎想象，你可以通过进一步阅读科恩对其工作的描述或帕梅拉·麦考德克 (Pamela McCorduck) 对 ARRON 作为一名艺术家的演变历程的记录来探索其中有趣的过程，甚至发现他调制颜料并在真实的画布上绘制自己的艺术品。

我们希望你能理解并认识到的是，简单的原则的确会引起复杂的行为。ARRON 对现实世界的认知被编码为一系列的点，将其在绘图方面的专业知识则被编码为一组规则。这类似于我们使用等式和逻辑来编写程序、创建数字电路模型以及推理这些抽象属性的方式。ARRON 是一个令人印象深刻的程序，可以说它具有艺术创造力。但就本质
272 而言，它在总体上仍然是关于绘画方式的若干简单原则的组合。

索　引

索引中的页码为英文原书页码，与书中页边标注的页码一致。

推荐阅读

计算机程序的构造和解释（原书第 2 版）典藏版

作者：[美] 哈罗德·阿贝尔森（Harold Abelson） 等著 译者：裘宗燕
ISBN：978-7-111-63054-8 定价：79.00 元

美国麻省理工学院计算机科学专业的入门课程教材，已被世界上 100 多所高等院校（包括斯坦福大学、普林斯顿大学、牛津大学、东京大学等）采纳为教材，对于计算机科学的教育计划产生了深刻的影响。全书从理论上讲解计算机程序的创建、执行和研究。主要内容包括：构造过程抽象，构造数据抽象，模块化、对象和状态，元语言抽象，寄存器机器里的计算等。

面向计算机科学的数理逻辑系统建模与推理（原书第 2 版）

作者：Michael Huth，Mark Ryan 译者：何伟 樊磊
ISBN：7-111-21397-0 定价：79.00 元

数理逻辑是计算机科学的基础之一，在模型与系统的规范与验证等方面有着广泛的应用。本书自出版以来受到广泛好评，世界许多著名大学（比如美国普林斯顿大学、卡内基 - 梅隆大学、英国剑桥大学、德国汉堡大学、加拿大多伦多大学、荷兰 Vrije 大学、印度理工学院）都采用本书作为教材。全书涵盖了命题逻辑、谓词逻辑、模态逻辑与代理、二叉判定图、模型检测和程序验证等内容。

数理逻辑十二讲

作者：宋方敏 吴骏 编著 ISBN：978-7-111-58122-2 定价：39.00 元

本书为数理逻辑的入门教材，主要介绍命题逻辑和一阶逻辑。本书既引入自然推理风格的 Gentzen 系统，又引入永真推理风格的 Hilbert 系统，详细证明四个基本定理：完全性定理、紧性定理、Gentzen 的 Hauptsatz 和 Herbrand 定理。本书最后介绍模态逻辑。

通过本书的学习，学生将掌握数理逻辑的基本概念、基本理论、基本推理，以及公理系统和形式化方法。本书作为计算机科学的基础教材，对培养学生的科学素养以及提高解决问题的能力具有重要的意义。

推荐阅读

算法导论（原书第3版）

作者：Thomas H.Cormen, Charles E.Leiserson, Ronald L.Rivest, Clifford Stein
译者：殷建平 徐 云 王 刚 刘晓光 苏 明 邹恒明 王宏志
ISBN：978-7-111-40701-0 定价：128.00元

全球超过50万人阅读的算法圣经！算法标准教材。
世界范围内包括MIT、CMU、Stanford、UCB等国际名校在内的1000余所大学采用。

　　"本书是算法领域的一部经典著作，书中系统、全面地介绍了现代算法：从最快算法和数据结构到用于看似难以解决问题的多项式时间算法；从图论中的经典算法到用于字符串匹配、计算几何学和数论的特殊算法。本书第3版尤其增加了两章专门讨论van Emde Boas树（最有用的数据结构之一）和多线程算法（日益重要的一个主题）。"

—— Daniel Spielman，耶鲁大学计算机科学系教授

　　"作为一个在算法领域有着近30年教育和研究经验的教育者和研究人员，我可以清楚明白地说这本书是我所见到的该领域最好的教材。它对算法给出了清晰透彻、百科全书式的阐述。我们将继续使用这本书的新版作为研究生和本科生的教材及参考书。"

—— Gabriel Robins，弗吉尼亚大学计算机科学系教授